应用型本科机电类专业精品教材

数控机床故障诊断与维修

主　编　范淇元　覃羡烘
副主编　姚伟江　梁秋华
参　编　潘健怡　李冬冬
主　审　林　颖

中国轻工业出版社

图书在版编目（CIP）数据

数控机床故障诊断与维修/范淇元，覃羡烘主编．—北京：中国轻工业出版社，2025.9

应用型本科机电专业规划教材

ISBN 978-7-5184-1392-8

Ⅰ.①数… Ⅱ.①范…②覃… Ⅲ.①数控机床—故障诊断—高等学校—教材②数控机床—维修—高等学校—教材 Ⅳ.①TG659

中国版本图书馆CIP数据核字（2017）第100231号

责任编辑：王 淳

文字编辑：宋 博 责任终审：孟寿萱 封面设计：锋尚设计

版式设计：宋振全 责任校对：吴大朋 责任监印：张京华

出版发行：中国轻工业出版社（北京鲁谷东街5号，邮编：100040）

印 刷：北京君升印刷有限公司

经 销：各地新华书店

版 次：2025年9月第1版第4次印刷

开 本：720×1000 1/16 印张：15.75

字 数：310千字

书 号：ISBN 978-7-5184-1392-8 定价：45.00元

邮购电话：010-85119873

发行电话：010-85119832 010-85119912

网 址：http://www.chlip.com.cn

Email：club@chlip.com.cn

251359J1C104ZBW

前　　言

数控机床经过近年来发展，技术日臻成熟，功能越来越强，维修越来越方便。数控维修的学习不是一蹴而就的，也不能按照其机床的构造分布讲解。编者结合多年的教学和实践经验，推荐本书的学习顺序是：根据数控机床维修学习的领会方式，按照由浅入深、逐层进化的学习顺序，从机床故障发生的基本处理到进一步维修，对每一个部位故障讲解其原因、处理方法、注意事项，并有专门的实例分析和经验总结。相信只要按照书中的编写顺序进行维修的学习，定可事半功倍地达到学习的目的。

本书作者立足数控应用型人才的培养，借鉴广东省一线企业的数控机床维修经验，在总结多年数控机床维修教学活动和开展数控机床维修实践工作经验的基础上，编写了本书。

本书以目前占市场份额最大的德国 SIEMENS（西门子）、日本 FANUC（发那科）系统为基础进行剖析，详细讲解了数控机床故障的诊断、数控机床的安装与调试、数控车床、数控铣床、加工中心的机械故障诊断与维修、电气故障诊断与维修、伺服系统的维修等。书中安排了大量的实训案例，从故障现象、故障分析、故障处理和故障总结出发，多角度、全方位地讲解数控机床的故障诊断及维修，突出对维修人员实践技能的培养，提高学生对所学知识和技能的综合应用能力，进而提高学生的就业竞争力。

本书共 9 章，涵盖了数控机床故障诊断与维修的理论和实践两大部分内容。第 1 章为数控机床安装、调试及验收，介绍了数控机床安装流程、调试步骤和验收指标；第 2 章先介绍了数控机床的结构，再分别对机床各部件的调整进行了介绍和说明；第 3 章对机床的日常管理和维护要求进行了介绍；第 4 章和第 5 章分别对机械故障和电气故障产生的原因进行分析，列出诊断方法，并用实例说明维修过程；第 6 章用比较典型的数控机床维修实例进行了分析；第 7 章阐述了维修现场要求，以德国 SIEMENS（西门子）、日本 FANUC（发那科）系统为基础，进行了故障诊断和维修分析；第 8 章先列出数控维修中常见的故障和排除方法进行汇总，然后分别以数控车床、数控铣床和加工中心进行实例解析；第 9 章介绍一些常用的维修仪器，特别介绍了 BW4040 系列电路维修测试仪和 <汇能> TH 系列电路在线维修测试仪。

本书的特点是将数控机床故障诊断与维修所需的理论基础和维修技能进行了整合，并以实例形式呈现出来，系统化了数控维修知识，对于初学者有较好的指导作用；每章后面还有思考题和技能训练题，给学习者一个非常好的理论和实践结合应用的空间。本书适合大学三年级学生使用，也可作为数控机床维修初学者或者数控机床装调维修工中级考证人员自学参考用书。

本书的大纲和大部分维修实例由华南理工大学广州学院范淇元编写与提供，本书第1、第2、第3章由华南理工大学广州学院梁秋华编写，本书第4、第5、第6章由华南理工大学广州学院姚伟江编写，第7、8、9章由广东理工学院工业自动化系覃羡烘编写。全书由华南理工大学广州学院范淇元主编并负责全书的统稿及修改。

本书由华南理工大学林颖教授主审。

本书的编写得到了从事数控机床装调维修的技师、高级技师的宝贵建议和大力帮助，在此致以衷心的感谢，同时感谢所有参考文献的作者。

由于编者水平有限，书中难免存在不当和错误之处，恳请广大读者批评指正。

编　者

目　录

第 1 章　数控机床的安装、调试及验收

数控机床（Numerical Control Machine Tools）是指采用数字形式信息控制的机床，它集机械制造、计算机、气动、液压、传感检测、光机电技术于一体，能够进行复杂零件的加工，解决传统加工无法加工的一些工艺难题，大大提高了生产率，减轻工人的劳动强度。

本章将着重介绍数控机床的安装、调试和验收的一些流程和注意事项。

1.1　数控机床的安装

数控机床的安装应严格按产品说明书的要求进行，通常小型数控机床安装比较简单，可以整体进行；大、中型数控机床由于考虑运输和包装等问题，需要把机床分解成几个部分，到达现场安装时需要重新进行组装和调整。数控机床的安装流程如图 1－1 所示。

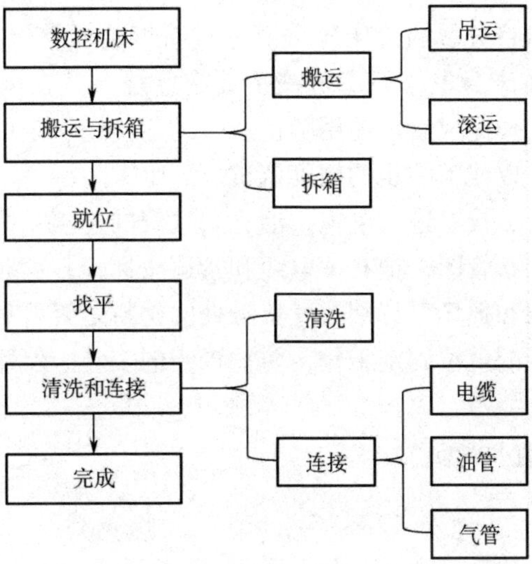

图 1－1　数控机床安装流程

1.1.1　搬运与拆箱

当数控机床到达后，采用吊运或滚运等方法把机床部件运至安装场地。机床拆箱前应仔细检查包装箱外观是否完好无损，若发现明显的损坏，要查明原因和

分清责任。拆箱后，首先找出随机携带的有关文件，找出机床装箱单，按照装箱单清点机床零部件数量和电缆数量。

1.1.2 就位

新的数控机床到达工作现场之前，用户应该按照机床厂提供的基础图打好机床安装基础，预留地脚螺栓预置孔。严格按照机床说明书规定进行安装，把机床的基础件（或小型整机）在现场地基上就位，垫铁、调整垫块和地脚螺栓等相应对号入座。

1.1.3 找平

机床就位后，进行机床水平的调整。首先找好安装水平的基础面，如机床的导轨面或装配基面，在自由状态下找平，然后将地脚螺栓均匀地锁紧。一般来说，对于普通机床，水平仪的读数精度不大于0.04mm/1000mm，对于精密机床，水平仪的读数精度不大于0.02mm/1000mm。

1.1.4 清洗和连接

机床各部件组装前，先清除连接面、导轨和各运动面上的防锈涂料，做好各部件外表清洁。

机床的连接是指将分散的机床各个部分重新组装成整机的过程，如将立柱、数控柜、电气柜装在床身上，刀库机械手装在立柱上，在床身上装上接长床身等。各部件的清洗工作完成后，使用随机所带的定位销、定位块，使各部件恢复拆卸前的位置状态，以便下一步的精度调试。

部件组装完成后，接着进行电缆、油管和气管的连接。按照机床说明书的电气接线图、液压气动布管图，把有关电缆和管道按标记一一对号接好，并注意检查连接部位有无松动和损坏，特别注意接触处的密封是否可靠。电缆、油管和气管连接后要做好管线的就位固定工作，防护罩壳的安装，保证整齐的外观。

1.2 数控机床的调试

1.2.1 数控系统的调整

数控系统是机床的核心，控制机床的全部动作，所以在通电试车调试前必须详细检查，确保连接无误。

1）数控系统的开箱检查。无论是单个购入的数控系统还是与机床配套整机购入的数控系统，到货开箱后都应进行仔细检查。检查包括系统本体和与之配套的进给速度控制单元和伺服电动机、主轴控制单元和主轴电动机。

2）外部电缆的连接。外部电缆连接是指数控装置与外部 MDI/CRT 单元、强电柜、机床操作面板、进给伺服电动机动力线与反馈线、主轴电动机动力线与反馈信号线的连接及与手摇脉冲发生器等的连接。应使这些符合随机提供的连接手册的规定，最后还应进行地线连接。

3）数控系统电源线的连接。应在切断数控柜电源开关的情况下连接数控柜电源变压器的输入电缆。

4）设定的确认。数控系统内的印制线路板上有许多用跨接线短路的设定点，需要对其适当设定以适应各种型号机床的不同要求。

5）输入电源电压、频率及相序的确认。各种数控系统内部都有直流稳压电源，为系统提供所需的 +5V，±5V，+24V 等直流电压。因此，在系统通电前，应检查这些电源的负载是否有对地短路现象。可用万用表来确认。

6）确认直流电源单元的电压输出端是否对地短路。

7）接通数控柜电源，检查各输出电压。在接通电源之前，为了确保安全，可先将电动机动力线断开。接通电源之后，首先检查数控柜中各个风扇是否旋转，就可确认电源是否已接通。

8）确认数控系统各中参数的设定。

9）确认数控系统与机床侧的接口。

完成上述步骤，可以认为数控系统已经调整完毕，具备了与机床联机通电试车的条件。此时，可切断数控系统的电源，连接电动机的动力线，恢复报警设定。

1.2.2　通电试车

按机床说明书要求给机床润滑、润滑点灌注规定的油液和油脂，清洗液压油箱及过滤器，灌入规定标号的液压油。液压油事先要经过过滤。接通外界输入的气源。

机床通电操作可以是一次各部分全面供电，或各部件分别供电，然后再作总供电试验。分别供电比较安全，但时间较长。通电后首先观察有无报警故障，然后用手动方式陆续启动各部件。检查安全装置是否动作，能否正常工作，能否达到额定的工作指标。根据机床说明书资料粗略检查机床主要部件，功能是否正常、齐全，使机床各环节都能操作运动起来。

然后，调整机床的床身水平，粗调机床的主要几何精度，再调整重新组装的主要运动部件与主机的相对位置，用快干水泥灌注主机和各附件的地脚螺栓，把各个预留孔灌平，等水泥完全干固。

在数控系统与机床联机通电试车时，虽然数控系统已经确认，工作正常无任何报警，也应在接通电源的同时，做好按压急停按钮的准备，以备随时切断电源。

在检查机床各轴的运转情况时，应用手动连续进给移动各轴，通过 CRT 或 DPL（数字显示器）的显示值检查机床部件移动方向是否正确。然后检查各轴移动距离是否与移动指令相符。如不符，应检查有关指令、反馈参数，以及位置控制环增益等参数设定是否正确。

随后，再用手动进给以低速移动各轴，并使它们碰到超程开关，用以检查超程限位是否有效，数控系统是否在超程时发出报警。

最后，还应进行一次返回基准点动作。机床的基准点是以后机床进行加工的程序基准位置，因此，必须检查有无基准点功能及每次返回基准点的位置是否完全一致。

1.2.3 机床精度和功能调试

机床的调试主要是在机床精度的调试和功能调试方面，包括几何精度的调试、位置精度的调试和数控功能的调试等。

（1）数控机床的几何精度检测

数控机床的几何精度检测应严格按各类机床的检测条件进行，常用的检测工具有精密水平仪、直角尺、精密方箱、平尺、平行光管、千分表等。需要注意的是，检验必须在机床地基及地脚螺栓的固定混凝土完全固化后才能进行。在已经固化的地基上用地脚螺栓和垫铁精调机床主床身的水平，找正水平后移动床身上的各运动部件（主柱、溜板和工作台等），观察各坐标全行程内机床的水平变化情况，并相应调整机床几何精度使之在允许误差范围之内。在调整时，主要以调整垫铁为主，必要时可稍微改变导轨上的镶条和预紧滚轮等。

（2）数控机床功能调试

让机床自动运动到刀具交换位置（可用 G91 G30 Z0 等程序），用手动方式调整装刀机械手和卸刀机械手相对主轴的位置。在调整中采用一个校对芯棒进行检测，有误差时可调整机械手的行程，移动机械手支座和刀库位置等，必要时还可以修改换刀位置点的设定（改变数控系统内的参数设定）。调整完毕后紧固各调整螺钉及刀库地脚螺栓，然后装上几把接近规定允许重量的刀柄，进行多次从刀库到主轴的往复自动交换，要求动作准确无误，不撞击，不掉刀。

带自动交换工作台（APC）的机床要把工作台运动到交换位置，调整托盘站与交换台面的相对位置，达到工作台自动换刀时动作平稳、可靠、正确。然后在工作台面上装上 70% ~80% 的允许负载，进行多次自动交换动作，达到正确无误后再紧固各有关螺钉。

仔细检查数控系统和 PLC 装置中参数设定值是否符合随机资料中规定数据，然后试验各主要操作功能、安全措施、常用指令执行情况等。例如，各种运行方式（手动、点动、MDI、自动方式等），主轴挂挡指令，各级转速指令等是否正确无误。

在机床调整过程中，一般要修改和机械有关的NC参数，例如各轴的原点位置和机床部件相关位置有关参数，如刀库刀盒坐标位置等。修改后的参数应在验收后记录或存储在介质上。

检查辅助功能及附件的正常工作，例如机床的照明灯，冷却防护罩盒各种护板是否完整；往切削液箱中加满切削液，试验喷管是否能正常喷出切削液；在用冷却防护罩条件下切削液是否外漏；排屑器能否正确工作；机床主轴箱的恒温油箱能否起作用等。

1.2.4　机床的试运行

数控机床安装调试完毕后，要求整机在带一定负载条件下经过一段较长时间的自动运行较全面地检查机床功能及工作可靠性。运行时间尚无统一的规定，一般采用每天运行8h，连续运行2~3d；或24h连续运行1~2d。这个过程称作安装后的试运行。

考核程序中应包括：主要数控系统的功能使用，自动更换取用刀库中三分之二的刀具，主轴的最高、最低及常用的转速，快速和常用的进给速度，工作台面的自动交换，主要M指令的使用等。试运行时机床刀库上应插满刀柄，取用刀柄重量应接近规定重量，交换工作台面上也应加上负载。在试运行时间内，除操作失误引起的故障以外，不允许机床有故障出现，否则表明机床的安装调试存在问题。

1.3　数控机床的验收

数控机床的验收大致分为两大类：一类是对于新型数控机床样机的验收，由国家指定的机床检测中心进行；另一类是一般的数控机床用户验收其购置的数控设备。

对于新型数控机床样机的验收，需要进行全方位的试验检测。它需要使用各种高精度仪器来对机床的机、电、液、气等各部分及整机进行综合性能及单项性能的检测，包括进行刚度和热变形等一系列机床试验，最后得出对该机床的综合评价。

对于一般的数控机床用户，其验收工作主要根据机床出厂检验合格证明书上规定的验收条件及实际能提供的检测手段来部分或全部测定机床合格证明书上的各项技术指标。合格后将作为日后维修时的技术指标依据。验收的主要工作如下。

1.3.1　机床外观检查

在对数控机床作详细检查验收以前，还应对数控柜的外观进行检查验收，应包括下述几个方面：

（1）外表检查

用肉眼检查数控柜中的各单元是否有破损、污染、连接电缆捆绑是否有破损、屏蔽层是否有剥落现象。

（2）数控柜内部件紧固情况检查

包括螺钉紧固检查、连接器紧固检查、印制线路板的紧固检查。

（3）伺服电动机的外表检查

特别是对带有脉冲编码器的伺服电动机的外壳应作认真检查，尤其是后端。

1.3.2　机床性能及 NC 功能试验

现以一台立式加工中心为例说明一些主要的项目。

1）主轴系统性能；

2）进给系统性能；

3）自动换刀系统；

4）机床噪声：机床空运转时的总噪声不得超过标准（80dB）；

5）电气装置；

6）数字控制装置；

7）安全装置；

8）润滑装置；

9）气、液装置；

10）附属装置；

11）数控机能；

12）连续无载荷运转：机床长时间连续运行（如 8h、16h 和 24h 等），是综合检查整台机床自动实现各种功能可靠性的最好办法。

1.3.3　机床几何精度检查

数控机床的几何精度是综合反映该设备的关键机械零部件和组装后的几何形状误差。按照合格证要求检验，通常立式加工中心几何精度检测内容如下：

1）工作台面的平面度；

2）各坐标方向移动的相互垂直度；

3）X 坐标方向移动时工作台面的平行度；

4）Y 坐标方向移动时工作台面的平行度；

5）X 坐标方向移动时工作台面 T 形槽侧面的平行度；

6）主轴的径向跳动；

7）主轴箱沿 Z 轴坐标方向移动时主轴轴心线的平行度；

8）主轴回转轴线对工作台面的垂直度；

9）主轴箱在 Z 轴坐标方向移动的直线度。

1.3.4　机床定位精度检查

机床定位精度是表明所测量的机床各运动部件在数控装置控制下运动所能达到的精度，它的主要检测内容如下：

1）直线运动定位精度（包括 X \ Y \ Z \ U \ V \ W 轴）；

2）直线运动重复定位精度；

3）直线运动轴机械原点的返回精度；

4）直线运动失动量的测定；

5）回转运动定位精度（包括 A \ B \ C 轴）；

6）回转轴原点的返回精度；

7）回转运动失动量的测定。

1.3.5　机床切削精度检查

机床切削精度检查实质是对机床的几何精度和定位精度在切削和加工条件下的一项综合考核。国内多以单项加工为主。对于加工中心，主要单项精度有：

1）镗孔精度；

2）端面铣刀铣削平面的精度（X—Y 平面）；

3）镗孔的孔距精度和孔径分散度；

4）直线铣削精度；

5）斜线铣削精度；

6）圆弧铣削精度；

7）箱体掉头镗孔同心度（对卧式机床）；

8）水平转台回转 90°铣四方加工精度（对卧式机床）。

思考题

1 -1 简述数控机床的安装流程。

1 -2 简述数控系统的调整步骤。

1 -3 机床的验收工作有哪些？

技能训练

对于刚安装不久的机床，每周应该检查一次机床的水平，直到确认该地基已足够稳定，再改为每月检查一次。本次技能训练是对一台数控机床的水平调整，并进行记录和分析。

准备下列工具：

1）精密水平仪（规格：0.02mm/1000mm）。

2）活动扳手2支。

将工作台表面彻底清洁，将精密水平仪1支放在纵向滑动面，另一支则放在横向，假如只有一支水平仪，则交互将水平仪放于纵向与横向的滑动面上，调整各个机床底座处的水平调整螺钉，直到机床在横纵两方向的水平被调整到0.02mm/1000mm为止。锁紧地脚调整螺钉上的螺母，并且再次检查机床的水平是否仍然正确。

第2章　数控机床的调整

数控机床一般由数控系统和机床本体两大部分组成，它的本体结构与普通机床相类似，主要由主轴部件、进给传动系统部件、回转运动部件、自动换刀装置、位置检测装置和机床导轨等组成，要保证数控机床的加工精度，需要对这些机械结构进行调整，才能够满足加工要求。

本章将着重介绍一些数控机床典型的本体结构部位，如数控铣床的主轴部件、滚珠丝杠螺母副、自动换刀装置、光栅尺等，按照它们各自的调整需求，进行说明。

2.1　数控机床的结构

数控机床的本体结构主要由下列几个部分组成。

（1）主轴部件

提供切削功率，使刀具（或工件）产生主切削运动，在高档数控机床中还具有C轴功能及定向功能。

（2）进给传动系统

在伺服电动机的驱动下，使工件（或刀具）完成直线运动的定位、进给。

（3）机床基础件

如床身、立柱、滑座、工作台等。它的功能是支撑机械零部件和组件的本体，并保证这些零部件在切削过程中的精确位置。

（4）辅助装置

如液压、气动、润滑、冷却和排屑等装置，是实现某些部件动作和某些辅助功能的装置。

（5）其他部件

实现工件回转、分度定位的装置和附件，如回转工作台；刀库、刀架和自动换刀装置（ATC）；自动托盘交换装置（APC）；特殊功能装置，如刀具破损检测、精度检测和监控装置等。

其中，主轴部件、进给传动系统、机床基础件以及液压、润滑、冷却等辅助装置是构成数控机床的机床本体的基本部件，其他部件则按数控机床的功能和需要选用。

图2-1为一台小型立式加工中心的外形图。

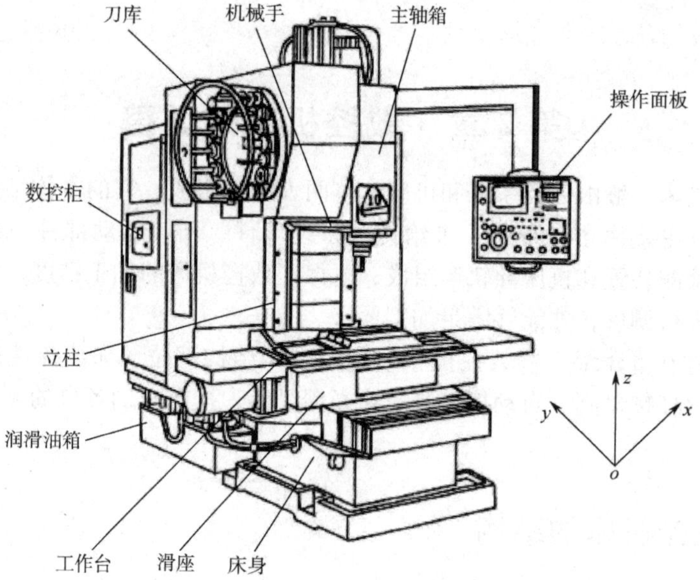

图 2－1 某小型立式加工中心外形图

2.2 主轴部件的结构与调整

主轴部件是数控机床本体中的重要组成部件，主要有主轴、轴承和传动件等，对于具有自动换刀功能的数控机床，还具有主轴准停装置、刀具自动装卸和吹屑等装置。数控机床主轴部件的润滑、冷却与密封是机床使用和维护中值得重视的几个问题。

2.2.1 主轴部件的结构

图 2－2 是 NT－J320A 型数控铣床主轴部件结构图，该机床主轴可作轴向运动，主轴的轴向运动坐标为数控装置中的 Z 轴。轴向运动由直流伺服电动机经齿形带轮与同步带带动丝杠转动，通过丝杠螺母和螺母支承使主轴套筒带动主轴作轴向运动，同时也带动脉冲编码器，发出反馈脉冲信号进行控制。

主轴为实心轴，上端为花键，通过花键套与变速箱联接带动主轴旋转。主轴前端采用两个特轻系列角接触球轴承支承，两个轴承背靠背安装，通过轴承内、外圈隔套和主轴台阶与主轴轴向定位，用圆螺母预紧，消除轴承轴向间隙和径向间隙。后端采用深沟球轴承，与前端组成一个相对于套筒的双支点单固式支承。主轴前端锥孔为 7∶24 锥度，用于刀柄定位。主轴前端端面键，用于传递铣削转矩。快换夹头用于快速松、夹刀具。

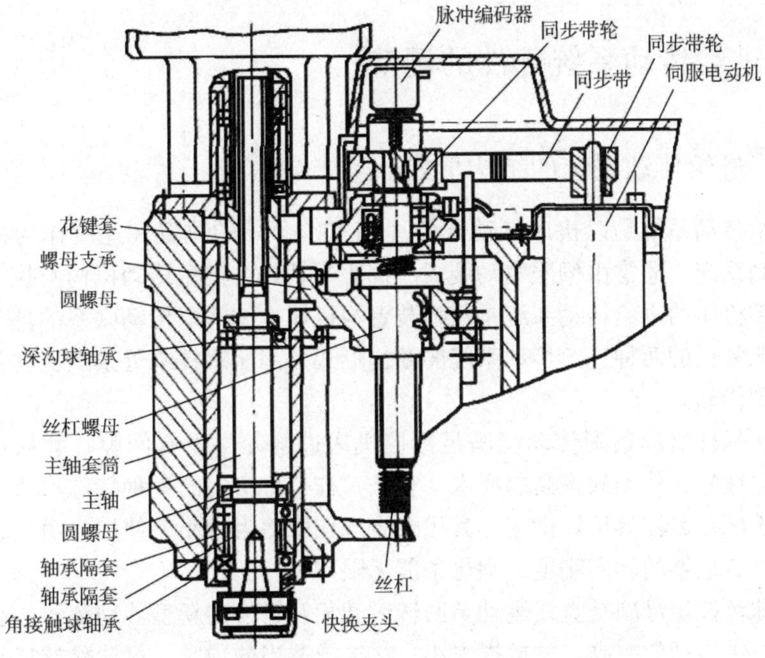

图 2－2　NT－J320A 型数控铣床主轴部件结构图

2.2.2　主轴部件的拆卸与调整

（1）主轴部件的拆卸

主轴部件在维修时需要进行拆卸，拆卸前需要做好场地的清理和清洁工作，以及拆卸工具和资料的准备。在准备就绪后，即可进行拆卸工作。切断总电源及脉冲编码器以及主轴电机等电器的线路；拆下电机法兰盘联接螺钉；拆下主轴电机及花键套等部件（根据具体情况，也可不拆此部分）；拆下罩壳螺钉，卸掉上罩壳；拆下丝杠座螺钉；拆下螺母支承与主轴套筒的联接螺钉；向左移动丝杠和螺母支承等部件，卸下同步带和螺母支承处与主轴套筒联接的定位销；卸下主轴部件；拆下主轴部件前端法兰和油封；拆下主轴套筒；拆下两处的圆螺母；拆下前后轴承以及轴承隔套；卸下快换夹头。拆卸后的零件、部件应进行清洗和防锈处理，并妥善保管存放。

（2）主轴部件的装配及调整

装配前准备装配设备及工具，熟悉装配方法，根据装配要求和装配部位的配合性质选取合适的装配方法。装配顺序可大体按拆卸顺序逆向操作，机床主轴部件装配调整时应注意：①为保证主轴工作精度，调整时应注意调整好预紧螺母的预紧量；②前后轴承应保证有足够的润滑油；③螺母支承与主轴套筒的联接螺钉要充分旋紧；④为保证脉冲编码器与主轴的同步精度，调整同步带应保证合理张紧。

2.3 进给传动系统部件的调整

2.3.1 进给传动系统的结构形式

进给传动系统是以机床移动部件（如工作台）的位置和速度作为控制量的自动控制系统，通常由伺服驱动装置、伺服电动机、机械传动机构及执行部件组成。数控机床的进给传动系统是数控装置与机床本体间电传动联系的环节。现代数控机床常见的两种进给传动系统的结构形式是静压蜗杆蜗母条副传动和滚珠丝杠螺母副传动。

静压蜗杆蜗母条副传动能满足数控机床进给元件没有间隙、磨损小、刚度高、阻尼性好、传动效率高的要求，它是丝杠螺母机构的一种特殊形式，适用于龙门镗铣床、数控落地铣镗床。其优点表现在摩擦阻力小、使用寿命长、抗振性能好，且有足够的轴向刚度，蜗母条能无限接长。

滚珠丝杠螺母副是直线运动与回转运动相互转换的新型传动装置，它具有以下特点：①传动效率高，摩擦损失小；②给予适当的预紧，可消除丝杠和螺母螺纹间隙；③运动平稳，无爬行现象，传动精度高；④有可逆性；⑤磨损小，使用寿命长。

滚珠丝杠螺母副传动广泛应用于中小型数控机床的进给传动系统，在重型数控机床的短行程（6m 以下）进给系统中也常被采用。数控机床的进给系统要获得较高的传动刚度，除了加强滚珠丝杠螺母本身的刚度之外，滚珠丝杠正确的安装及其支承的结构刚度也是不可忽视的因素，螺母座及支承座都应具有足够的刚度和精度。通常都适当加大和机床结合部件的接触面积，以提高螺母座的局部刚度和接触强度，新设计的机床在工艺条件允许时常常把螺母座或支承座与机床本体做成整体来增大刚度。

2.3.2 滚珠丝杠螺母副的安装和调整

2.3.2.1 滚珠丝杠螺母副的安装

根据滚珠丝杠副工作时的受力状况，丝杠支承常以止推轴承和向心球轴承组合，其安装方式通常有以下几种。

（1）双推—双推方式

丝杠两端均固定，固定端轴承都可以同时承受轴向力和径向力。这种方式可以对丝杠施加适当的预拉力，提高丝杠支承刚度和部分补偿丝杠的热变形。

（2）双推—支承方式

丝杠一端固定，另一端支承。固定端轴承同时承受轴向力和径向力，支承端轴承只承受径向力，而且能做微量的轴向浮动。这种方式可以避免或减少丝杠因自重而出现的弯曲，同时丝杠热变形可以自由地向一端伸长。这是比较典型的安装方式，适用于中、高转速，同时提供中等和高等精度的要求。

（3）双推—自由方式

丝杠一端固定，一端自由。固定端轴承同时承受轴向力和径向力，这种方式用于行程小的短丝杠。

（4）丝杠固定、螺母旋转方式

此时，螺母一边转动、一边沿固定的丝杠做轴向移动。螺母惯性小、运动灵活，可实现的转速高，由于丝杠不动，可避免了细长滚珠丝杠高速运转时出现的种种问题以及受临界转速限制的问题。这种方式可以对滚珠丝杠施加较大的预拉力，提高补偿丝杠的热变形和丝杠支承刚度。

2.3.2.2　滚珠丝杠螺母副的调整

滚珠丝杠机构的轴向间隙，一般是指丝杠固定不动，在限制螺母回转状态下，螺母受到轴向力时，螺母相对螺杠的轴向位移量。为了保证反向传动精度和轴向刚度，必须消除轴向间隙，为此常采用双螺母结构。调整滚珠丝杠间隙的方法如图 2－3 所示，主要有以下三种方法。

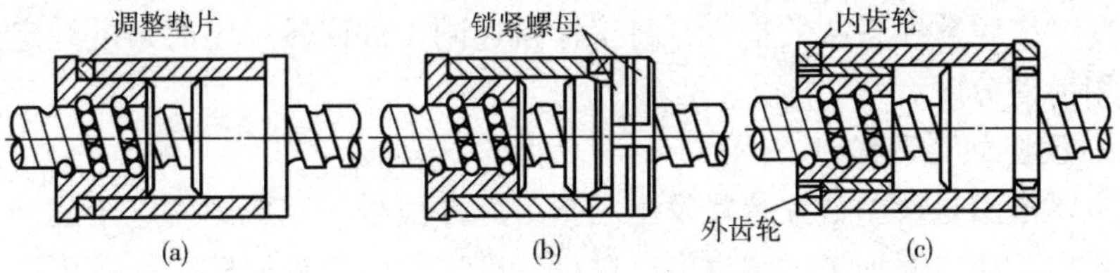

图 2－3　滚珠丝杠副调整间隙机构

（a）垫片调隙式；（b）螺纹调隙式；（c）齿差调隙式

（1）垫片调隙式

通常用螺钉来连接滚珠丝杠两个螺母的凸缘，并在凸缘间加垫片。调整垫片的厚度使螺母产生轴向位移，以达到消除间隙和产生预拉紧力的目的。这种结构的特点是构造简单、可靠性好、刚度高以及装卸方便。但调整费时，并且在工作中不能随意调整，除非更换厚度不同的垫片。

（2）螺纹调隙式

其中一个螺母的外端有凸缘而另一个螺母的外端没有凸缘而制有螺纹，它伸出套筒外，并用两个圆螺母固定着。旋转圆螺母时，即可消除间隙，并产生预拉紧力，调整好后再用另一个圆螺母把它锁紧。

（3）齿差调隙式

在两个螺母的凸缘上各制有圆柱齿轮，两者齿数相差一个齿，并装入内齿圈中，内齿圈用螺钉或定位销固定在套筒上。调整时，先取下两端的内齿圈，当两个滚珠螺母相对于套筒同方向转动相同齿数时，一个滚珠螺母对另一个滚珠螺母产生相对角位移，从而使滚珠螺母对于滚珠丝杠的螺旋滚道相对移动，达到消除间隙并施加预紧力的目的。

2.4 回转运动部件的调整

2.4.1 常用的回转运动部件

为了扩大工艺范围，提高生产效率，数控铣床除了沿 X、Y 和 Z 三个坐标轴的直线进给运动之外，往往还带有绕 X、Y 和 Z 轴的圆周进给运动（分别称为 A、B、C 轴），通常数控机床的圆周进给运动由回转工作台来实现。数控铣床的回转工作台除了用来进行各种圆弧加工或与直线进给联动进行曲面加工外，还可以实现精确的自动分度，这对箱体零件的加工带来了便利。对于自动换刀的多工序加工中心来说，回转工作台已成为一个不可缺少的部件。数控机床中常用的回转工作台有分度工作台和数控回转工作台。

（1）分度工作台

分度工作台只能完成分度运动，一般只能回转规定的角度，不能实现圆周进给。分度时按照数控系统的指令，将工作台连同工件回转一定的角度并定位。也可以采用手动分度。

（2）数控回转工作台

其主要作用是根据数控装置发出的指令脉冲信号，完成圆周进给运动，进行各种圆弧加工或曲面加工，它也可以进行分度工作。数控回转工作台可以使数控铣床增加一个或两个回转坐标，通过数控系统实现四坐标或五坐标联动，可有效地扩大工艺范围，加工更为复杂的工件。数控卧式铣床一般采用方形回转工作台，实现 A、B 或 C 坐标运动，圆形回转工作台占据的机床运动空间较大。如图 2-4 所示，为一种 AC 轴回转工作台，主要包含 A 轴和 C 轴两个全闭环回转运动数控轴，其中 A 轴为伺服电动机 + 蜗轮蜗杆驱动，C 轴为力矩电机直驱。

图 2-4 AC 轴回转工作台

2.4.2 回转工作台的调整

数控机床工作台的运动大都由伺服电动机驱动，经减速齿轮和蜗轮蜗杆传动，其定位精度完全由控制系统和伺服传动系统的间隙大小决定。因此，用于数控机床回转工作台的蜗轮蜗杆必须有较高的制造精度和装配精度，而且还要采取措施来消除蜗轮蜗杆副的传动间隙。

通常消除间隙有两种方法：一是采用双蜗杆传动，这种方法可以保证正确的啮合关系和完全的齿面接触，但制造成本高，传动效率低；二是采用双导程变齿厚蜗杆，它能够始终保持正确的啮合关系，且结构简单，调整方便。

2.5　自动换刀装置的调整

2.5.1　自动换刀装置简介

为了进一步减少非切削时间，数控机床正朝着在一台数控机床的一次装夹中完成多工序、工步加工要求的方向发展，这类机床必须带有自动换刀装置，通常称为数控加工中心机床，简称加工中心。

自动换刀装置由刀库和刀具交换装置组成。刀库是加工中心的关键部件之一，在加工中心中用来储存和运送刀具。刀库的结构形式很多，主要有盘式和链式两种，链式容量较大，盘式容量较小。在加工过程中进行换刀时，控制系统选定刀具后，刀库必须把选定的刀具运送到特定的位置，准备由刀具交换装置提取刀具。由于有了刀库，机床只要一个固定主轴夹持刀具，有利于提高主轴刚度，因而能够满足各种精密加工的要求。独立的刀库大大增加了刀具的储存数量，有利于扩大机床的功能，并能较好地隔离各种影响加工精度的干扰因素。

实现刀库与机床主轴之间传递和装卸刀具的装置称为刀具交换装置，采用机械手进行刀具交换的方式应用的最为广泛。换刀时，机械手在机床主轴与刀库之间执行交换新、旧刀具的任务，在一个换刀过程中要完成抓刀、拔刀、交换（新旧刀对调）、装刀、复位等动作。

数控机床对自动换刀系统的要求是：换刀迅速、时间短，重复定位精度高，刀具储存量足够，所占空间位置小，工作稳定可靠。如图 2－5 所示是一种盘式自动换刀装置。

图 2－5　圆盘式自动换刀装置

2.5.2　圆盘式刀库的安装调整

圆盘式刀库的安装进行调整，主要是进行换刀臂与主轴的换刀点的重合。

1）将主轴箱上移到 Z 向最高点后将分体刀柄的上体锥柄部分装入主轴孔内并拉紧，同时在换刀臂内装入分体刀柄的下体。

2）手动旋转换刀机构电机使换刀臂下落至最大长度，在 Y - Z 和 Z - X 平面内检查换刀臂轴的轴线与 Z 向运动的平行度0.15/300。如超过此数值则需调整刀库支架与立柱结合面与 Z 向运动的平行度以使换刀臂与主轴轴线垂直。

3）将换刀臂转动到扣刀位置后下移主轴箱，使分体刀柄的上体锥柄部与换刀臂上分体刀柄的下体之间的间隙约为 2mm。注意此时主轴的方位应为主轴定向位。

4）用调整装置调整刀库在 X 和 Y 向的位置，同时用分体刀柄的中间轴检验分体刀柄的上下两体的中心是否重合。上下两体中心重合则换刀臂与主轴的换刀点轴线重合调整完毕。

5）换刀点的调整：Z 向返回参考点后，手动将换刀臂转动到换刀位置，检查使分体刀柄的上体锥柄部与换刀臂上分体刀柄的下体之间的间隙为 0.2 ~ 0.3mm。在参考点栅格偏移参数内数值为 0 时，当此间隙为“ -5 ~ +0.3mm”数值时可以通过调整参考点栅格偏移参数内数值来进行调整，此参数的单位为 0.001mm；超过上述范围时，只能通过调整参考点挡块进行调整。

6）检查换刀手在松夹刀时的变形量：将 Z 轴返回参考点后，在机械手上装上刀柄后手动将换刀臂转动到换刀位，将指示器的触头触及换刀臂刀夹上进行松夹刀动作，指示器的变化值在 ±0.3mm 内。如超差，重新调整退刀距离或 Z 向换刀位。

7）检查换刀过程的正确性：以手动方式进行操作，检查刀库刀套倒刀、换刀机构运转换刀、主轴抓松刀及换刀点位置设定是否正确。重复多次确认所有动作无误后用换刀程序控制进行换刀。设置好换刀点后必须多次试验以后方能自动换刀。

2.6 位置检测装置的调整

2.6.1 位置检测的分类、功能

数控机床上的位置检测装置通常安装在机床的工作台或丝杠上，相当于普通机床的刻度盘和操作员的眼睛，自动不断地将工作台的位移量检测出来并反馈给控制系统。在高精度数控机床上，位置检测装置十分重要。最早应用的位置检测装置就是光栅，它可将机械位移或模拟量转变为数字脉冲，反馈给 CNC 系统，实现系统的闭环位置控制。

数控机床对检测装置的要求是工作可靠，精度高，分辨率高，抗干扰性强，

能满足速度和精度的要求，便于安装调试，成本低、寿命长。有光栅尺，光电脉冲编码器，感应同步器，旋转变压器，磁栅，旋转编码器等。其中光栅尺精度最高，旋转编码器最常用。

脉冲编码器是一种旋转式脉冲发生器，能把机械转角变成电脉冲。编码盘直接装在旋转轴上，以测出轴的旋转角度、位置和速度的变化。

光栅尺（全称光栅尺位移传感器），是利用光栅的光学原理工作的测量反馈装置，如图2-6所示。光栅尺位移传感器经常应用于机床与现在加工中心以及测量仪器等方面，可用作直线位移或者角位移的检测。其测量输出的信号为数字脉冲，具有检测范围大，检测精度高，响应速度快的特点。例如，在数控机床中常用于对刀具和工件的坐标检测，来观察和跟踪走刀误差，以起到一个补偿刀具的运动误差的作用。

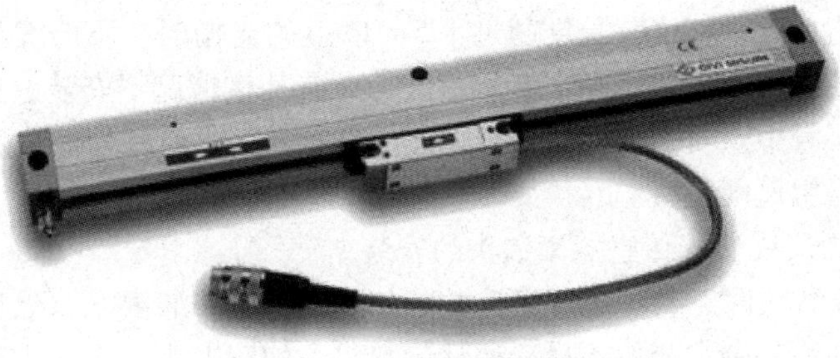

图2-6　光栅尺

2.6.2　光栅尺的安装和调整

光栅尺线位移传感器的安装比较灵活，可安装在机床的不同部位。

一般将主尺安装在机床的工作台（滑板）上，随机床走刀而动，读数头固定在床身上，尽可能使读数头安装在主尺的下方。其安装方式的选择必须注意切屑、切削液及油液的溅落方向。如果由于安装位置限制必须采用读数头朝上的方式安装时，则必须增加辅助密封装置。另外，一般情况下，读数头应尽量安装在相对机床静止部件上，此时输出导线不移动易固定，而尺身则应安装在相对机床运动的部件上（如滑板）。

（1）光栅尺线位移传感器安装基面

安装光栅尺传感器时，不能直接将传感器安装在粗糙不平的机床床身上，更不能安装在打底涂漆的机床床身上。光栅主尺及读数头分别安装在机床相对运动的两个部件上。用千分表检查机床工作台的主尺安装面与导轨运动的方向平行度。千分表固定在床身上，移动工作台，要求达到平行度为0.1mm/1000mm以内。如果不能达到这个要求，则需设计加工一件光栅尺基座。

基座要求做到：①应加一根与光栅尺尺身长度相等的基座（最好基座长出光栅尺 50mm 左右）。②该基座通过铣、磨工序加工，保证其平面平行度 0.1mm/1000mm 以内。另外，还需加工一件与尺身基座等高的读数头基座。读数头的基座与尺身的基座总共误差不得大于 ±0.2mm。安装时，调整读数头位置，达到读数头与光栅尺尺身的平行度约为 0.1mm，读数头与光栅尺尺身之间的间距为 1 ~1.5mm。

（2）光栅尺线位移传感器主尺安装

将光栅主尺用 M4 螺钉固定在机床工作台安装面上，但不要拧紧，把千分表固定在床身上，移动工作台（主尺与工作台同时移动），用千分表测量主尺平面与机床导轨运动方向的平行度，调整主尺 M4 螺钉位置，使主尺平行度满足 0.1mm/1000mm 以内时，把 M4 螺钉彻底拧紧。

在安装光栅主尺时，应注意如下三点：

①在装主尺时，如安装长度超过 1.5m 以上的光栅时，不能像桥梁式只安装两端头，尚需在整个主尺尺身中有支承。②在有基座情况下安装好后，最好用一个卡子卡住尺身中点（或几点）。③不能安装卡子时，最好用玻璃胶粘住光栅尺身，使基尺与主尺固定好。

（3）光栅尺线位移传感器读数头的安装

在安装读数头时，首先应保证读数头的基面达到安装要求，然后再安装读数头，其安装方法与主尺相似。最后调整读数头，使读数头与光栅主尺平行度保证在 0.1mm 之内，读数头与主尺的间隙控制在 1 ~1.5mm 以内。

（4）光栅尺线位移传感器限位装置

光栅尺线位移传感器全部安装完以后，一定要在机床导轨上安装限位装置，以免机床加工产品移动时读数头冲撞到主尺两端，从而损坏光栅尺。另外，用户在选购光栅尺线位移传感器时，应尽量选用超出机床加工尺寸 100mm 左右的光栅尺，以留有余量。

（5）光栅尺线位移传感器检查

光栅尺线位移传感器安装完毕后，可接通数显表，移动工作台，观察数显表计数是否正常。在机床上选取一个参考位置，来回移动工作点至该选取的位置。数显表读数应相同（或回零）。另外也可使用千分表（或百分表），使千分表与数显表同时调至零（或记忆起始数据），往返多次后回到初始位置，观察数显表与千分表的数据是否一致。

通过以上工作，光栅尺线位移传感器的安装就完成了。但对于一般的机床加工环境来讲，铁屑、切削液及油污较多，因此，传感器应加装护罩，护罩的设计是按照传感器的外形截面放大留一定的空间尺寸确定，护罩通常采用橡皮密封，使其具备一定的防水防油能力。

2.7　机床导轨的调整

2.7.1　机床导轨种类

机床导轨的功用是起导向及支承作用，它的精度、刚度及结构形式等对机床的加工精度和承载能力有直接影响。为了保证数控机床具有较高的加工精度和较大的承载能力，要求其导轨具有较高的导向精度、足够的刚度、良好的耐磨性。机床的导轨主要有以下几种。

（1）滑动导轨

滑动导轨的优点是结构简单，制造方便和抗振性良好，缺点是磨损快。

（2）滚动导轨

滚动导轨与滑动导轨相比，具有如下优点：摩擦因数小，动、静摩擦因数很接近，故启动轻便，运动灵敏，不易爬行；磨损小，精度保持性好，寿命长；具有较高的重复定位精度；润滑简单。其缺点是抗振性较差。

（3）静压导轨

其工作原理与静压轴承相似。优点是摩擦因数小，在启动和停止时没有磨损，精度保持性好；其缺点是结构复杂，需要一套专门液压或气压设备，维修调整麻烦。多用于精密和高精度机床或低速运动机床中。静压导轨按结构形式分为开式和闭式两大类。

（4）卸荷导轨

卸荷导轨主要用来降低导轨面的压力，减少摩擦阻力，提高导轨的耐磨性和低速运动平稳性，尤其对大、重型机床常采用卸荷导轨。

2.7.2　导轨间隙的调整

导轨面间的间隙对机床工作性能有直接影响，如间隙过大，将影响运动精度和平稳性；如间隙过小，运动阻力大，导轨磨损加快。故应使导轨具有合理间隙，磨损后又能方便地调整。

导轨间隙的调整方法：

1）压板——用来调整辅助导轨面的间隙和承受颠覆力矩。压板用螺钉固定在运动部件上，用配刮的方法或垫片来调整间隙。

2）镶条——用来调整矩形导轨和燕尾形导轨的侧向间隙，镶条应放在导轨受力较小一侧。

3）导向调整板——是一种新型镶条，调整时利用其横向变形增加厚度，对导轨间隙进行调整，其特点是调整方便，接触良好，磨损小。

思考题

2 -1 数控机床本体结构的基本组成有哪些?

2 -2 数控机床主轴部件装配调整时需要注意什么?

2 -3 滚珠丝杠螺母副有什么特点?

2 -4 调整滚珠丝杠间隙有什么方法?

2 -5 数控回转工作台有什么作用?

2 -6 有哪些位置检测装置?

2 -7 机床导轨的种类有哪些?

技能训练

请按照圆盘式刀库的调整步骤进行实际的调整并做好记录。

第3章　数控机床的管理及维护

数控机床是一种基于过程的控制，它要求在进行控制的每一步和每一刻都必须达到准确无误的要求。数控机床的任何一个零件发生故障或者失效，都会使数控机床无法正常工作，从而导致生产停滞。因此，加强数控机床的管理和保养，并且掌握数控机床的维修技术就显得尤为重要。

本章将着重介绍数控机床的管理和维护的一些制度和要求。

3.1　数控机床的管理

3.1.1　制定合理的日常维护与保养制度

为保证机床正常使用，延长工作寿命，应该加强机床的日常管理和养护。根据数控机床的实际使用情况，依据所购数控设备的相应使用说明书，就地取材结合企业特点制定合理的日常维护与保养制度。通常，日常维护与保养可分为常规检查、重点检查、有针对性的检查、专项检查、全面检查等检查方式，做到百无一漏。对于数控机床上运动很频繁的零部件、机械传动部分应该重点加强检查。对安全部件要根据使用期限和实际的使用情况及时修理或者更换。对于关系到机床精度和润滑方面的零部件如冷却液、传动丝杠、导轨、液压等部件要充分地、及时地保养和维护。对于运动部件要定期添加指定品牌和指定型号的润滑油，同时要定期更换冷却液以保证冷却系统的正常工作。数控机床的电气系统部分要实现清洁无污染，防止粉尘进入电气系统，将冷却剂与电气系统相互隔离开，以防止其对电子部件的腐蚀破坏。对于有一段时间不使用的数控机床，要定期由专人对机床进行维护，每周开机通电保养2次，每次空机运行1小时左右。

3.1.2　重视数控机床的工作环境

注重设备的使用环境，以保证设备正常高效的运转。特别是电网供电质量、温度、湿度、压缩空气质量等。西门子系统对电源质量要求高（欧洲电网质量好），电网供电质量不好往往会影响数控系统的正常运行，甚至烧毁驱动动单元。大多数控机床都要用到压缩空气，如果压缩空气湿度太大、洁净程度不够，往往会造成很多隐患。设备使用过程中要善于发现事故隐患，做到积极防备，防患于未然。严格按照说明书的要求，对润滑油、液压油、冷却液、保持机床数据用电池等的定期更换，要定期检查设备精度，通过补偿丝杠的螺距误差和反向间隙来保证设备的精度。在由此导致的数控机床故障时一定要选择原有厂家的配件或者厂家指定的配件，对于没有技术把握的数控机床通常要求厂家来进行维修，并准备好相应的辅助。

3.1.3 培训数控机床使用人员，建立相关考核制度

数控机床要连续可靠地工作，除了自身的质量外，与使用者平时的正确维护保养更是密切相关的，因此务必要求机床使用人员熟悉机床，掌握机床工作原理和性能，提高自身异常、故障分析和维修能力。不断强化人员设备管理意识，严格考核、奖惩兑现，使大家积极性和潜能得到有效发挥，使工作由“被动式”变为“主动式”。做好这项工作，要进行相关考核制度建设，奖罚分明并及时兑现。对检查考核过程中发现的问题，给责任部门发放限期整改通知，并对整改结果跟踪检查，对于未按要求整改的加倍处罚。

3.2 数控机床的维护

数控机床自身价格昂贵，而且使用成本和维修成本也很高，因此要做到平时认真维护，尽量避免小问题酿成大事故。数控机床故障发生率的降低离不开数控机床平时的维护和保养。对数控机床进行维护保养的目的就是要延长机械部件的磨损周期，延长元器件的使用寿命，保证数控机床长时间稳定可靠地运行。

在设备使用过程中要善于发现事故隐患，做到积极防备，防患于未然。使用过程中发现有异常噪声、传动轴爬行、精度有所下降、空调制冷效果下降等，都能说明设备已经存在一定程度的故障隐患，如果不及时处理，可能会造成机床更大程度的损坏。此时要及时找出设备使用说明书查看相应情况的处理办法和手段。如不能解决则需要联系数控机床的生产厂家进行报修，并停止对机床的使用。按照厂家技术人员的指导对数控机床进行相应的处理之后，耐心等待技术人员的到来。

数控机床的维护保养要有科学的管理，有计划、有目的制定相应的规章制度，对此应该严格遵守。对维护过程中发现的故障隐患应及时加以清除，避免停机待修，从而延长平均无故障时间，增加机床的开动率。数控机床的日常维护以及定期维护要求如下。

（1）日常维护

清除切屑，擦拭机床运动部件外露部分（可使用轻质油去污），对各传感器及检测头等更要仔细清理。检查润滑油箱、油路系统，保证油雾、油温、油压符合标准要求。气动部分保证符合机床要求。

（2）每月维护及双月维护

要查看和清扫控制柜内部，更换通风空气滤清器，检查全部按钮及指示灯是

否完好，全部电线插座、插头、接线是否牢靠，防护设施是否完整无损，油封有无渗漏油情况，液压系统是否正常，全部电机要仔细检查，是否需要更换电刷等。

（3）季度及半年度维护

要按设备管理部门的计划和规定进行，包括更换润滑油，继电器触点是否可靠，需要调整和更换时必须提出要求。对机构的间隙进行检测，必要时由维修工对机床进行重新调整。检查平衡系统及联轴器，及时更换钢丝、钢绳。保持和维护机床各导轨及滑动表面的清洁，防止拉伤、研伤和刮撞。经常注意换刀机械手运行情况，托盘定位，交换动作等情况。

下表为某加工中心日常及定期维护表。

数控机床日常及定期维护表

检查周期	检查部位	检查要求
每天	导轨、润滑油箱及导轨面	检查油标，及时添加润滑油，泵良好，导轨面清洁，润滑充分
	气源、分水器、空气干燥器	系统压力正常，及时排除水分，保证干燥
	主轴润滑、恒温	工作正常，温度调节在范围内
	液压系统、平衡系统	无噪声，工作正常，平衡阀正常
	CNC I/O 单元	光电阅读机等一切正常
	电柜及各种防护装置	无堵塞，无松动，通风正常
每周	清洗各电柜过滤网	干净，通畅
每半年	滚珠丝杠、滚压油路	清洗各有关阀门，更换滤油器等
每年	电刷，润滑油泵清理	检查更换，清理油池底
不定期	冷却水箱，排屑器传动带松紧等	及时检查，清理，按照说明书要求进行，合格为止

思考题

3－1 数控机床管理有哪些基本要求？

3－2 数控机床的日常维护以及定期维护有哪些要求？

技能训练

参考某加工中心日常及定期维护表的内容和调查，自己制定一份数控车床的日常及定期维护表。

第 4 章　数控机床机械故障诊断与维修

随着数控技术在数控机床领域的推广和广泛应用，数控机床的维修技术显得越来越重要。数控机床的维修时间比较长，严重影响企业的正常生产，而且数控机床的维修费用比较昂贵，会增加企业的资金负担。及时对数控机床进行检修，及时排除故障，使企业的损失降到最低，是数控维修人员需要做的工作。数控机床的故障大体分为机床本体故障、电气故障和数控装置系统故障。数控机床本体故障约占整个数控机床故障的 57%，包括主轴箱故障、导轨副和丝杠螺母副的配合故障、润滑及支承的预紧故障，液压和气动装置故障以及其他辅助装置的故障。电气故障约占整个故障的 37.5%，包括伺服系统故障，检测元件故障，机床电气故障，执行电器及各种电动机故障。数控装置系统的故障约占整个故障的 5.5%，且呈逐步降低趋势，主要得益于集成电路规模的日益扩大，数控装置的可靠性显著提高，功能也更加完善。

本章将着重介绍数控机床机械结构的基本知识、机械结构故障诊断方法、主要机械部件的故障诊断与排除以及机械机构故障诊断与排除实例。

4.1　数控机床的机械机构

数控机床机械结构的故障检测与排除首先应对所维修的数控机床的结构有充分了解。本节主要介绍有关数控机床的分类、机械结构特点和机构结构组成等内容。

4.1.1　数控机床的分类

数控机床的品种规格很多，分类方法也各不相同。一般可根据功能和结构，按下面 4 种原则进行分类。

4.1.1.1　按机床运动的控制轨迹分类

(1) 点位控制的数控机床

点位控制只要求控制机床的移动部件从一点移动到另一点的准确定位，对于点与点之间的运动轨迹的要求并不严格，在移动过程中不进行加工，各坐标轴之间的运动是不相关的。为了实现既快又精确的定位，两点间位移的移动一般先快速移动，然后慢速趋近定位点，以保证定位精度。具有点位控制功能的机床主要有数控钻床、加工中心等，如图 4－1 所示。

(2) 直线控制数控机床

直线控制数控机床也称为平行控制数控机床，其特点是除了控制点与点之间

(a)数控钻床　　(b)数控车床　　(c)加工中心

图 4－1　数控机床

的准确定位外，还要控制两相关点之间的移动速度和轨迹，但其运动路线只是与机床坐标轴平行移动，也就是说同时控制的坐标轴只有一个（即数控系统内不必有插补运算功能），在移位的过程中刀具能以指定的进给速度进行切削，一般只能加工矩形、台阶形零件。具有直线控制功能的机床主要有比较简单的数控车床、数控铣床、数控磨床等。这种机床的数控系统也称为直线控制数控系统。

（3）轮廓控制数控机床

轮廓控制数控机床也称连续控制数控机床，其控制特点是能够对两个或两个以上的运动坐标的位移和速度同时进行控制。为了满足刀具沿工件轮廓的相对运动轨迹符合工件加工轮廓的要求，必须将各坐标运动的位移控制和速度控制按照规定的比例关系精确地协调起来。因此在这类控制方式中，就要求数控装置具有插补运算功能．所谓插补就是根据程序输入的基本数据（如直线的终点坐标、圆弧的终点坐标和圆心坐标或半径），通过数控系统内插补运算器的数学处理，把直线或圆弧的形状描述出来，也就是一边计算，一边根据计算结果向各坐标轴控制器分配脉冲，从而控制各坐标轴的联动位移量与要求的轮廓相符合，在运动过程中刀具对工件表面进行连续切削，可以进行各种直线、圆弧、曲线的加工。这类机床主要有数控车床、数控铣床、数控线切割机、加工中心等，其相应的数控装置称为轮廓控制数控系统。根据它所控制的联动坐标轴数不同，目前较好的是五轴联动数控机床，即除同时控制 X、Y、Z 三个直线坐标轴联动外．还同时控制围绕这些直线坐标轴旋转的 A、B、C 坐标轴中的两个坐标轴，形成同时控制五个轴联动。这时刀具可以被定在空间的任意方向，控制刀具同时绕 X 轴和 Y 轴两个方向摆动，使得刀具在其切削点上始终保持与被加工的轮廓曲面呈法线方向，以保证被加工曲面的光滑性，提高其加工精度和加工效率，减小被加工表面的粗糙度。

4.1.1.2　按伺服控制的方式分类

（1）开环控制数控机床

这类机床的进给伺服驱动是开环的，即没有检测反馈装置，一般它的驱动电动机为步进电动机。步进电动机的主要特征是控制电路每变换一次指令脉冲信号，电动机就转动一个步距角，并且电动机本身就有自锁能力。其控制系统的框图如图4－2所示，数控系统输出的进给指令信号通过脉冲分配器来控制驱动电路，它以变换脉冲的个数来控制坐标位移量，以变换脉冲的频率来控制位移速度，以变换脉冲的分配顺序来控制位移的方向。因此这种控制方式的最大特点是控制方便、结构简单、价格便宜。数控系统发出的指令信号流是单向的，所以不存在控制系统的稳定性问题，但由于机械传动的误差不经过反馈校正，故位移精度不高。早期的数控机床均采用这种控制方式，只是故障率比较高，目前由于驱动电路的改进，使其仍得到了较多的应用。尤其是在我国，一般经济型数控系统和旧设备的数控改造多采用这种控制方式。另外，这种控制方式可以配置单片机或单板机作为数控装置，使得整个系统的价格降低。

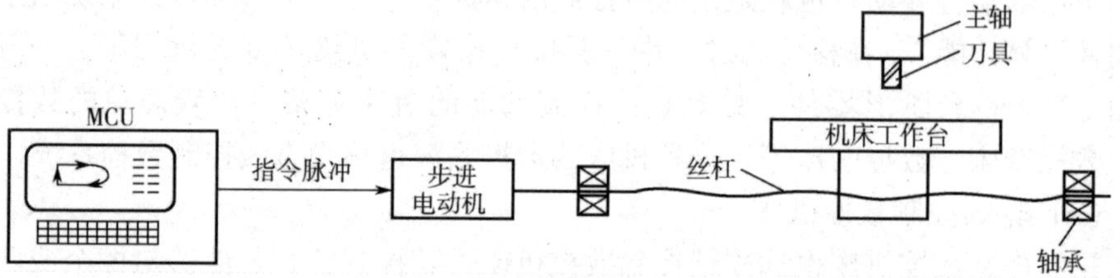

图4－2　开环控制数控机床结构

（2）闭环控制机床

这类数控机床的进给伺服驱动是按闭环反馈控制方式工作的，其驱动电动机可采用直流或交流两种伺服电动机，并需要配置位置反馈和速度反馈，在加工中随时检测移动部件的实际位移量，并及时反馈给数控系统中的比较器，它与插补运算所得到的指令信号进行比较，其差值又作为伺服驱动的控制信号，进而带动位移部件以消除位移误差。

按位置反馈检测元件的安装部位和所使用的反馈装置的不同，它又分为全闭环和半闭环两种控制方式。

1）半闭环控制。如图4－3所示，其位置反馈采用转角检测元件（目前主要采用编码器等），直接安装在伺服电动机或丝杠端部。由于大部分机械传动环节未包括在系统闭环环路内，因此难获得较稳定的控制特性。丝杠等机械传动误差不能通过反馈来随时校正，但是可采用软件定值补偿方法来适当提高其精度。目前，大部分数控机床采用半闭环控制方式。

2）全闭环控制。如图4－4所示，其位置反馈装置采用直线位移检测元件（目前一般采用光栅尺），安装在机床的床鞍部位，即直接检测机床坐标的直线位移量，通过反馈可以消除从电动机到机床床鞍的整个机械传动链中的传动误差，从而得到很高的机床静态定位精度。但是，由于在整个控制环内，许多机械传动环节的摩擦特性、刚性和间隙均为非线性，并且整个机械传动链的动态响应时间与电气响应时间相比又非常大。这为整个闭环系统的稳定性校正带来很大困难，系统的设计和调整也都相当复杂。

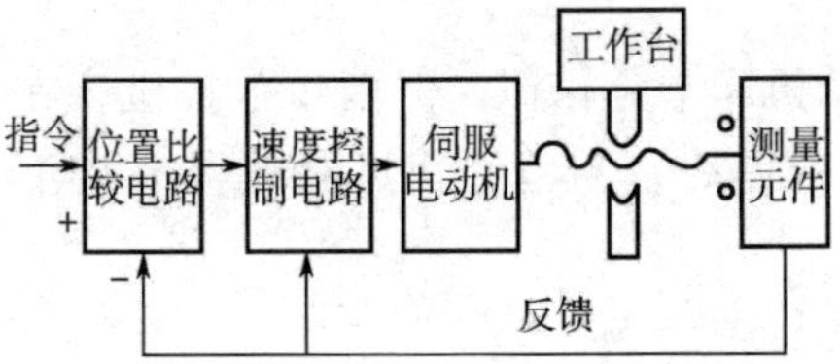

图4-3　半闭环控制数控机床结构

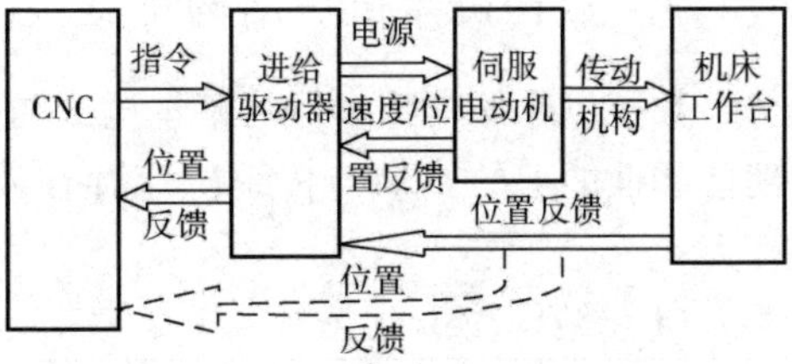

图4-4　全闭环控制数控机床结构

（3）混合控制数控机床

将上述控制方式的特点有选择地集中，可以组成混合控制的方案。如前所述，由于开环控制方式稳定性好、成本低、精度差，而全闭环稳定性差，所以为了互为弥补，以满足某些机床的控制要求。

4.1.1.3　按数控系统的功能水平分类

按数控系统的功能水平，通常把数控系统分为低、中、高三类。这种分类方式，在我国用得较多。低、中、高三档的界限是相对的，不同时期，划分标准也会不同。就目前的发展水平看，其中中、高档一般称为全功能数控或标准型数控，在我国还有经济型数控的提法。经济型数控属于低档数控，是指由单片机和步进电动机组成的数控系统，或其他功能简单、价格低的数控系统。经济型数控主要用于车床、线切割机床以及旧机床改造等要求，宜采用混合控制方式。采用较多的有开环补偿型和半闭环补偿型两种方式。

4.1.1.4　按加工工艺及机床用途的类型分类

（1）金属切削类

指采用车、铣、铰、钻、磨、刨等各种切削工艺的数控机床。它又可被分为以下两类。

1）普通型数控机床。如数控车床、数控铣床、数控磨床等。

2）加工中心。其主要特点是具有自动换刀机构的刀具库，工件经一次装夹后，通过自动更换各种刀具，在同一台机床上对工件各加工面连续进行铣、车、铰、钻、攻螺纹等多种工序的加工，如加工中心、车削中心、钻削中心等。

（2）金属成型类

指采用挤、冲、压、拉等成型工艺的数控机床，常用的有数控压力机、数控折弯机、数控弯管机、数控旋压机等。

（3）特种加工类

主要有数控电火花线切割机、数控电火花成型机、数控火焰切割机、数控激光加工机等。

（4）测量、绘图类

主要有三坐标测量仪、数控对刀仪、数控绘图仪等。

4.1.2 数控机床机械结构特点

数控机床的机床本体的基本构成与传统的机床十分相似，但由于数控机床在功能和性能上的要求与传统机床存在着巨大的差距，与普通机床相比具有如下特点：

（1）结构简单

数控机床的主轴箱、进给变速箱结构一般非常简单；齿轮、轴类零件、轴承的数量大为减少；电动机可以直接连接主轴和滚珠丝杠，不用齿轮；在使用直线电动机，电主轴的场合，甚至可以不用丝杠、主轴箱。

（2）操作方便

数控机床需要根据数控系统的指令，自动完成对进给速度、主轴转速、刀具运动轨迹以及其他机床辅助技能（如自动换刀，自动冷却）的控制。它必须利用伺服进给系统代替普通机床的进给系统，并可以通过主轴调速系统实现主轴自动变速。因此，在操作上，它不像普通机床那样，需要操作者通过手柄进行调整和变速，操作机构比普通机床要简单得多，许多机床甚至没有手动机械操作系统。

（3）自动化程度高

数控机床的大部分辅助动作都可以通过数控系统的辅助技能（M 技能）进行控制，因此，常用的操作按钮也较普通机床少。

数控机床相对于普通机床能达到高速、高效、高精度的加工要求以及工艺复合化、功能集成化等特点，必然会使机床的开机时间，工作负载随之增加，机床必须在高负荷下，长时间可靠工作。因此对组成数控机床的各种零部件和控制系统的可靠性要求很高。数控机床的机械结构应具有高刚度、高灵敏度、高抗振性、热变形小、高精度保持性、模块化和高可靠性等特点。

4.2 数控机床机械故障诊断方法

数控机床在运行过程中，机械零部件受到力、热，摩擦及磨损等多种因素的作用，使传动副之间的间隙增大，运动件间的联接松动，产生相互撞击、振动，直接影响机床的传动精度和工件的加工质量，严重时将会损坏零部件甚至产生机械机构变形，致使执行机构受损，产生机械故障。

本节主要介绍有关数控机床机械故障诊断的任务、机械故障的分类和机械故障诊断的方法等。

4.2.1　数控机床机械故障诊断的任务

数控机床机械故障诊断的任务是：

1）诊断引起机械系统的劣化或故障的主要原因；

2）掌握数控机床机械系统劣化、故障的部位、程度及原因等情况；

3）了解数控机床机械系统的性能、强度和效率；

4）预测数控机床机械系统的可靠性及使用寿命。

4.2.2　数控机床机械故障的分类

数控机床机械故障主要分为以下四种。

（1）动作性故障

动作性故障主要指机床各执行部件动作故障，如刀具夹不紧或松不开，刀库刀盘不能定位或不能被松开，旋转工作台不转等，这类故障一般有报警提示。诊断这类故障，需要根据报警提示的内容和执行部件的动作原理及顺序进行相关的检查，找到故障点后对产生故障点的零部件进行修复或更换即可。

（2）功能性故障

功能性故障主要指工件加工精度方面的故障，表现在加工精度差，运动方向误差大，机床无任何报警显示。诊断这类故障，必须从不合格零件的特征或运动误差大小的程度及误差的特点，从运动传动的原理及传动链的传动副的特点等来分析可能的原因，进而有针对性地进行一些检查，从中找出故障原因。

（3）结构性故障

结构性故障主要指主轴电动机发热，运行噪声大，速度不稳定，切削时产生振动等，这类故障主要与主轴安装、润滑、挡位、动平衡和轴承有关，找出故障点，进行相应的处理即可。

（4）使用性故障

使用性故障主要是指机床操作人员因误操作或编程错误等原因造成数控机床机械结构部分发生碰撞等故障。诊断这类故障，先排除机床操作人员误操作的原因，然后再检查编程方面是否错误，如坐标原点选择错误导致碰刀等。

4.2.3　数控机床机械故障诊断的方法

数控机床机械故障诊断的方法可以分为简易诊断法和精密诊断法。采用简易诊断法来判断数控机床的故障是定性的、粗略的和具有一定经验性的，而采用精密诊断法来判断机床的故障是定量的，可以准确地判断故障发生的缘由。

4.2.3.1　简易诊断法

简易诊断法也称为机械检测法，主要是由现场维修人员使用一般的检查工具和通过**问**、**看**、**听**、**摸**、**嗅**等直观感受来对机床进行故障诊断。这种方法能快速测定故障部位，检测机床劣化趋势，以选择有疑难问题的故障进行精密诊断。简易诊断法又可分为如下几种方法。

（1）问询法

机床维修人员一般与机床操作人员不是同一人，对机床的运行情况不清楚，这就需要在机床检修时首先与机床操作人员进行沟通，了解机床的日常使用状况、故障现象、故障产生的频率等基本情况，以此来帮助维修人员对机床进行了解并帮助确定故障原因。

（2）视觉查看法

维修人员通过人眼对数控机床的工作情况查看。首先对机床进行静态观察，注意查看机床的组成部件有无松紧的变化、节点部位有无损耗、油量是否足够、油箱的沉积物是否过量和机油的颜色变化有无异常等，然后在机床能正常启动的情况下在机床运转的过程中观察机床的运转状况，注意机床是否存在异常抖动。

（3）听觉法

数控机床属于精密设备，在正常工作状态下声音是有规律性的，维修人员通过机床运行的声音有无异常诊断故障。如果机床在工作的时候出现杂乱或者刺耳的声音，说明机床里的一些部件产生了松动或者有机械部件产生了磨损。

（4）触觉（摸）法

维修人员在进行故障检测的时候，可以通过对机床外部的接触来判断机床是否存在异常，主要注意机床的振动是否处于正常范围、驱动电动机的发热是否正常、润滑油的温度是否正常等。必要时需要借助外部的测量工具（如游标卡尺、千分尺等）对机械零部件进行测量，判断是否存在磨损等情况。

（5）嗅觉法

在机床零部件发生松动或机床遭受不正常摩擦的时候，会散发出不正常味道。维修人员通过嗅觉可以快速找到发生故障的部位。另外发出的味道与零部件的材料是相一致的，可以通过对味道的判断来确定是哪一种材料出了问题，从而找出故障发生的缘由。

4.2.3.2 精密诊断法

经过简易诊断法中的问、看、听、摸、嗅等直观感受来判断机床故障产生的部位，然后通过精密诊断法找出故障产生的原因并排除故障。精密诊断法又可以分为如下几种方法。

（1）振动诊断法

数控机床运转时总会伴随着振动，当数控机床处于完好状态时，其振动强度是在一定的允许范围内波动的，而出现故障时，其振动强度必然增强，振动性质也发生变化。维修人员可通过测量所选数控机床机械振动参数（包括位移、速度和加速度等）的幅值（如有效值、峰值等），将它与标准值或经验值比较，从而初步判定机床是否有故障，然后将测得的机床振动参数随时间变化的时域信号进行各种分析处理，最终得到振动的特征参数或其波形图像，将它与机床正常运转时的振动特征参数或振动波形图像进行比较，从而判断数控机床机械故障的原因、部位和程度。

（2）温度监测法

数控机床零部件的温度反映了其热力过程，异常的温度变化表明了该零部件出现了热故障。对数控机床进行温度监测时，将测温传感器与被测对象接触，因传导热交换使测温传感器与被测对象之间达到热平衡，经过信号处理后获得被测对象当前的温度状况，再与机床正常运转时的温度进行比较来判断机床的故障情况。

（3）油液分析法

在数控机床中主要存在两类油，分别是润滑油和液压油。它们中包含着大量关于机床运行状态的信息，特别是润滑油，它就像人体的血液一样，在机床中循环流动，并将所涉及的各摩擦副的磨损碎屑一起带出，因此，通过对工作油液进行合理采样并进行油液分析后，就能间接监测磨损的类型和程度，判断磨损的部位，找出磨损的原因，从而对机床的工作状况做出合理科学的判断。油液分析通常经过以下 4 个步骤进行：

1）采样：采集当前运转机器中所检测零部件的工作油样品。

2）检测：对所采集的样品进行分析，测定出样品中磨损磨粒的各种特性。

3）诊断：根据检测结果判断零部件是否是异常磨损以及磨损的零件和磨损的类型。

4）处理：根据诊断结果，如果是正常磨损，则需预测机床零件的剩余使用寿命和今后的磨损类型；如果是异常磨损，则需要判断磨损零件是否影响机床的正常使用和考虑磨损零件更换的有关事情。

（4）噪声测量法

噪声测量法是利用数控机床运转时发出的噪声频率与正常运转时作比较来判断机床是否存在故障。数控机床的噪声来源主要有两类：一类是来自运动的零部件，如电动机、油泵、齿轮、轴承等，其噪声频率与它们的运动频率或固有频率有关；另一类是来自不动的零件，如箱体、盖板、机架等，其噪声是由于受其他振动源的诱发而产生共鸣引起的。不同构件会发出不同频率的声响，噪声测量时需要对这些声音进行频谱分析，用振动分析仪器对声音进行分析和处理，最后判断是否存在故障及确定故障程度。

（5）无损探伤法

无损探伤是在不损坏检测对象的前提下，探测其内部或外表的缺陷（伤痕）的现代检测技术。在数控生产中，当确认其内部或表面不存在危险性或非允许缺陷时，才可以使用或运行。对数控机床采用无损探伤技术进行机械故障诊断可有效地提高机床的运行可靠性。常用的无损探伤法有：磁性探伤法、超声波法、电阻法、声发射法等。

4.3 数控机床的主要机械部件故障诊断

本节根据数控机床机械结构组成介绍有关数控机床主运动传动系统、进给运动传动系统和辅助装置三部分的机械结构及常见故障诊断与排除。

4.3.1 主运动传动系统故障诊断与维修

本小节主要介绍有关主运动传动系统中主轴部件的维护和常见故障诊断与排除。

4.3.1.1 主轴部件的维护

主轴部件是数控机床机械部分中的重要组成部件，主要由主轴、轴承、主轴准停装置、自动夹紧和切屑清除装置组成。数控机床主轴部件的润滑、冷却与密封是机床使用和维护过程中值得重视的几个问题。

（1）主轴润滑

良好的润滑效果，可以降低轴承的工作温度和延长使用寿命；为此，在操作使用中要注意到：低速时，采用油脂或油液循环润滑；高速时采用油雾、油气润滑方式。但是，在采用油脂润滑时，主轴轴承的封入量通常为轴承空间容积的10%，切忌随意填满，因为油脂过多，会加剧主轴发热。对于油液循环润滑，在操作使用中要做到每天检查主轴润滑恒温油箱，看油量是否充足，如果油量不够，则应及时添加润滑油；同时要注意检查润滑油温度范围是否合适。

为了保证主轴有良好的润滑，减少摩擦发热，同时又能把主轴组件的热量带走，通常采用循环式润滑系统，用液压泵强力供油润滑，使用油温控制器控制油箱油液温度。高档数控机床主轴轴承采用了高级油脂封存方式润滑，每加一次油脂可以使用7～10年。新型的润滑冷却方式不单要减少轴承温升，还要减少轴承内外圈的温差，以保证主轴热变形小。

常见主轴润滑方式有两种，油气润滑方式近似于油雾润滑方式，但油雾润滑方式是连续供给油雾，而油气润滑则是定时定量地把油雾送进轴承空隙中，这样既实现了油雾润滑，又避免了油雾太多而污染周围空气。喷注润滑方式是用较大流量的恒温油（每个轴承3～4L/min）喷注到主轴轴承，以达到润滑、冷却的目的。这里较大流量喷注的油必须靠排油泵强制排油，而不是自然回流。同时，还要采用专用的大容量高精度恒温油箱，油温变动控制在±0.5℃。

（2）主轴冷却

主轴部件的冷却主要是以减少轴承发热，有效控制热源为主。

（3）主轴密封

主轴部件的密封则不仅要防止灰尘、屑末和切削液进入主轴部件，还要防止润滑油的泄漏。主轴部件的密封有接触式和非接触式密封。对于采用油毡圈和耐油橡胶密封圈的接触式密封，要注意检查其老化和破损；对于非接触式密封，为了防止泄漏，重要的是保证回油能够尽快排掉，要保证回油孔的通畅。

4.3.1.2　主轴部件的常见故障及其诊断与排除

表 4－1 介绍了主轴部件常见故障及其诊断与排除。

表 4－1　　主轴部件的常见故障及其诊断维修

故障现象	故障原因	排除方法
加工精度达不到要求	机床在运输过程中受到冲击	检查对机床精度有影响的各部分，特别是导轨副，并按出厂精度要求重新调整或修复
	安装不牢固、安装精度低或有变化	重新安装调平、紧固
切削振动大	主轴箱和床身连接螺钉松动	恢复精度后紧固连接螺钉
	轴承预紧力不够、游隙过大	重新调整轴承游隙。但预紧力不宜过大，以免损坏轴承
	轴承预紧螺母松动，使主轴窜动	紧固螺母，确保主轴精度合格
	轴承拉毛或损坏	更换轴承
	主轴与箱体超差	修理主轴或箱体，使其配合精度、位置精度达到要求
	其他因素	检查刀具或切削工艺问题
	如果是车床，则可能是砖塔刀架运动部位松动或压力不够而未卡紧	调整修理
主轴箱噪声大	主轴部件动平衡不好	重做动平衡
	齿轮啮合间隙不均或齿面严重损伤	调整间隙或更换齿轮
	轴承损坏或传动轴弯曲	修复或更换轴承，校直传动轴
	传动带长度不一或过松	调整或更换传动带，不能新旧混用
	齿轮精度差	更换齿轮
	润滑不良	调整润滑油量，保持主轴箱的清洁度
齿轮和轴承损坏	变挡压力过大，齿轮受冲击产生破损	按液压原理图，调整到适应的压力和流量
	变挡机构损坏或固定销脱落	修复或更换零件
	轴承预紧力过大或无润滑	重新调整预紧力，并使之润滑充足
主轴无变速	电器变挡信号是否输出	电器人员检查处理
	压力是否足够	检测并调整工作压力
	变挡液压缸研损或卡死	修去毛刺和研伤，清洗后重装
	变挡电磁阀卡死	检修并清洗电磁阀
	变挡液压缸拨叉脱落	修复或更换
	变挡液压缸窜油或内泄	更换密封圈
	变挡复合开关失灵	更换新开关

续表

故障现象	故障原因	排除方法
主轴不转动	主轴转动指令是否输出	电器人员检查处理
	保护开关没有压合或失灵	检修压合保护开关或更换
	卡盘未夹紧工件	调整或修理卡盘
	变挡复合开关损坏	更换复合开关
	变挡电磁阀体内泄漏	更换电磁阀
主轴发热	主轴轴承预紧力过大	调整预紧力
	轴承研伤或损伤	更换轴承
	润滑油脏或有杂质	清洗主轴箱，更换新油
液压变速时齿轮推不到位	主轴箱内拨叉磨损	选用球墨铸铁作拨叉材料，在每个垂直滑移齿轮下方安装塔簧作为辅助平衡装置，减轻对拨叉的压力
主轴在强力切削时停转	电动机与主轴连接的皮带过松	移动电动机座，张紧皮带，然后将电动机座重新锁紧
	皮带表面有油	用汽油清洗后擦干净，再装上
	皮带使用过久而失效	更换新皮带
	摩擦离合器调整过松或磨损	调整摩擦离合器，修磨或更换摩擦片
主轴没有润滑油循环或润滑不足	液压泵转向不正确，或间隙太大	改变液压泵转向或修理液压泵
	吸油管没有插入油箱的油面以下	将吸油管插入油面以下 2/3 处
	油管或滤油器堵塞	清除堵塞物
	润滑油压力不足	调整供油压力
润滑油泄漏	润滑油量多	调整供油量
	检查各处密封件是否有损坏	更换密封件
	管件损坏	更新管件
刀具不能夹紧	碟形弹簧位移量小	调整碟形弹簧行程长度
	检查刀具松夹弹簧上的螺母是否松动	顺时针旋转松夹刀弹簧上的螺母使其最大工作载荷为 13kN
刀具夹紧后不能松开	松刀弹簧压合过紧	顺时针旋转松夹刀弹簧上的螺母使其最大工作载荷不得超过 13kN
	液压缸压力和行程不够	调整液压力和活塞行程开关位置

4.3.2　进给运动传动系统故障诊断与维修

进给传动系统承担了数控机床各直线坐标轴、回转坐标轴的定位和切削进给。其传动精度、灵敏度和稳定性直接影响被加工工件的最后轮廓精度和加工精度。因此对进给传动系统具有长寿命、高刚度、无传动间隙、高灵敏度、低摩擦阻力等要求。

4.3.2.1　进给运动传动系统结构

进给运动传动系统结构主要由伺服电动机及检测元件、联轴节、滚珠丝杠螺母副、丝杠轴承、运动部件（工作台、导轨、主轴箱、滑座、横梁和立柱）等，部分机床在伺服电动机与联轴节之间还有减速机构。

数控机床的进给运动有直线进给运动和圆周进给运动。其中直线进给运动是指沿着机床的基本坐标轴（*X*、*Y*、*Z* 轴）以及和基本坐标轴平行的坐标轴（U、V、W 等）的运动，它主要包括了通过丝杠螺母副或者齿轮齿条副将伺服电动机的旋转运动变成直线运动或者直接采用直线电动机进行驱动等形式。圆周进给运动是指绕着基本坐标轴（*X*、*Y*、*Z* 轴）回转的坐标轴运动。

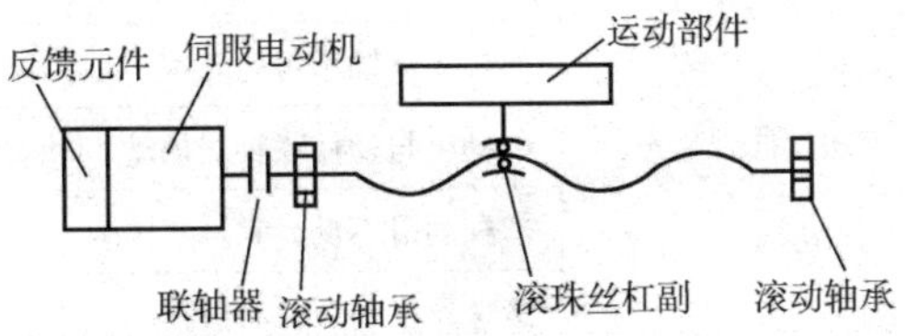

图 4－5　数控机床进给运动传动系统结构

4.3.2.2　滚珠丝杠副

滚珠丝杠副是在丝杠与螺母间以钢球为滚动体的螺旋传动元件。它可将旋转运动转变为直线运动，或者将直线运动转变为旋转运动。因此滚珠丝杠副既是传动元件，也是直线运动与旋转运动相互转化元件。

（1）滚珠丝杠副的日常维护及注意事项

1）滚珠丝杠副的润滑。滚珠丝杠润滑不良可同时引起数控机床多种进给运动的误差，因此，滚珠丝杠润滑是日常维护的主要内容。使用润滑剂可提高滚珠丝杠耐磨性及传动效率。润滑剂可分为润滑油和润滑脂两大类。润滑油一般为全损耗系统用油，润滑脂可采用锂基润滑脂。润滑脂一般加在螺纹滚道和安装螺母的壳体空间内，而润滑油则经过壳体上的油孔注入螺母的空间内。每半年对滚珠丝杠上的润滑脂更换一次，清洗丝杠上的旧润滑脂，涂上新的润滑脂，用润滑油润滑的滚珠丝杠副可在每次机床工作前加油一次。

2）丝杠支承轴承的定期检查。定期检查丝杠支承与床身的连接是否松动，连接件是否损坏，以及丝杠支承轴承的工作状态与润滑状态。

3）滚珠丝杠副的防护。滚珠丝杠副和其他滚动摩擦的传动器件一样，应避免硬质灰尘或切屑污物进入，因此，必须装有防护装置。如果滚珠丝杠副在机床上外露，则应采用封闭的防护罩，如采用螺旋弹簧钢带套管、伸缩套管以及折叠式套管等。安装时，将防护罩的一端连接在滚珠螺母的侧面，另一端固定在滚珠丝杠的支承座上。如果滚珠丝杠副处于隐蔽的位置，则可采用密封圈防护，密封圈装在螺母的两端。接触式的弹性密封圈采用耐油橡胶或尼龙制成，其内孔做成与丝杠螺纹滚道相配的形状；接触式密封圈的防尘效果好，但由于存在接触压力，使摩擦力矩略有增加。非接触式密封圈又称迷宫式密封圈，它采用硬质塑料制成，其内孔与丝杠螺纹滚道的形状相反，并稍有间隙，这样可避免摩擦力矩，但防尘效果差。工作中应避免碰击防护装置，防护装置一有损坏应及时更换。

（2）滚珠丝杠副的常见故障及其诊断与排除

表4－2介绍滚珠丝杆副常见故障及其诊断与排除。

表4－2　　滚珠丝杆副常见故障的诊断与排除

故障现象	故障原因	排除方法
滚珠丝杠副噪声	丝杠支承轴承的压盖压合情况不好	调整轴承压盖，使其压紧轴承端面
	丝杠支承轴承可能破裂	如轴承破损，更换新轴承
	电动机与丝杠联轴器松动	拧紧联轴器，锁紧螺钉
	丝杠润滑不良	改善润滑条件，使润滑油量充足
	滚珠丝杠副滚珠有破损	更换新滚珠
滚珠丝杠运动不灵活	轴向预加载荷过大	调整轴向间隙和预加载荷
	丝杠与导轨不平行	调整丝杠支座位置，使丝杠与导轨平行
	丝杠弯曲变形	校正丝杠
	丝杠螺母内有脏物或铁屑	清洗螺母内部，清除脏物和铁屑
滚珠丝杠运行精度不良	丝杠间隙增大	修磨滚珠丝杠或调整螺母垫片，重调间隙
	反向间隙变大	重新测量反向间隙，进行设置补偿
	丝杠窜动	拧紧轴向轴承的紧固螺母
加工工件粗糙度值高	导轨的润滑油不足，致使溜板爬行	加润滑油，排除润滑故障
	滚珠丝杠有局部拉毛或研磨	更换或修理丝杠
	丝杠轴承损坏，运动不平稳	更换损坏了的轴承
反向误差大， 加工精度不稳定	丝杠联轴器锥套松动	重新紧固并用百分表反复测试
	丝杠轴滑板配合压板过紧或过松	重新调整或修研，用0.03mm塞尺塞不进为合格
	丝杠轴滑板配合楔铁过紧或过松	重新调整或修研，使接触率达70%以上，用0.03mm塞尺塞不进为合格

续表

故障现象	故障原因	排除方法
反向误差大，加工精度不稳定	滚珠丝杠预紧力过紧或过松	调整预紧力，检查轴向窜动值，使其误差不大于0.015mm
	滚珠丝杠螺母端面与结合面不垂直，结合过松	修理、调整或加垫处理
	丝杠支座轴承预紧力过紧或过松	修理调整
	滚珠丝杠制造误差大或轴向窜动	用控制系统自动补偿功能消除间隙，用仪器测量并调整丝杠窜动
	润滑油不足或没有	调节至各导轨面均有润滑油
	其他机械干涉	排除干涉部位
滚珠丝杠在运转中转矩过大	二滑板压板过紧或研伤	重新调整或修研压板，用0.04mm塞尺塞不进为合格
	滚珠丝杠螺母反向器损坏，滚珠丝杠卡死或轴端螺母预紧力过大	修复或更换丝杠并精心调整
	丝杠研磨	更换新的丝杠
	伺服电动机与滚珠丝杠连接不同轴	调整同轴度并紧固连接座
	无润滑油	调整润滑油路
	超程开关失灵造成机械故障	检查故障并排除
	伺服电动机过热报警	检查故障并排除
丝杠螺母润滑不良	分油器不分油	检查定量分油器
	油管堵塞	清除污物使油管畅通
过载报警	滚珠丝杠副进给传动的润滑状态不良	检查润滑油状态或者是否存在异物
	轴向预加载荷太大	重新调整预紧力
	丝杠与导轨不平行	重新调整平行度
	螺母轴线与导轨不平行	重新调整平行度
	丝杠弯曲变形	重新校正丝杠
丝杠传动时的轴向窜动	滚珠丝杠润滑不良	重新进行润滑
	丝杠支承轴承的压盖压合情况不好	检查压盖压合情况
	滚珠丝杠副滚珠有破损	更换滚珠
	丝杠支承轴承可能破裂	更换轴承
	轴向预加载荷太小	增加预加载荷

续表

故障现象	故障原因	排除方法
爬行问题	进给传动链的润滑状态不良	检查传动链的润滑状况
	外加负载过大	检查外部负载是否超载或者其他机械部位发生干涉
	伺服电动机和滚珠丝杠连接用的联轴器损坏	检查联轴器是否完好

4.3.2.3 导轨副

机床导轨是机床基本结构要素之一。从机械结构的角度来说，机床的加工精度和使用寿命很大程度上取决于机床导轨的质量。因此数控机床对导轨有如下要求。

1）高速进给时不振动，低速时不爬行；

2）有很高的灵敏度；

3）能在重负载下长期连续工作；

4）耐磨性高；

5）精度保持性好。

（1）导轨的分类和结构特点

数控机床常用的导轨按其接触面间摩擦性质的不同可分为滑动导轨和滚动导轨。常用的滑动导轨有液体静压导轨、气体静压导轨和贴塑导轨。

1）液体静压导轨：在两导轨工作面间通入具有一定压力的润滑油，形成静压油膜，使导轨工作面间处于纯液态摩擦状态，摩擦因数极低，多用于进给运动导轨。

2）气体静压导轨：在两导轨工作面间通入具有恒定压力的气体，使两导轨面形成均匀分离，以得到高精度的运动。这种导轨摩擦因数小，不易引起发热变形，但会随空气压力波动而使空气膜发生变化，且承载能力小，故常用于负荷不大的场合。

3）贴塑导轨：在动导轨的摩擦表面上贴上一层由塑料或其他化学材料组成的塑料薄膜软带，其优点是导轨面的摩擦因数低，且动静摩擦因数接近，不易产生爬行现象；塑料的阻尼性能好，具有吸收振动能力，可减小振动和噪声；耐磨性、化学稳定性、可加工性能好；工艺简单、成本低。

4）滚动导轨的最大优点是摩擦因数很小，一般为 0.0025 ~ 0.005，比贴塑料导轨还小很多，且动、静摩擦因数很接近，因而运动轻便灵活，在很低的运动速度下都不出现爬行，低速运动平稳性好，位移精度和定位精度高。滚动导轨的缺点是抗振性差，结构比较复杂，制造成本较高。近年来数控机床越来越多地采用由专业厂家生产的直线滚动导轨副或滚动导轨块。这种导轨组件本身制造精度很高，对机床的安装基面要求不高，安装、调整都非常方便。

（2）导轨的日常维护及注意事项

1）间隙调整。导轨使用很重要的一项是保证导轨面之间具有合理的间隙。间隙过小，则摩擦阻力大，导轨磨损加剧；间隙过大，则运动失去准确性和平稳性，失去导向精度。常用的间隙调整方法有：压板调整间隙、镶条调整间隙和压板镶条调整间隙等。

2）导轨的润滑。导轨面上进行润滑后，可降低摩擦因数，减少磨损，并且可防止导轨面锈蚀。导轨常用的润滑剂有润滑油和润滑脂，前者用于滑动导轨，而滚动导轨则两种都用。对于调节辅助导轨及运动速度低、工作不频繁的滚动导轨可以人工定期添加润滑油或者用油杯供油，对于运动速度较高的导轨则采用润滑泵以压力油强制润滑。润滑油的选用应在工作温度变化时，润滑油黏度变化要小，要有良好的润滑性能和足够的油膜刚度，同时润滑油中杂质应尽量少且不侵蚀机件。

3）导轨的防护。为了防止切屑、磨粒或切削液散落在导轨面上面引起磨损、擦伤和锈蚀，导轨面上应用可靠的防护装置，并定期检查防护状况，保证导轨的正常使用。

（3）导轨的常见故障及其诊断与排除

表4－3介绍导轨常见故障及其诊断与排除。

表4－3　　导轨的常见故障及其诊断与排除

故障现象	故障原因	排除方法
导轨研伤	机床经长时间使用，地基与床身水平度有变化，使导轨局部单位面积负荷过大	定期进行床身导轨的水平度调整，或修复导轨精度
	长期加工短工件或承受过分集中的负荷，使导轨局部磨损严重	注意合理分布短工件的安装位置，避免负荷过分集中
	导轨润滑不良	调整导轨润滑油量，保证润滑油压力
	导轨材质不佳	采用电镀加热自冷淬火对导轨进行处理，导轨上增加锌铝铜合金板，以改善摩擦情况
	刮研质量不符合要求	提高刮研修复的质量
	机床维护不良，导轨里落入脏物	加强机床保养，保护好导轨防护装置
导轨上移动部件运动不良或不能移动	导轨面研伤	用180#砂布修磨机床与导轨面上的研伤
	导轨压板研伤	卸下压板，调整压板与导轨间隙
	导轨镶条与导轨间隙太小，调得太紧	松开镶条防松螺钉，调整镶条螺栓，使运动部件运动灵活，保证0.03mm的塞尺不得塞入，然后锁紧防松螺钉

续表

故障现象	故障原因	排除方法
加工面在接刀处不平	导轨直线度超差	调整或修刮导轨，允差为0.015mm/500mm
	工作台镶条松动或镶条弯度太大	调整镶条间隙，镶条弯度在自然状态下小于0.05mm/全长
	机床水平度差，使导轨发生弯曲	调整机床安装水平度，保证平行度、垂直度在0.02mm/1000mm之内

4.3.3 辅助装置

数控机床常见的辅助装置有液压装置、气动装置、润滑装置、冷却装置、排屑装置、自动换刀装置、防护装置和自动上下料机构等。

4.3.3.1 液压装置

现代数控机床在实现整机的全自动化控制中需要配备液压装置和气动装置来辅助实现整机的自动运行功能。液压和气动装置是现代数控机床的重要组成部分，其工作状态直接影响着机床的工作状态，因此，液压和气动装置的故障诊断及维护、维修对机床的影响是至关重要的。

（1）液压装置的组成

数控机床的液压装置主要的驱动对象是液压卡盘、静压导轨、液压拨叉变速液压缸、主轴箱的液压平衡、液压驱动机械手和主轴上的松刀液压缸等。一个完整的液压装置主要由以下几个部分组成：

1）能源部分。它包括了泵装置和蓄能器，它们能够输出压力油，把原动机的机械能转变为液体的压力能并储存起来。

2）执行机构部分。它包括液压油缸、液动机等，其作用是带动运动部件，将液体压力转变成使机械部件运动的机械能。

3）控制部分。它包括各种液压阀，用于控制液体的压力、流量和流动方向，从而控制执行机构的作用力、运动速度和运动方向，也可以用来卸载，实现过载包括等。

4）辅件部分。它是指除上述三部分以外的所有其他元件，如油箱、压力表、滤油器、管路、管接头、加热器和冷却器等。

（2）液压装置的维护

1）控制油液污染，保持油液清洁。据统计，液压装置的故障有80%是由于油液污染引发的，保持油液清洁可有效减少液压装置的故障，同时也能减少液压元件的磨损。

2）控制液压装置的温升。一台机床的液压装置如果温升变化范围大，将影响液压泵的吸油能力及容积效率，使液压装置不能正常工作，其压力、速度不稳定，动作不可靠。

3）控制液压装置的泄漏和吸空。泄漏和吸空是液压装置的常见故障。要控制泄漏，首先是要提高液压元件零部件的加工质量和元件的装配质量以及管道系统的安装质量，其次要提高密封件的质量，并注意密封件的安装使用与定期更换。

4）防止液压装置的振动。液压装置的振动将影响液压件的性能，使螺钉松动、管接头松脱，从而引起漏油。

5）严格执行日常检查制度。定期检查并做好检查记录可以及早发现问题，减少故障的发生。

6）严格执行定期紧固、清洗、过滤和更换制度。液压装置在工作过程中由于受到冲击振动、磨损和污染等因素，使管件松动，金属件和密封件磨损，因此必须定期对液压件及油箱进行清洗和维修，对油液和密封件执行定期更换。

（3）液压装置的常见故障及其诊断维修

表 4 –4 介绍液压装置常见故障及其诊断与排除。

表 4 –4　　液压装置的常见故障及其诊断维修

故障现象	故障原因	排除方法
油泵吸不上油或无压力	原动机与油泵旋向不一致	纠正原动机旋向
	油泵传动键脱落	重新安装传动键
	进出油口接反	按说明书选用正确接法
	油箱油面过低、吸油管露出液面	补充油液
	原动机转速太低吸力不足	提高转速，达到油泵要求最低转速以上
	油黏度过高	选用推荐黏度工作油
	油温过低，使油黏度过高	加温至推荐正常工作油温
	吸油管道或滤网堵塞造成吸油不畅	清洗管道或过滤装置，除去堵塞物，更换或过滤油箱内油液
	吸油过滤器过滤精度过高造成吸油不畅	按说明书正确选用过滤器
	吸入管道漏气	检查吸油管道，密封紧固
液压泵流量不足达不到流量值	转速不够	提高转速
	系统中有泄漏	检查系统，修补泄漏点
	油泵长时间工作、震动使泵盖螺钉松动	适当拧紧螺钉
	吸油管道漏气，吸油不充分	检查吸油管道，密封紧固
	油箱内油面过低	补充油液

续表

故障现象	故障原因	排除方法
液压泵流量不足达不到流量值	吸入管道堵塞或通径小	清洗管道，选用不小于油泵入口通径的吸油管
	吸油口过滤器堵塞或通流量少	入口过滤器选用通流量为油泵流量2倍以上的过滤器
	油黏度过高	选用推荐黏度工作油
液压泵压力升不上去	油泵不上油或流量不足	按前述方法排除
	溢流阀调整的压力太低或出现故障	调整溢流阀压力或修复溢流阀
	系统中有泄漏	检查系统或修复泄漏点
	油泵长时间工作泵盖螺钉松动	适当拧紧螺钉
	吸入管道漏气	检查各连接处，并予以密封、紧固
	吸油不充分	同前述排除方法
液压泵噪声过大	吸入管道漏气	检查吸油管道，密封紧固
	吸油不充分	按前述方法排除
	泵轴与原动机不同心	重新安装达到说明书要求精度
	油中有气泡	补充油液或采取结构措施把回油口浸油面以下
	泵转速过高	
	泵压力过高	使泵的压力降至额定压力以下
	轴密封处漏气	更换油封
液压泵过度发热	油温过高	改善油箱散热条件或增设冷却器使油温控制在推荐正常工作油温范围内
	油黏度太低，内泻过大	选用推荐黏度工作油
	工作压力过高	降压至额定压力以下
	回油口直接接到油泵入口	回油口接至油箱液面以下
液压泵振动过大	泵轴与电动机轴不同心	重新安装达到说明书要求精度
	安装螺钉松动	拧紧螺钉
	转速或压力过高	调整至许可范围以内
	吸入管道漏气	检查管道各连接处，予以密封紧固
	吸油不充分	同前述排除方法
	油液中有气泡	补充油液或采取结构措施把回油口浸入油面以下
液压泵外渗漏	密封老化或损伤	更换密封件
	进出油口连接部位松动	紧固螺钉或管接头
	密封面磕碰	修磨密封面
	外壳体砂眼	更换外壳体

续表

故障现象	故障原因	排除方法
换向阀外漏	密封胶圈损坏	胶圈损坏应分析原因：如果是因为装配时切坏胶圈，应把滑阀肩部菱角清除涂油后再装入
	密封胶圈长期受压变形及使用过程中受热变形	胶圈受压变形应更换胶圈，热变形除应更换胶圈还应排除产生过热的根源
	上下盖纸垫破裂或螺钉没上紧	上下盖纸垫损坏应检查是否由于回油阻力过大造成的损坏应予排除后再换纸垫才能彻底解决漏油问题。注意：回油管路不能太细太长，不能有死弯，一般回油阻力不应超过 0.6MPa。以 $FP_1$75 分配器为例：其回油管路内径应是 ϕ25mm 左右，长度不应超过 1m。同时应注意回油滤清器是否被堵塞。排除螺钉松动造成的漏油，应在紧固螺钉前检查纸垫是否被冲坏，否则易造成返工
	系统回油阻力过高造成漏油，甚至 $FP_1$75 分配器下盖破裂	更换分配器下盖
	本体有砂眼	本体砂眼不多见，因砂眼造成的漏油多数在短时间内不易发现，有可能在油温升高长时间使用后才出现渗漏，应更换本体
	漏装胶圈	在组装多路阀片前，应在槽内抹上少许黄油，防止在组装时胶圈掉出造成漏装
	胶圈槽内有金属屑等异物	胶圈槽内有异物造成的渗漏，不用把所有胶圈都拆下来检查，可用手指捋胶圈外表面，哪个胶圈有突高的感觉肯定是胶圈与胶圈槽之间有异物，可用划针剔出
换向阀内漏	滑阀与本体之间的间隙过大或本体孔被拉伤	间隙过大多是用油太脏造成的磨损，配合间隙超出应有的范围。应重新铰孔后再配上合适的滑阀使其间隙在 4 ~ 8μm，在无油状态下用手推拉滑阀，应感觉到本体与滑阀之间有一种均匀的摩擦力，过松过紧都不好：松了可能造成配合间隙过大，产生内漏，过紧有可能造成卡阀。有机会时应配合着空气量仪多去体会，此种感觉经验很重要，尤其是在没有仪器仪表的情况下很多场合都能用得上。本体孔拉伤多是由于油脏或滑阀肩部有毛刺造成的，应注意用油清洁；修理现场应注意不能摔，砸，磕碰滑阀，防止变形及产生毛刺，在装配前应用油石将滑阀各个肩部的毛刺彻底清除干净以防止装入时拉伤本体阀孔

续表

故障现象	故障原因	排除方法
换向阀内漏	液压锁阀芯与阀座之间不严	液压锁阀芯与阀座之间的异物一旦造成密封不严多数都会出现异物嵌入尼龙阀芯表面，将异物剔除后尼龙阀芯上的伤痕过大需要更换尼龙阀芯
	液压锁座胶圈损坏	液压锁座胶圈坏应更换，更换后重新装入锁座时应防止切胶圈，最好用合适的钻头将本体上装锁座孔的锐边毛刺去掉。注意去毛刺时应避免产生新的毛刺，关键是钻头角度要合适，切削刃前角要磨成≥90°，不能磨成锐角，这样用手拧钻头既省力，去刺及尖角的效果又好（没设备则用手拧钻头）还可形成良好的导入角
换向阀卡阀	油中赃物造成卡阀	油中有赃物造成的卡阀现象极普遍，有时异物体积较大，不能用力推拉更不能用手锤砸，否则卡的会更紧，应尽量在不伤害阀与体的情况下想办法取出异物，小直径异物造成的卡阀可用清洗的办法解决
	滑阀有毛刺或滑阀弯曲变形	滑阀有毛刺：滑阀某一肩部有亮点或细小铁屑，可用油石磨去，用手推拉滑阀在阀孔内运动。有毛刺的部位会感到阻力突然变化，甚至推不进阀孔，须用心注意，切不可强拉硬拽造成阀孔拉伤滑阀变形是摔砸滑阀造成的，现场无法修复
	FP75 分配器平衡孔没装对方向	FP75 分配器滑阀上的平衡孔应朝着本体进油孔方向，防止高压油造成液压卡出现
	滑阀销子松	销子松动造成的阀卡修理时，不能只简单地把销子砸回去了事，应将销子与所配合的支承一起换成新的重新砸好，以保证紧配合，否则销子还会窜出来
	DF40 阀本体变形	DF40 多路阀是由多片阀体组成的
换向阀不调位或调位压力不准	跳位压力过高，接近或超过安全阀压力引起不跳位	应从油脏卡住升压阀入手进行故障排除，先别调整调压螺钉，可将安全阀压力调高然后多次推动滑阀用压力油撞击冲洗升压阀，可恢复跳位压力正常。事后把安全阀压力调到正常值。如无效再调调压螺钉如还无效再拆检滑阀跳压机构
	油中有赃物卡住升压阀（小柱塞）造成不跳位	

续表

故障现象	故障原因	排除方法
换向阀不调位或调位压力不准	跳压机构密封不严造成跳位压力低，跳位压力不准	密封不严可将滑阀拆开后检查钢珠及密封带有无缺陷，如钢珠有麻坑及锈蚀应更新，密封带不严应重新砸密封带，以保证跳位机构的密封，同时仔细排除赃物造成跳压低，跳压不准的可能，体积较小，质地较软的异物可以通过清洗后砸密封带的方法清除
	分离套或滑阀有毛刺造成跳位压力不准	分离套或滑阀有毛刺造成跳位压力不准应将滑阀拆解后用油石去刺后重新装配，分离套和销子装好后应仔细检查分离套能否自由运动，有无卡滞现象，把卡阀不跳位的可能控制在组装和试车之前
安全阀压力过高	用户在没有仪表时自调压力造成的	用户最好配一个压力表，试压前应把安全阀压力先降下来，再推手柄，给压力读表，否则会把压力表撞坏，在没压力表时应先把压力降低到负载物不能升起来，然后逐渐调高压力（此时应一直推着手柄在上升位置）到负载能升起来后再多调 2 ~ 3MPa 约为调压螺丝的 1/4 圈左右，以保证多路阀全流量工作。因为安全阀有可能提前开启
	安全阀底座松造成的压力过高	安全阀底座松造成的压力过高是由于安全阀底座受到压力冲击有少部分安全阀底座松开逐渐挤向安全阀调节螺钉，使调压弹簧被压缩造成压力超高。由于弹簧是被逐渐压缩的，在机车上齿轮泵逐渐被高压油破坏，在此情况下齿轮泵不会裂（因为齿轮泵的效率已被严重破坏了，不可能裂壳）新泵换上一下就裂开了，新泵的容积效率一般都在 90% 以上，安全阀打不开压力可能到极高直到泵壳裂开。这就是旧泵不裂壳新泵裂壳的原因修复方法：先把安全阀底座紧到 25 ~ 35N. m 以保证其底座牢固可靠，然后用仪表或凭经验把压力调好，方向同前
油缸外漏	密封件损坏变形	密封件受压变形造成的漏油则要换胶圈。高温造成的密封失效，应在更换胶圈的同时排除产生高温的根源。零件配合间隙过大造成的胶圈损坏修理时不能只简单的更换胶圈，应采用换件的方法改善零部件配合间隙，防止密封件反复损坏
	YG110 油缸上盖裂造成的漏油	上盖裂应改变举升角度，改用带卸荷功能的油缸，否则只换油缸上盖还会被撞裂

续表

故障现象	故障原因	排除方法
油缸内漏	活塞胶圈磨损，断裂	产生磨损应检查油液的清洁度，防止更换胶圈后仍出现磨损，胶圈断裂应检查压力是否超高，应把压力调到额定压力以内，活塞与缸筒的配合过大造成内漏，无法修复应回厂解决
	活塞与缸筒拉伤	活塞与缸筒拉伤造成的内漏，在换缸的同时应检查油液是否清洁，防止拉伤再度出现
	胶圈老化失去密封功能	胶圈受压变形，应更换
	挡圈损坏造成密封胶圈损坏	活塞上的挡圈在装配时易切坏，一旦切坏会影响胶圈的使用寿命，造成内漏。建议采用专用工具防切
油缸爬行	油中有气造成油缸爬行	油缸上有放气螺钉的可拧开放气螺钉放气．没有放气螺钉的可将油缸反复升降到头，气体可排除，爬行现象即可消除 油箱中油少，油泵漏气进油管漏气造成的油中有气而出现的油缸爬行，应针对不同原因采取不同的方法排除油缸爬行故障

4.3.3.2　气动装置

气动装置在数控机床中主要用于对工件、刀具定位面（如主轴锥孔）和交换工作台的自动吹屑、清理定位基准面、安全防护门的开关以及刀具、工件的夹紧、松开等。

（1）气动装置的结构

气动装置的组成与液压装置相类似，主要由以下几个部分组成：

1）气源设备。它包括了空压机和储气罐。

2）气动执行元件。它包括了气缸、摆动气缸、气马达、气爪、真空吸盘等。

3）控制部分。它包括了方向控制阀、压力控制阀、速度控制阀和流量控制阀等。

4）辅件部分。它是指除上述三部分元件外的其他气动元件，如消声器、接头与气管、液压缓冲器、气液转换器、油雾器、冷却器、过滤器、干燥器、排水器和各类传感器等。

（2）气动装置的维护

1）保证供给洁净的压缩空气。压缩空气中通常都含有水分、油分和粉尘等杂质。水分会腐蚀管道、阀体和气缸；油分会使橡胶、塑料和密封材料变质；粉尘容易造成阀体动作失灵。应当选用合适的过滤器进行过滤来获得洁净的压缩空气。

2）保证输送到执行元件和控制元件的空气中含有适量的润滑油。

3）保证气动装置的密封性。漏气不仅增加了能量消耗，也会导致供气压力下降，甚至造成气动元件工作失灵。

4）保证气动元件中运动元件的灵敏性。

5）保证气动装置具有合适的工作压力和运动速度。

6）定期对气动装置进行点检和定检。具体检查内容如表 4－5 所示。

表 4－5　　气动装置的点检内容

元件名称	点检内容
气缸	活塞杆与端面之间是否漏气 活塞杆是否划伤、变形 管接头、配管是否划伤、损坏 气缸动作时有无异常声音 缓冲效果是否合乎要求
电磁阀	电磁阀外壳温度是否过高 电磁阀动作时，工作是否正常 气缸行程到末端时，通过检查阀的排气口是否有漏气来确诊电磁阀是否漏气 紧固螺栓及管接头是否松动 电压是否正常，电线有否损伤 通过检查排气口是否被油润湿，或排气是否会在白纸上留下油雾斑点来判断润滑是否正常
油雾器	油杯内油量是否足够，润滑油是否变色、混浊，油杯底部是否沉积有灰尘和水 滴油量是否合适
调压阀	压力表读数是否在规定范围内 调压阀盖或锁紧螺母是否锁紧 有无漏气
过滤器	储水杯中是否积存冷凝水 滤芯是否应该清洗或更换 冷凝水排放阀动作是否可靠
安全阀压力继电器	在调定压力下动作是否可靠 校检合格后，是否有铅封或锁紧 电线是否损伤，绝缘是否可靠

（3）气压装置的常见故障及其诊断与排除

表4－6介绍气压常见故障及其诊断与排除。

表4－6　气压装置的常见故障及其诊断与排除

故障现象	故障原因	排除方法
气缸泄漏	密封圈损坏	更换新的密封圈
	缸筒内表面有锈蚀或缺陷	维修或更换新的缸筒
气缸输出力不足	活塞杆偏心或有损伤	重新安装活塞杆
	活塞或活塞杆卡住	清除杂质并检查过滤器
气缸动作不平稳	润滑不良	重新加润滑油
气缸缓冲效果不好	缓冲部分密封圈损坏	更换新的密封圈
	调节螺钉损坏	更换调节螺钉或者设置缓冲机构
压力控制阀漏气或阀体泄漏	阀座有伤痕	更换阀体
	阀体接触面有伤痕	更换阀体
	阀座橡胶有剥离	更换橡胶
压力阀二次压力升高	活塞导向部分摩擦阻力大	清除杂质，检查过滤器
安全阀压力上升但不溢流	存在杂质将孔堵塞或将阀的移动零件卡死	清除杂质，检查过滤器
安全阀未到达设定值却溢流	调压弹簧损坏，阀座损伤	更换新的元件
换向阀不能换向	润滑不良，滑动阻力和启动阻力大	检查润滑，清除杂质

4.3.3.3　自动换刀装置

为进一步提高数控机床的加工效率，数控机床向着一次装夹完成多工序加工的方向发展，因而需要在加工过程中自动更换刀具，要做到这一点就需要配备刀库及自动换刀装置。刀库与自动换刀装置是影响数控机床自动化程度及工作效率的至关重要的部分。自动换刀装置机构复杂，在工作中又频繁运动，因此故障率较高。

（1）自动换刀方式

数控机床上的自动换刀装置使工件一次装夹完成多工序加工，从而减少多次定位带来的误差和减少因多次安装刀具和工件造成的非故障停机时间，提高了生产效率和数控机床使用率。各类数控机床的自动换刀装置的结构取决于机床的类型、工艺范围、使用刀具的种类和数量。数控机床常用的自动换刀装置的类型、特点、适用范围，自动换刀方式大致如表4－7所示。

表4－7　　　　自动换刀装置的类型

类别型式		特点	适用范围
转塔式	回转刀架	多为顺序换刀，换刀时间短、结构简单紧凑、容纳刀具较少	各种数控车床，数控车削加工中心
	转塔头	顺序换刀，换刀时间短，刀具主轴都集中在转塔头上，结构紧凑。但刚性较差，刀具主轴数受限制	数控钻、镗、铣床
刀库式	刀具与主轴之间直接换刀	换刀运动集中，运动部件少，但刀库容量受限	各种类型的自动换刀数控机床。尤其是对使用回转类刀具的数控镗、铣床类立式、卧式加工中心机床。要根据工艺范围和机床特点，确定刀库容量和自动换刀装置类型
	用机械手配合刀库进行换刀	刀库只有选刀运动，机械手进行换刀运动，刀库容量大	

（2）自动换刀装置的维护

1）在自动换刀装置中尽量采用可靠性高的元件，比如传感器、气动、液压元件的选取。一旦元件工作不正常就马上采取措施甚至更换，将故障排除在萌芽状态，从而减少损失。

2）严禁把超重、超长的刀具装入刀库，防止机械手在换刀时掉刀或刀具换刀时与工件、夹具、机床其他运动部件发生干涉。在平时的管理中，要制定严格的操作规程，对禁止的操作做清晰、详细的说明。切实将“规范至上、安全第一”的理念深入贯彻到每一个操作者和管理者的头脑里。

3）装、配刀时要有检验程序，要确保刀具安装到位且安装可靠；在采用顺序换刀方式时，必须严格检查刀具是否按顺序放置，确认程序上规定的刀具号与所配刀具号一致，以免出现错换刀导致严重的生产事故发生。

4）经常检查刀库回零位置是否正确，检查机床主轴换刀点位置是否正确。若不正确，应及时进行调整，否则不能完成规定换刀动作。

5）要制订具体的保养措施，保持刀具、刀柄和刀套的清洁。

6）开机时，应先使刀库和机械手空运行，检查各部分是否正常，特别是各行程开关和电磁阀能否正常动作。检查机械手液压或气压系统的压力是否正常等，发现不正常要及早处理。另外，还须经常检查装置中各零部件之间的连接是否牢靠，如松动应及时紧固。

（3）自动换刀装置的常见故障及其诊断维修

表4－8介绍自动换刀装置常见故障及其诊断与排除。

表 4－8　　　　自动换刀装置的常见故障及其诊断维修

故障现象	故障原因	排除方法
转塔刀架没有抬起动作	抬起阀杆卡死	清除污物，修理或更换电磁阀
	压力不够	检查油箱并重新调整压力
	抬起液压缸研损或密封圈损坏	修复损坏部分或更换密封圈
	与转塔抬起部分连接的机械部分研损	修复研损部分或更换零件
转塔转位速度缓慢或不转位	抬起阀杆卡死	清除污物，修理或更换电磁阀
	压力不够	检查油箱并重新调整压力
	转位速度节流阀是否卡死	清洗节流阀或更换
	液压泵研损卡死	检修或更换液压泵
	凸轮轴压盖过紧	调整调节螺钉
	抬起液压缸体与转塔平面产生摩擦、研磨	松开连接盘进行转位试验，取下连接盘配磨平面轴承下的调整垫片，并使相对间隙保持在 0.04mm
转塔不正位	转位盘上的撞块与选位开关松动，使转塔到位时传输信号超前或滞后	拆下护罩，使转塔处于正位状态，重新调整撞块与选位开关的位置并紧固
	上下联接盘与中心轴花键间隙过大产生位移偏差大，落下时易碰牙顶，引起不到位	重新调整联接盘与中心轴的位置，若间隙过大可更换零件
	转位凸轮与转位盘间隙大	用塞尺测试滚轮与凸轮间的间隙，将凸轮调至中间位置，转塔左右窜量保持在两齿之间，确保落下时顺利咬合，转塔抬起时用手摆动，摆动量不超过两齿的 1/3
	凸轮在轴上窜动	调整并紧固固定转位凸轮的螺母
	转位凸轮轴的轴向预紧力过大或有机械干涉，使转塔不到位	重新调整预紧力，排除干涉
转塔转位不停	两计数开关不同时或复置开关损坏	调整两个撞块的位置及两个计数开关的计数延时，修复复置开关
	转塔上的 24V 电源线断线	重新接好电源线
刀具不能夹紧	风泵气压不足	调整风泵气压到额定范围
	增压漏气	关紧增压
	刀具卡紧液压缸漏油	更换密封装置，使卡紧液压缸不漏油
	刀具松卡弹簧上的螺母松动	紧固螺母

续表

故障现象	故障原因	排除方法
刀具夹紧后不能松开	松锁刀的弹簧压力过紧	调节松锁刀弹簧上的螺母，使其最大载荷不超过额定数值
刀套不能夹紧刀具	检查刀套上的调节螺母	顺时针旋转刀柄两端的调节螺母、压紧弹簧、顶紧卡紧销
刀具从机械手中脱落	刀具超重	刀具不得超重
	机械手卡紧销损坏	更换机械手卡紧销
机械手换刀速度过快	气压太高或者节流阀开口过大	调整气泵的压力和流量，旋转节流阀至换刀速度合适
换刀时找不到刀	到位编码用组合选择开关、接近开关等元件损坏、接触不好或者灵敏度降低	更换损坏元件

4.4　数控机床机械结构故障诊断与维修实例

例 4－1　主轴发热、旋转精度下降。

故障现象：加工出来的工件孔精度偏低，圆柱度很差，主轴发热很快，加工噪声很大。

故障诊断：经过对机床主轴长期观察可以确定，机床主轴的定心锥孔在多次换刀过程中受到损伤，主要损伤原因是使用过程中换刀的拔、插刀失误，损伤了主轴定心孔的锥面，仔细分析后发现主轴部件的故障原因有四点：

1）主轴轴承的润滑脂不合要求，混有粉尘杂质和水分，这些杂质主要来源于该加工中心用的没有经过精馏和干燥的压缩空气，在气动清屑时，粉尘和水气进入到主轴轴承的润滑脂内，导致主轴轴承润滑不好，产生大量热和噪声。

2）主轴内用于定位刀具的锥形孔定位面上有损伤，导致主轴的锥面和刀柄的锥面不能完美配合，加工的孔出现微量偏心。

3）主轴的前轴承预紧力下降，导致轴承的游隙变大。

4）主轴内部的自动夹紧装置的弹簧疲劳失效，刀具不能完整拉紧，偏离了原本位置。

故障排除：

1）更换主轴的前端轴承，使用合格的润滑脂，并调整轴承游隙。

2）将主轴内锥形孔定位面研磨合格，用涂色法检测保证与刀柄的接触面不低于 90%；

3）更换夹紧装置的弹簧，调整轴承的预紧力。

除此之外，在操作过程中要经常检查主轴的轴孔、刀柄的清洁和配合状况，要增加空气精滤和干燥装置，要合理安排加工工艺，不可使机器超负荷工作。

例 4－2 主轴部件的定位键损坏。

故障现象：换刀声音较大，主轴前端拨动刀柄旋转的定位键发生局部变形。

故障诊断：经过研究发现，换刀过程中的巨大声响发生在机械手插刀阶段，原因是主轴准停位置有误差问题以及主轴换刀的参考点发生漂移问题。加工中心通常采用霍尔元件进行定向检测，霍尔元件的固定螺钉在长时间使用后出现了松动，导致机械手插刀时刀柄的键槽没有对准主轴上的定位键，故而会撞坏定位键；而主轴换刀的参考点发生漂移可能是 CNC 系统的电路板发生接触不良、电气参数变化、接近开关固定松动等，参考点漂移导致刀柄到主轴锥孔时，锥面直接撞击定心锥孔，产生异响。

故障排除：调整霍尔元件的安装位置，并加防松胶紧固，同时调整换刀参考点，更换主轴前端的定位键的方法排除故障。除此之外，在加工中心使用过程中要定期检查主轴准停位置和主轴换刀参考点的位置变化，发生异常现象要及时维修。

例 4－3 加工中心的主轴部件的拉杠钢球损坏。

故障现象：主轴内刀具自动夹紧机构的拉杠钢球经常损坏，刀具的刀柄尾部锥面也经常损坏。

故障诊断与排除：经研究发现，主轴松刀动作与机械手拔刀动作不协调，具体原因是限位开关安装在增压气缸的尾部，在气缸的动作到位时，增压缸不能及时到位，导致在夹紧结构的机械手还未完全松开时就进行了暴力拔刀，严重损坏了拉杠钢球和拉紧螺钉。针对以上原因，故障处理措施是对油缸和气缸进行清洗，更换密封环，调整压力，使两者动作协调一致，同时定期对气液增压缸进行检查，及时消除安全隐患。

例 4－4 滚珠丝杆紧固螺母松动。

故障现象：TH6380 卧式加工中心，启动液压后，手动运行 Y 轴时，液压自动中断，CRT 显示报警，驱动失效，其他各轴正常。

故障诊断：该故障涉及电气、机械、液压等部分。任一环节有问题均可导致驱动失效，因此检查的顺序大致如下。

伺服驱动装置→电动机及测量器件→电动机与丝杠连接部分→液压平衡装置→开口螺母和滚珠丝杠→轴承→其他机械部分。

1）检查驱动装置外部接线及内部元器件的状态良好，电动机与测量系统正常。

2）拆下 Y 轴液压抱闸后情况同前，将电动机与丝杠的同步传动带脱离，手摇 Y 轴丝杠，发现丝杠上下窜动。

3）拆开滚珠丝杠上轴承座正常。

4）拆开滚珠丝杠下轴承座后发现轴向推力轴承的紧固螺母松动，导致滚珠丝杠上下窜动。

故障排除：由于滚珠丝杠上下窜动，造成伺服电动机转动带动丝杠空转约一圈。在数控系统中，当 NC 指令发出后，测量系统应有反馈信号，若间隙的距离超过了数控系统所规定的范围，即电动机空走若干个脉冲后光栅尺无任何反馈信号，则数控系统必报警，导致驱动失效，机床不能运行。拧好紧固螺母，滚珠丝杠不再窜动，则故障排除。

例 4 –5　自动换刀装置空心螺钉伸出量不足。

故障现象：某加工中心采用凸轮机械手换刀。换刀过程中，动作中断，发出 2035 号报警，显示机械手伸出故障。

分析诊断：根据报警内容，机床是因为无法执行下一步“从主轴和刀库中拔出刀具”，而使换刀过程中断并报警。

机械手未能伸出完成从主轴和刀库中拔刀动作，产生故障的原因可能有：

1）“松刀”感应开关失灵。在换刀过程中，各动作的完成信号均由感应开关发出，只有上一动作完成后才能进行下一动作。第三步为“主轴松刀”，如果感应开关未发信号，则机械手“拔刀”就不会动作。检查两感应开关，信号正常。

2）“松刀”电磁阀失灵。主轴的“松刀”，是由电磁阀接通液压缸来完成的。如电磁阀失灵，则液压缸未进油，刀具就“松”不了。检查主轴的“松刀”电磁阀，动作均正常。

3）“松刀”液压缸因液压系统压力不够或漏油而不动作，或行程不到位。检查刀库松刀液压缸，动作正常。行程到位；打开主轴箱后罩，检查主轴松刀液压缸，发现已到达松刀位置，油压也正常，液压缸无漏油现象。

4）机械手系统有问题，建立不起“拔刀”条件。其原因可能是电动机控制电路有问题。检查电动机控制电路系统正常。

5）刀具是靠碟形弹簧通过拉杆和弹簧卡头将刀具柄尾端的拉钉拉紧的。松刀时，液压缸的活塞杆顶压顶杆，顶杆通过空心螺钉推动拉杆，一方面使弹簧卡头松开刀具的拉钉，另一方面又顶动拉钉，使刀具右移而在主轴锥孔中变“松”。

主轴系统不松刀的原因可能有以下几点：

1）刀具尾部拉钉的长度不够，致使液压缸虽已运动到位，而仍未将刀具顶松；

2）拉杆尾部空心螺钉位置起了变化，使液压缸行程满足不了“松刀”的要求；

3）顶杆出了问题，已变形或磨损；

4）弹簧卡头出故障，不能张开；

5）主轴装配调整时，刀具移动量调的太小，致使在使用过程中一些综合因素导致不能满足“松刀”条件。

故障排除：拆下“松刀”液压缸，检查发现这一故障系制造装配时，空心螺钉的伸出量调得太小，故“松刀”液压缸行程到位，而刀具在主轴锥孔中“压出”不够，刀具无法取出。调整空心螺钉的伸长量，保证在主轴“松刀”液压缸行程到位后，刀柄在主轴锥孔中的压出量为0.4～0.5mm。经以上调整后，故障排除。

例4－6 主轴定位不准。

故障现象：某型号数控机床在自动换刀过程中，经常出现主轴定位不准确现象，导致自动换刀无法正常进行。

故障诊断：机床刚启动工作时，出现上述现象的次数很少，通过重新开机启动后一般都能正常工作一段时间。但工作一段时间后，主轴定位不准确的现象就表现得越来越严重，故障频率也越来越高，严重影响了机床的正常使用。

在故障出现后，应首先认真察看机床的操作记录，询问故障发生前和发生时机床的工作状态。在看清、问清有关现象后，对故障进行分析。检查机床主轴驱动系统没有任何报警，机床的定位采用编码器，定位动作也完全正确，所以发生电气故障的可能性很小。此处机械部分结构比较简单，那么影响主轴定位不准确最有可能的机械原因就是编码器的连接。通过检查发现，编码器连接套的“紧定螺钉”松动，导致主轴和编码器连接部分间隙过大。

故障排除：将“紧定螺钉”按要求紧固后故障顺利排除。

例4－7 自动换刀装置气缸损坏。

故障现象：某型号数控机床在自动换刀时发现主轴“松刀”动作缓慢，换刀时间由正常的5s变为9s，导致机床加工效率降低。

故障诊断：根据经验，导致此种现象的原因一般有：

1）气动系统压力太低或流量不足；

2）主轴“拉刀”系统连接有故障；

3）主轴“松刀”气缸出问题。

按上述分析，首先检查气压，发现工作压力为0.6MPa，工作压力正常。又检查“拉刀”系统连接也符合安装要求。此时，将机床进行手动主轴“松刀”操作，发现系统压力明显下降，而气缸的活塞杆缓慢伸出，据此断定气缸内部存在漏气现象。

故障排除：打开气缸，认真检查后发现密封环已经损坏，气缸内壁拉毛。更换后，自动换刀时主轴“松刀”动作恢复正常，故障排除。

例4－8 加工中心主轴定位不良，引发换刀过程发生中断。

故障现象：某加工中心主轴定位不良，引发换刀过程发生中断。开始时，出现的次数不很多，重新开机后又能工作，但故障反复出现。

故障诊断：出现故障时，对机床进行了仔细观察，发现故障的真正原因是主轴在定向后发生位置偏移，且主轴在定位后如用手碰一下（和工作中在换刀时当刀具插入主轴时的情况相近），主轴则会产生相反方向的漂移。检查电气单元无任何报警，该机床的定位采用的是编码器，从故障的现象和可能发生的部位来看，电气部分的可能性比较小，机械部分又很简单，最主要的是联接，所以决定检查联接部分。

在检查到编码器的联接时发现编码器联接套的紧定螺钉松动，使联接套后退造成与主轴的联接部分间隙过大使旋转不同步。将紧定螺钉按要求固定好后故障消除。

注意：发生主轴定位方面的故障时，应根据机床的具体结构进行分析处理，先检查电气部分，如确认正常后再考虑机械部分。

例 4－9　主轴速度反馈元件安装不正。

故障现象：主轴噪声较大，主轴无载荷情况下，负载表指示超过 40%。

故障诊断：首先检查主轴参数设定，包括放大器型号、电动机型号及伺服增益等，在确认无误后，则将检查重点放在机械侧。发现主轴轴承损坏，经更换轴承后，在脱开机械侧的情况下检查主轴电动机旋转情况，发现负载表指示已正常但仍有噪声。随后，将主轴参数 00 号设定为 1，即让主轴驱动系统开环运行，结果噪声消失，说明速度检测元件有问题。经检查发现安装不正，调整位置之后再运行主轴电动机，噪声消失，机床能正常工作。

例 4－10　连接松动造成加工工件径向误差大。

故障现象：一台数控车床，加工零件时，常出现径向尺寸忽大忽小的故障。

故障诊断：检查控制系统及加工程序均正常，然后检查传动链中电动机与丝杠的联接处，发现电动机联轴器紧固螺钉松动，使得电动机轴与丝杠产生相对运动。

故障排除：由于半闭环系统的位置检测器件在电动机侧，丝杠的实际转动量无法检测，从而导致零件尺寸不稳定，紧固电动机联轴器后故障排除。

例 4－11　导轨润滑不足

故障现象：TH6363 卧式加工中心，*Y* 轴导轨润滑不足。

故障诊断：TH6363 卧式加工中心采用单线阻尼式润滑系统，故障产生以后，开始认为是润滑时间间隙太长，导致 *Y* 轴润滑不足。将润滑电动机启动时间间隔由 15min 改为 110min，*Y* 轴导轨润滑有所改善但是油量仍不理想，故又集中注意力查找润滑管路问题，润滑管路完好，拧下 *Y* 轴导轨润滑计量件，检查发现计量件中的小孔堵塞。

故障排除：清洗计量件后，故障排除。

例 4－12　滚珠丝杠与导轨不平行。

故障现象：某加工中心运行时，工作台 *X* 轴方向位移接近行程终端过程中产生明显的机械振动故障，故障发生时系统不报警。

故障诊断：因故障发生时系统不报警，但故障明显，故通过交换法检查，确定故障部件应在 X 轴伺服电动机与丝杠传动链一侧；拆卸电动机与滚珠丝杠之间的弹性联轴器，单独通电检查电动机。检查结果表明，电动机运行时无振动现象，显然故障部位在机械传动部分。脱开弹性联轴器，用扳手转动滚珠丝杠进行手感检查，发现工作台 X 轴方向位移接近行程终端时，感觉到阻力明显增加。拆下工作台检查，发现滚珠丝杠与导轨不平行，故而引起机械转动过程中的振动现象。

故障排除：经过认真调整滚珠丝杆与导轨的平行度后，故障排除。

例 4－13　直线导轨损坏导致机械干涉。

故障现象：某加工中心采用直线滚动导轨，安装后用扳手转动滚珠丝杠进行手感检查，发现工作台 X 轴方向移动过程中产生明显的机械干涉故障，运动阻力很大。

故障诊断：故障明显在机械结构部分。拆下工作台，首先检查滚珠丝杠与导轨的平行度，检查合格。再检查两条直线导轨的平行度，发现导轨平行度严重超差。拆下两条直线导轨，检查中滑板上直线导轨的安装基面的平行度，检查合格。再检查直线导轨，发现一条直线导轨的安装基面与其滚道的平行度严重超差（0.5mm）。

故障排除：更换合格的直线导轨，重新装好后，故障排除。

例 4－14　滚珠丝杠螺母松动造成运动轴抖动过大产生报警。

故障现象：其配套西门子公司生产的 SINUMEDIK8MC 的数控装置的数控镗铣床，机床 Z 轴运行（方滑枕为 Z 轴）抖动，瞬间即出现 123 号报警，机床停止运行。

故障诊断：出现 123 号报警的原因是跟踪误差超出了机床数据 TEN345/N346 中所规定的值。

导致此种现象有三个可能：

1）位置测量系统的检测器件与机械位移部分联接不良。

2）传动部分出现间隙。

3）位置闭环放大系数 KV 不匹配。

通过详细检查和分析，初步断定是后两个原因，使方滑枕（Z 轴）运行过程中产生负载扰动而造成位置闭环振荡。

基于这个判断，我们首先修改了设定闭环 KV 系数的机床数据 TEN152，将原值 S1333 改成 S800，即降低了放大系数，有助于位置闭环稳定；经试运行发现虽振动减弱，但未彻底消除。这说明机械传动出现间隙的可能性增大；可能是滑枕镶条松动、滚珠丝杠或螺母窜动。对机床各部位采用先易后难，先外后内逐一否定的方法，最后查出故障源：滚珠丝杠螺母背帽松动，使传动出现间隙，当 Z 轴运动时由于间隙造成的负载扰动导致位置闭环振荡而出现抖动现象。

故障排除：紧好松动的背帽，调整好间隙，并将机床数据 TEN152 恢复到原值后，故障消除。

例 4－15　联轴器联接螺钉松动造成加工工件尺寸误差大。

故障现象：某加工中心运行九个月后，发生 Z 轴方向加工尺寸不稳定，尺寸超差且无规律，CRT 及伺服放大器无任何报警显示。

故障诊断：该加工中心采用三菱 M3 系统，交流伺服电动机与滚珠丝杠通过联轴器直接联接，根据故障现象分析故障原因是联轴器联接螺钉松动，导致联轴器与滚珠丝杠或伺服电动机间产生滑动。

故障排除：紧固联轴器联接螺钉，故障消除。

例 4－16　联轴器与丝杠联接松动造成报警。

故障现象：某卧式加工中心出现 ALM421 报警，即 Y 轴移动中的位置偏差量大于设定值而报警。

故障诊断：该加工中心使用 FANUC 0M 数控系统，采用闭环控制。伺服电动机和滚珠丝杠通过联轴器直接联接。根据该机床控制原理及机床传动联接方式，初步判断出现 ALM421 报警的原因是 Y 轴联轴器不良。

故障排除：对 Y 轴传动系统进行检查，发现联轴器中的胀紧套与丝杠联接松动，紧定 Y 轴传动系统中所有的紧定螺钉后，故障消除。

例 4－17　滚珠丝杠螺母松动造成窜动，导致驱动失效报警。

故障现象：TH6380 卧式加工中心，启动液压系统后，手动运行 Y 轴时，液压系统自动中断，CRT 显示报警，驱动失效，其他各轴正常。

故障诊断：该故障涉及电气、机械、液压部分。任一环节有问题均导致驱动失效，故障检查的顺序大致如下：

伺服驱动装置→电动机及测量器件→电动机与丝杠联接部分→液压平衡装置→开口螺母和滚珠丝杠→轴承→其他机械部分。

1）检查驱动装置外部接线及内部元件的状态良好，电动机与测量系统正常。

2）拆下 Y 轴液压抱闸后情况同前，将电动机与丝杠的同步传动带脱离，手摇 Y 轴丝杠，发现丝杠上下窜动。

3）拆开滚珠丝杠下轴承座正常。

4）拆开滚珠丝杠下轴承座正常后发现轴向推力轴承的紧固螺母松动，导致滚珠丝杠上下窜动。

由于滚珠丝杠上下窜动，造成伺服电动机转动带动丝杠空转约一圈。在数控系统中，当 NC 指令发出后，测量系统应有反馈信号，若间隙的距离超过了数控系统所规定的范围，即电动机空走若干个脉冲后光栅尺无任何反馈信号，则数控系统必报警，导致驱动失效，机床不能运行。

故障排除：拧好紧固螺母，滚珠丝杠不能窜动，则故障排除。

思考题

4－1 数控机床的机械机构组成是什么？

4－2 数控机床机械故障诊断的方法有哪些？

4－3 数控机床主轴在使用过程中发热异常应如何排除？简述分析过程。

4－4 进给运动传动系统结构及组成有哪些？

技能训练

4－1 数控机床各组成部分的识别

熟悉数控机床结构，可按照数控装置、主运动传动系统、进给运动传动系统、辅助装置等来认识数控机床的组成，根据铭牌上的标注了解其相关型号，进而查阅技术资料。

表 4－9　　数控机床结构表

序号		组成	部件名称或型号	作用
1	数控装置			
2	主运动传动系统	主轴部件		
3	进给运动传动系统	滚珠丝杠		
		导轨		
4	辅助装置	液压装置		
		气动装置		
		自动换刀装置		
		其他辅助装置		

4－2 数控车床主轴部件的拆装

数控车床主轴部件结构如图 4－6 所示。

主轴 9 前端采用三个角接触球轴承 12，通过前支承套 14 支承，由螺母 11 预紧。后端采用圆柱滚子轴承 15 支承，径向间隙由螺母 3 和螺母 7 调整。螺母 8 和螺母 10 分别用来锁紧螺母 7 和螺母 11，防止螺母 7 和螺母 11 的回松。带轮 2 直接安装在主轴 9 上（不卸荷）。同步带 1 安装在主轴 9 后端支承与带轮之间，通过同步带和安装在主轴脉冲发生器 4 轴上的另一同步带轮，带动主轴脉冲发生器 4 和主轴同步运动。

拆卸操作顺序大致如下：

（1）主轴部件的拆卸

1）拆下电动机传动带及主轴后端带轮和键。

2）拆下主轴后端螺母 3。

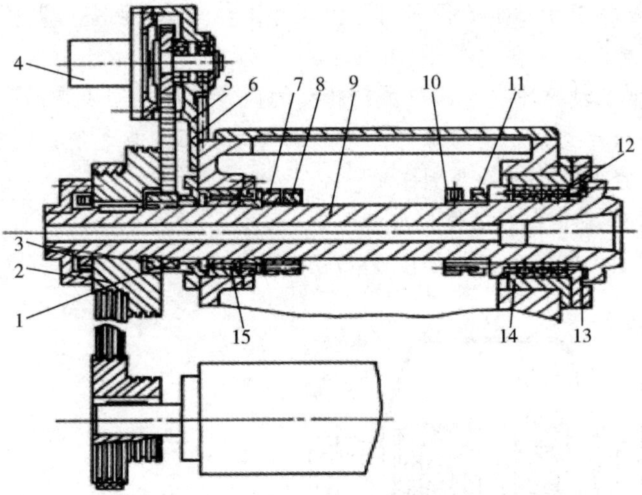

图4-6　数控车床主轴部件结构

1—同步带　2—带轮　3、7、8、10、11—螺母　4—主轴脉冲发生器　5—螺钉　6—支承　9—主轴　12—角接触球轴承　13—前端盖　14—前支撑套　15—圆柱滚子轴承

3）松开螺钉5，拆下支架6上的螺钉，拆去主轴脉冲发生器（含支架、同步带）。

4）拆下同步带轮1和后端油封件。

5）拆下主轴后支承处轴向定位盘螺钉。

6）拆下（向前端方向）主轴部件。

7）拆下圆柱滚子轴承15和轴向定位盘及油封。

8）拆下螺母7和螺母8。

9）拆下螺母10和螺母11以及前油封。

10）拆下主轴9和前端盖13。主轴拆下后要轻放，不得碰伤各部螺纹及圆柱表面。

11）拆下角接触球轴承12和前支承套14。

以上各部件、零件拆卸后，应清洗及防锈处理，并妥善存放保管。

(2) 主轴部件的装配及调整

装配前，各零件、部件应严格清洗，需要预先加涂油的部件应加涂油。装配工具以及装配方法，应根据装配要求及配合部位的性质选取。必须注意，不正确或不规范的装配方法，将影响装配精度和装配质量，甚至损坏被装配件。装配时按拆卸的逆向顺序安装，主轴部件装配时的调整，应注意以下几个部位的操作：

1）前端三个角接触球轴承，应注意前面两个大口向外，朝向主轴前端，后一个大口向里（与前面两个相反方向）。预紧螺母11的预紧量应适当，预紧后一定要注意用螺母10锁紧，防止回松。

2）后端圆柱滚子轴承的径向间隙由螺母3和螺母7调整，调整后通过螺母8锁紧，防止回松。

3）为保证主轴脉冲发生器与主轴转动的同步精度，同步带的张紧力应合理。调整时先略略松开支架6上的螺钉，然后调整螺钉5，使之张紧同步带。同步带张紧后，再旋紧支架6上的紧固螺钉。

4-3 数控车床立式四工位刀架拆装。

数控车床立式四工位刀架如图4-7所示。

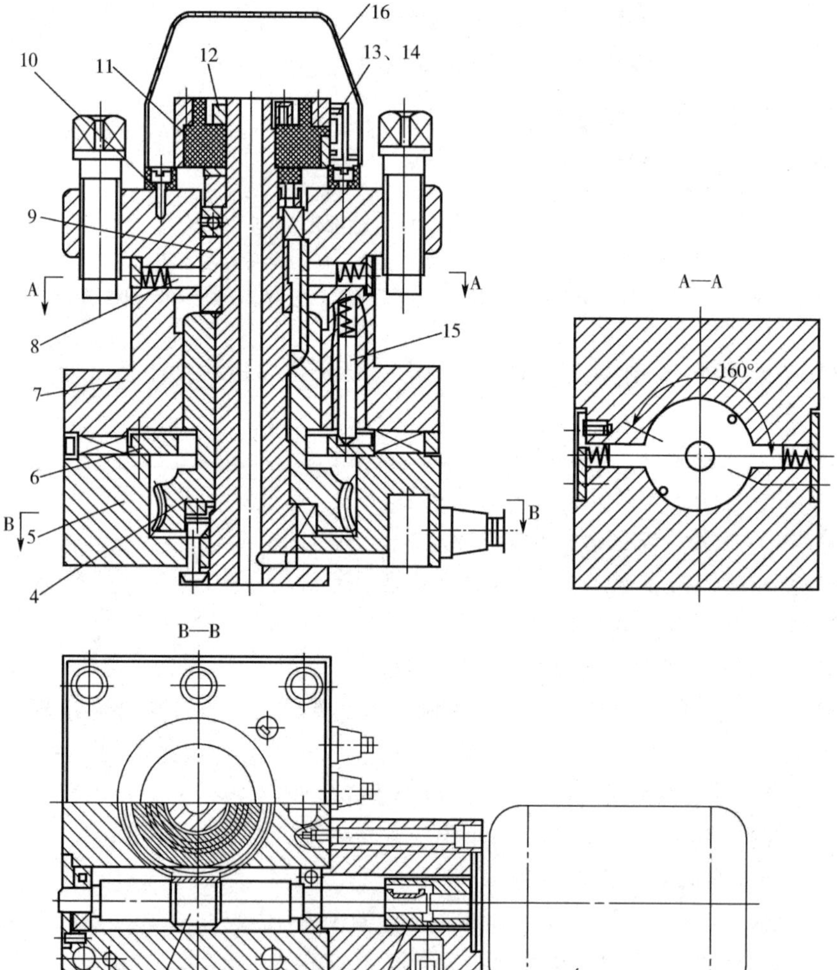

图4-7 数控车床立式四工位刀架拆装

1—电动机 2—联轴器 3—蜗杆轴 4—蜗轮丝杠 5—刀架底座 6—粗定位盘 7—刀架体 8—球头销 9—转位套 10—电刷座 11—发信体 12—螺母 13、14—电刷 15—粗定位销 16—发信体防护罩拆装的步骤：发信体防护罩→电刷→螺母→发信体→电刷座→电动机→联轴器→刀架底座→蜗杆轴→粗定位盘→粗定位销→刀架体→球头销→转位套→蜗轮丝杠。

装配步骤：蜗轮丝杠→转位套→球头销→刀架体→粗定位销→粗定位盘→蜗杆轴→刀架底座→联轴器→电动机→电刷座→发信体→螺母→电刷→发信体防护罩。

检查：转动电动机叶片，是否能轻松实现刀架抬起、刀架转位、刀架定位、刀架压紧数控车床立式四工位刀架换刀动作。若无法实现说明未装配好，须拆卸蜗轮丝杠、转位套、球头销、刀架体、粗定位销与粗定位盘等重新装配。

第5章　数控机床的电气故障诊断与维修

数控机床的电气故障约占整个机床故障的37.5%，在运作过程中，一旦某部分出现电气故障，必将造成机床停机，生产滞后的结果，对企业的效益带来巨大影响。为了保障数控机床的正常运作，电气故障的迅速诊断以及正确的设备维修是这一系统的重中之重。

本章将着重介绍有关数控机床电气系统的基础知识、数控机床常用低压电器、进给伺服系统、数控机床电气原理图、数控机床电气故障的诊断与排除以及相关的实例。

5.1　数控机床电气系统概述

本节将介绍有关数控机床电气系统的基础，如数控机床对电气系统的基本要求、电气系统的组成和数控机床电气控制系统图等。

5.1.1　数控机床对电气系统的基本要求

数控机床具有灵活通用、高速、高效和高精度等特点，因此其对电气系统有如下基本要求。

（1）高可靠性

数控机床是长时间连续运转的设备，本身要具有高可靠性。因此，在电气系统的设计和部件的选用上普遍运用了可靠性技术、容错技术及冗余技术。所有部件选用的是最成熟的，而且符合有关国际标准并取得授权认证的新型产品。

（2）紧跟新技术的发展

在保证可靠性的基础上，电气系统还要具有先进性，如新型组合功能电气元件的使用、新型电子电器及电子功率器件的使用等。

（3）稳定性

要在电气系统中采取一系列措施，使其适应较宽泛的环境条件，如要能适应交流供电系统电压的波动，对电网系统内的噪声干扰有一定的抑制作用，同时还符合电磁兼容的国家标准要求，系统内部既不互相干扰，也不向外部辐射破坏性干扰。

（4）安全性

电气系统的联锁要有效；电气装置的绝缘要保证完好，防护要齐全，接地要牢靠，以使操作人员的安全有保证。电气部件的防护外壳要具有防尘、防水、防油污的功能；电柜的封闭性要好，防止外部的液体渗入电柜内部，防止切屑、导电尘埃的进入。电柜内的所有元件在正常供电电压工作室不应出现被击穿的现象，并且有预防雷电袭击的功能；经常移动的电缆要有防护套或者拖链防护，防止缆线磨断或短路而造成系统故障。要有抑制内部部件异常升温的措施，特别是在夏季，要有强迫风冷或制冷器冷却；有防触电、放碰伤设施。

（5）方便的可维护性

易损部件要便于更换和替换，保护元器件的保护动作要灵敏，但也不能有误动作；一旦出现故障并排除后，功能要能恢复。

（6）良好的控制特性

所有被控制的电动机启动要平稳、响应快速、特性硬、无冲击、无振动、无振荡、无异常噪声、无异常升温。

（7）运行状态明显的信息显示

电气系统要用指示灯作操作显示，电器元件要有状态指示、故障指示，有明显的安全操作标示。

（8）操作的宜人性

电气系统要体现人性化设计，如操作部位与人体的平均高度、距离相适应，体现操作方便、舒适、便于观察的特点，尤其要随时摸得到急停按钮，保证紧急下的快速操作动作；机床电器颜色不仅符合标准，还要美观、明显。

5.1.2　数控机床电气控制系统的组成

数控机床的电气控制系统，主要由数控系统（CNC）、伺服系统（包括进给驱动控制系统和主轴驱动控制系统）、机床强电控制系统（包括强电控制柜和辅助装置的电气硬件电路）等组成（图 5－1）。

数控系统是数控机床电气控制系统的中枢，它可以自动地对输入到数控机床内部的所有数控加工程序进行处理，同时将这些数控加工程序分成两大类的控制量，分别输出。第一类为连续控制量，这一类的控制量将被输送到伺服系统；第二类为离散的开关控制量，这一类的控制量将被输送到数控机床的强电控制系统。

伺服系统分进给伺服系统和主轴驱动系统两部分。进给伺服系统由进给伺服电动机和进给伺服装置两部分组成，其作用是用来驱动数控机床各坐标轴的切削，同时还为数控机床提供在其切削过程中所需的转矩和运转速度。主轴伺服系统由主轴电路和主轴伺服装置两部分组成，其功能是用来实现对主轴转速的调节和控制作用，有时在不同的伺服装置中，还含有主轴定向控制的功能。

机床的强电控制系统，除了具有对机床的辅助运动和辅助动作的控制功能外，同时还包括对保护开关、各种行程极限开关和操作面板上所有器件的监测及控制功能。

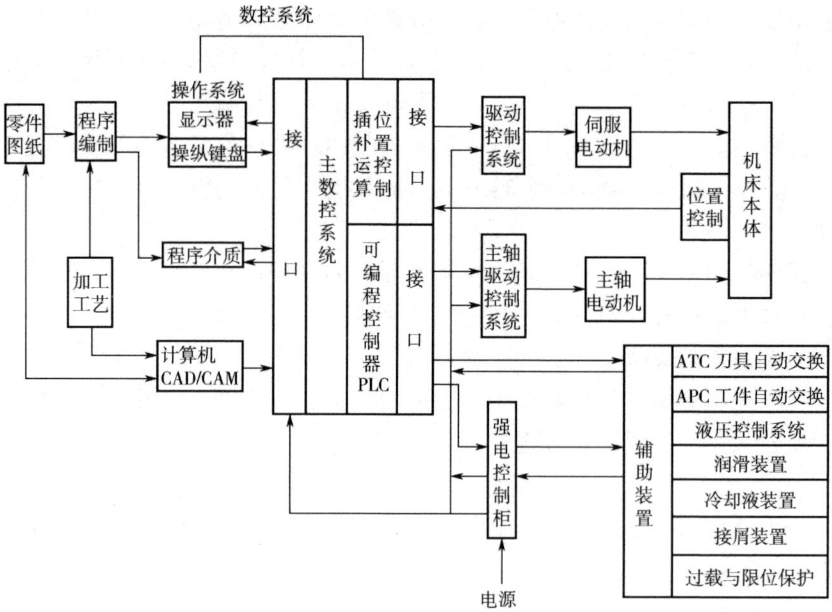

图 5－1　数控机床电气控制系统

5.1.3　数控机床电气控制系统图

为了表达生产机械电气控制系统的组成及工作原理，同时也便于设备的安装、调试和维修，通常将系统中各电气元件及连接关系用一定的图样反映出来，在图样上用规定的图形符号表示各电气元件，并用文字符号说明各电气元件，这样的图样称为电气控制系统图，也称电气图。如图 5－2 是 VDF850D 加工中心主电路电气控制系统图。

图中必须根据国家标准，用统一的文字符号、图形符号及画法，以便于设计人员的绘图与现场技术人员、维修人员的识读。在电气图中，代表电动机、各种电器元件的图形符号和文字符号应按照我国已颁布实施的有关国家标准绘制。

电气控制系统图中的文字符号用于电气技术领域中技术文件的编制，也可以标注在电气设备、装置和元器件上或近旁，以表示电气设备、装置和元器件的名称、功能、状态和特性。它可分为基本文字符号和辅助文字符号。

（1）基本文字符号

基本文字符号有单字母符号与双字母符号两种。单字母符号按拉丁字母顺序将各种电气设备、装置和元器件划分为 23 大类，每一类用一个专用单字母符号表示，如“C”表示电容器类，“R”表示电阻器类，“M”表示电动机类等。双字母符号由一个表示种类的单字母符号与另一个字母组成，且以单字母符号在前，另一个字母在后的次序排列，如“F”表示保护器件类，则“FU”表示为熔断器，“FR”表示为热继电器（表 5－1）。

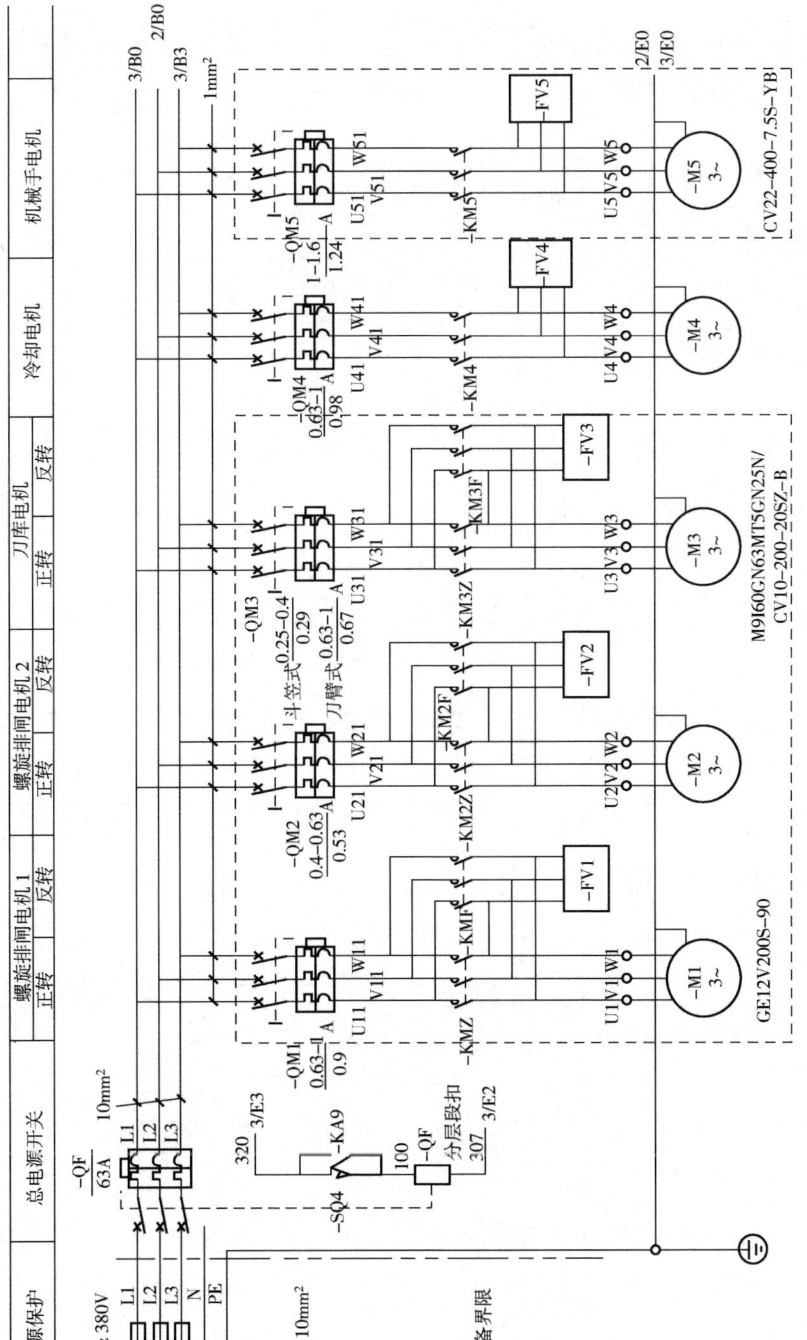

图 5－2　VDF850D 加工中心主电路电气控制系统图

表 5-1　　基本数控机床常用元器件文字符号

设备、装置和元器件种类	名称	基本文字符号	
		单字母	双字母
电容器	电容器（组） 辅助供电电容（电容储能）	C	C
其他元器件	照明灯	E	EL
保护器件	具有延时动作的限流保护器件	F	FR
	具有瞬时动作的限流保护器件		FS
	熔断器		FU
	限压保护器件		FV
继电器、接触器	继电器	K	KA
	接触器		KM
	延时有或无继电器		KT
电感器、电抗器	感应线圈、电抗器（并联和串联）	L	
电动机	电动机	M	
	同步电动机		MS
测量设备	电流表	P	PA
	电压表		PV
电力电路的开关器件	断路器	Q	QF
	电动机保护开关		QM
	隔离开关		QS
电阻器	电阻器	R	
	电位器		RP
	热敏电阻器		RT
	压敏电阻器		RV
控制、记忆、信号电路的开关器件选择器	控制开关、选择开关	S	SA
	按钮开关		SB
	压力传感器		SP
	位置传感器		SQ
	转速传感器		SR
	温度传感器		ST
变压器	电流互感器	T	TA
	电力变压器		TM
	电压互感器		TV

续表

设备、装置和元器件种类	名称	基本文字符号	
		单字母	双字母
调制器、变换器	编码器、整流器	U	
电子管、晶体管	电子管	V	VE
	控制电路用电源的整流器		VC
传输通导天线	电缆	W	
	波导		
端子插头插座	测试插孔	X	XJ
	插头		XP
	插座		XS
	端子板		XT
电气操作的机械器件	电磁铁	Y	YA
	电磁制动器		YB
	电磁离合器		YC
	电动阀		YM
	电磁阀		YV

（2）辅助文字符号

辅助文字符号用来表示电气设备、装置和元器件以及电路的功能、状态和特征。如“RD”表示红色等。辅助文字符号也可以放在表示种类的单字母符号之后组成双字母符号，如“YB”表示电器制动器，“SP”表示压力传感器等。辅助字母还可以单独使用，如“ON”表示接通，“PE”表示保护接地等（表5－2）。

表5－2　辅助文字符号

辅助文字符号	名称	辅助文字符号	名称	辅助文字符号	名称
AC	直流	DC	直流	OFF	断开
AUT	自动	E	接地	ON	接通
ACC	加速	F	快速	OUT	输出
AUX	辅助	FB	反馈	PE	接地保护
ASY	异步	FW	正、向前	SET	复位
BRK	制动	IN	输入	RUN	运转
BW	向后	INC	增	ST	启动
CW	顺时针	L	左	SET	置位
CWW	逆时针	MAN	手动	STE	步进
D	延时	N	中性线		

电气控制系统图中的图形符号通常用于图样或其他文件，用以表示一个设备或概念的图形、标记或字符。主要由以下三部分组成：

1）符号要素。它是一种具有确定意义的简单图形，必须同其他图形结合才构成一个设备或概念的完整符号。如接触器常开主触点的符号就由接触器触点功能符号和常开触点符号组合而成。

2）一般符号。用以表示一类产品和此类产品特征的一种简单的符号。如电动机可用一个圆圈表示。

3）限定符号。是一种加在其他符号上提供附加信息的符号。

例如三相电动机图形符号，其中圆圈是装置符号要素，M 是电动机一般符号，3～是三相交流限定符号（图5－3）。

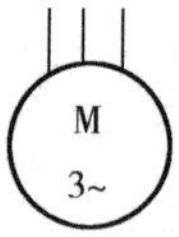

图5－3　三相电动机图形符号

在电子控制系统图中，为了清晰地表示接线端子的联接情况，需要加入接线端子标记，一般的接线端子标记如下：

1）三相交流电路引入线采用 L1、L2、L3、N、PE 标记，直流系统的电源正、负线分别用 L＋、L－标记。

2）分级三相交流电源主电路采用三相文字代号 U、V、W 的前面加上阿拉伯数字 1、2、3 等来标记。如 1U、1V、1W、2U、2V、2W 等。

3）各电动机分支电路各接点标记采用三相文字代号后面加数字来表示，数字中的个位数表示电动机代号，十位数字表示该支路各结点的代号，从上到下按数值大小顺序标记。如 U11 表示 M1 电动机的第一相的第一个节点代号，U21 表示 M1 电动机的第一相的第二个节点代号，以此类推。

4）三相电动机定子绕组首端分别用 U1、V1、W1 标记，绕组尾端分别用 U2、V2、W2 标记，电动机绕组中间抽头分别用 U3、V3、W3 标记。

5）控制电路采用阿拉伯数字编号。标注方法按“等电位”原则进行，在垂直绘制的电路中，标号顺序一般按自上而下、从左至右的规律编号。凡是被线圈、触点等元件所间隔的接线端点，都应标以不同的线号。

5.2　数控机床常用低压电器

电器是指对电能的生产、输送、分配和使用起控制、调节、检测、转换及保护作用的电工器械。电压电器是指工作于 50Hz 或者 60Hz、额定电压等级在交流 1200V 以下、直流电压 1500V 以下电路中的电器元件。低压电器按其用途可分为如下两类：

1）低压配电电器，用于电能的输送和分配的电器，主要技术要求是断流能力强、限流小、在系统发生故障时保护动作准确、工作可靠、有足够的热稳定性和动稳定性。如刀开关、转换开关、低压断路器、熔断器等。

2）低压控制电器，用于各种控制电路和控制系统的电器，主要技术要求是操作频率高、寿命长、有相应的转换能力。如接触器、继电器、主令开关等。

5.2.1　低压配电电器

5.2.1.1　刀开关

（1）刀开关的结构及工作原理

刀开关又称闸刀开关或隔离开关，它是手控电器中最简单而使用又较广泛的一种低压电器。它由静插座、手柄、触刀、铰链支座和绝缘底板组成。按极数不同刀开关分为单极、双极和三极 3 种。这种刀开关用于不频繁接通和分断电路或用来将电路与电源隔离。如果把熔断器和刀开关组合在一起，既可用来接通或切断电路，又可起短路保护作用，这个刀开关称为闸刀开关或铁壳开关，如图 5－4、图 5－5 所示。

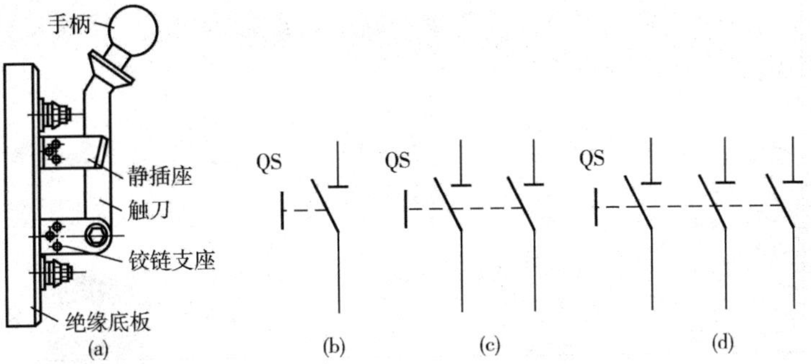

图 5－4　刀开关结构和图形符号

（a）结构　（b）单极刀开关图形符号　（c）双极刀开关图形符号　（d）三极刀开关图形符号

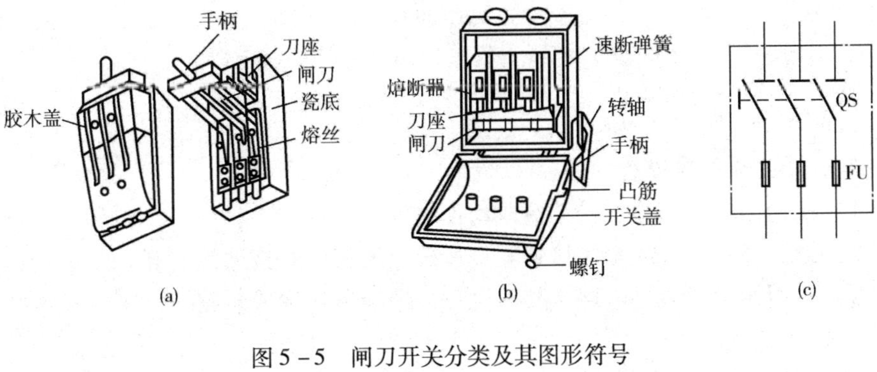

图 5－5　闸刀开关分类及其图形符号

（a）闸刀开关　（b）铁壳开关　（c）图形符号

（2）刀开关常见故障现象（表5-3）

表5-3　　　　刀开关常见故障

器件名称	故障现象
胶壳刀开关	开关动作时的拉弧烧损或氧化静插座，造成接触不良
铁壳开关	熔丝熔断，接触或连接不良
	触刀烧毁或接触不良
	机构生锈或松动，手柄失灵
	外壳接地不良，进线绝缘不良造成碰壳漏电

5.2.1.2　组合开关

（1）组合开关的结构及工作原理

组合开关又称为转换开关，实质上也是一种刀开关，不过它的刀片是转动式的、它由装在同一根轴上的单个或多个单极旋钮开关叠装在一起组成。组合开关常用作引入电源的开关，也可以用它来控制不频繁启动和停止小容量笼型电动机或局部照明电路（图5-6）。

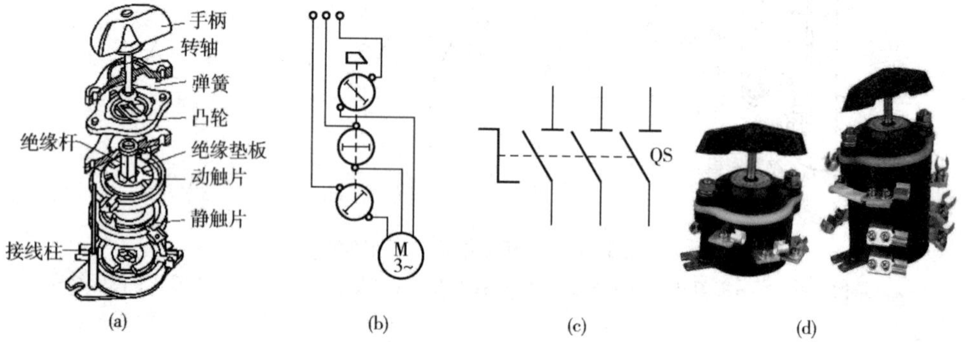

图5-6　组合开关

（a）结构　（b）接线　（c）图形符号　（d）实物

（2）组合开关常见故障

组合开关常见故障有：

1）机构损坏、磨损、松动造成动作失效；

2）触头弹性失效或尘污接触不良造成三触头同时接通或断开；

3）久用污染形成导电层、胶木烧焦，绝缘破坏造成短路。

5.2.1.3　低压断路器

（1）低压断路器的结构及工作原理

低压断路器：低压断路器又称自动空气开关或自动空气断路器，简称断路器。它是一种既有手动开关作用，又能自动进行失压、欠压、过载和短路保护的电器。它可用来分配电能，不频繁地启动异步电动机，对电源线路及电动机等实行保护，当它们发生严重的过载或者短路及欠压等故障时能自动切断电路，其功能相当于熔断器式开关与过欠热继电器等组合。而且在分断故障电流后一般不需要变更零部件，已获得了广泛的应用。

低压断路器的主触点1是靠手动操作或电动合闸的。主触点1闭合后，自由脱扣器2机构将主触点1锁在合闸位置上。过电流脱扣器3的线圈和热脱扣器5的热元件与主电路串联，欠电压脱扣器6的线圈和电源并联。当电路发生短路或严重过载时，过电流脱扣器3的衔铁吸合，使自由脱扣机构动作，主触点断开主电路。当电路过载时，热脱扣器5的热元件发热使双金属片上弯曲，推动自由脱扣机构动作。当电路欠电压时，欠电压脱扣器的衔铁释放，也使自由脱扣机构动作。分离脱扣器4则作为远距离控制用，在正常工作时，其线圈是断电的，在需要距离控制时，按下启动按钮7，使线圈通电，衔铁带动自由脱扣机构动作，使主触点1断开（图5－7）。

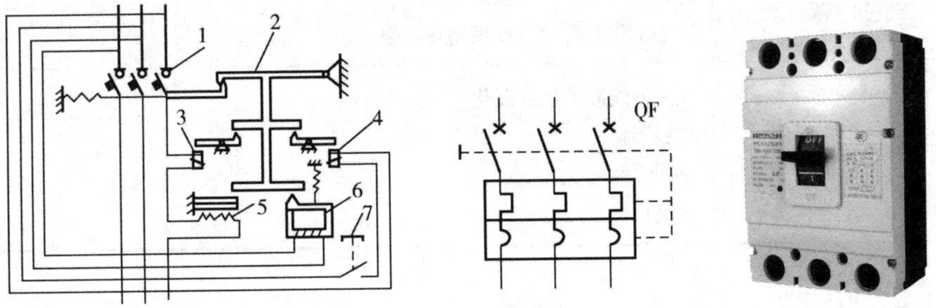

(a)　(b)　(c)

图5－7　低压断路器

（a）工作原理（b）图形符号（c）实物

1—主触头　2—自由脱扣器　3—过电流脱扣器　4—分离脱扣器　5—热脱扣器　6—欠电压脱扣器　7—按钮

（2）低压断路器的常见故障现象及原因

低压断路器常见故障现象及原因见表5－4。

表5－4　低压断路器常见故障现象及原因

故障现象	故障原因
手动操作时不能闭合（不能接通或不能启动）	欠压脱扣器线圈损坏
	热脱扣的双金属片（热元件）尚未冷却复原，脱扣后未给予足够的时间冷却
	储能弹簧失效变形，导致闭合力减小
	反作用弹簧力过大
	锁键和搭钩因长期使用而磨损
	主触头接触不良

续表

故障现象	故障原因
动作延时过长	传动机构润滑不良、锈死、积尘造成阻力过大 锁键和搭钩长期使用而磨损 弹簧断裂、生锈卡住或失效
欠压脱扣器不能分断（欠压不报警现象）	拉力弹簧弹性失效、断裂或卡住 欠压脱扣器线圈损坏
电动机启动时立即报警（一开机即过流报警）	调试后，过流脱扣器瞬时整定值太小 弹簧失效
闭合一定时间后自动分断	调试或维修后，过流脱扣器延时整定值不符合要求 热元件老化
断路器温升过大（过热报警）	触点阻抗太大造成热效应大而导致热脱扣
欠压脱扣器噪声大	弹簧失效变硬、不恢复 铁心工作面有油污或短路环断裂。
机壳带电	互感器线圈的触点氧化 接触不良 匝间短路 接地不良

5.2.1.4　熔断器

（1）熔断器的结构及工作原理

熔断器（俗称保险丝）是指当电流超过规定值时，以本身产生的热量使熔体熔断，断开电路的一种电器。熔断器接入电路时，熔体串联在电路中。电路正常工作时，熔体发热的温度低于熔化温度，故长期不熔断。一旦发生短路或严重过载时，熔体温度急剧上升而熔断，切断电路，从而保护了电路和设备。熔断器广泛应用于高低压配电系统和控制系统以及用电设备中，作为短路和过电流的保护器，是应用最普遍的保护器件之一。但是熔断器对过载反应不很灵敏，当电气设备发生轻度过载时，熔断器将持续很长时间才熔断，有时甚至不熔断。因此，熔断器一般不宜作过载保护（图5－8）。

(a)　　(b)

图5－8　熔断器

（a）实物　（b）图形符号

（2）熔断器的选用原则

正确选用熔断器和熔体，才能既保证电

路正常工作，又起到应有的保护作用。

1）熔断器的额定电压应等于或大于被保护电路的工作电压。

2）熔断器的额定电流应等于或大于所装熔体的额定电流。

3）熔体的额定电流根据不同的负载有以下几种选择：

①照明、电炉等阻性负载，额定电流应等于或稍大于负载的工作电流。

②对一台电动机，为了防止电动机较大启动电流的短时冲击，则取

$$I_{RN} = (1.5 \sim 2.5) I_N$$

I_{RN} ——熔体的额定电流

I_N ——电动机的额定电流

③对多台不同时启动的电动机，则有

$$I_{RN} = (1.5 \sim 2.5) I_{N\max} + \sum I_N$$

$I_{N\max}$ ——最大的一台电动机的额定电流

$\sum I_N$ ——其余电动机额定电流的总和

（3）熔断器常见故障及原因

熔断器常见故障现象及原因见表 5－5。

表 5－5　熔断器常见故障及原因

故障现象	故障原因
交流电源无输出	熔体安装时受损或是熔断器本身的质量问题
	熔断器规格选用不当，熔体允许电流规格太小
	熔体两端或接线端接触不良、熔断器安装不良或熔断器夹座的接触不良造成熔丝实际未断但电路不通的故障
开关电路失电	若熔断器管内呈白雾状，则可能是半桥中的个别开关管不良或击穿造成的局部短路
	若熔断器管壁发黑，则必定是高压滤波电容击穿或整流管击穿造成严重短路故障

5.2.2　低压控制电器

5.2.2.1　交流接触器

（1）交流接触器的结构及工作原理

接触器是指工业电中利用线圈流过电流产生磁场，使触头闭合，以达到控制负载的电器。接触器分为交流接触器和直流接触器，应用于电力、配电与用电场合。本文主要介绍交流接触器。

接触器的工作原理是：当接触器线圈通电后，线圈电流会产生磁场，产生的

磁场使铁芯 6 产生电磁吸力吸引衔铁 3，并带动交流接触器动触点 1 动作，常开触点闭合。当线圈断电时，电磁吸力消失，衔铁 3 在缓冲弹簧 4 的作用下释放，使动触点复原（图 5 - 9）。

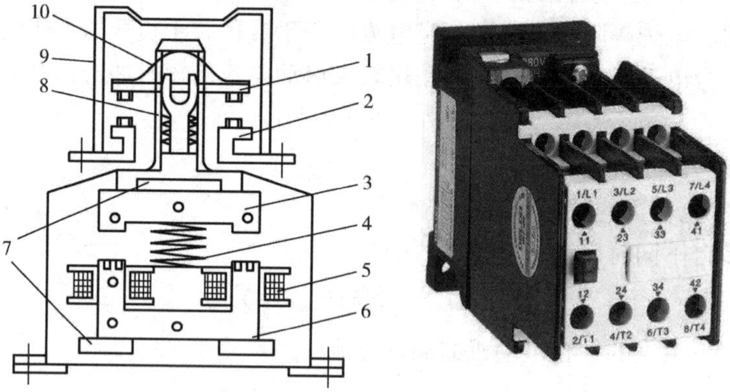

(a) (b)

图 5 - 9　交流接触器

（a）结构　（b）实物

1—动触点　2—静触点　3—衔铁　4—缓冲弹簧　5—电磁线圈

6—铁心　7—垫毡　8—触头弹簧　9—灭弧罩　10—触头压力弹簧

交流接触器的图形符号见图 5 - 10。

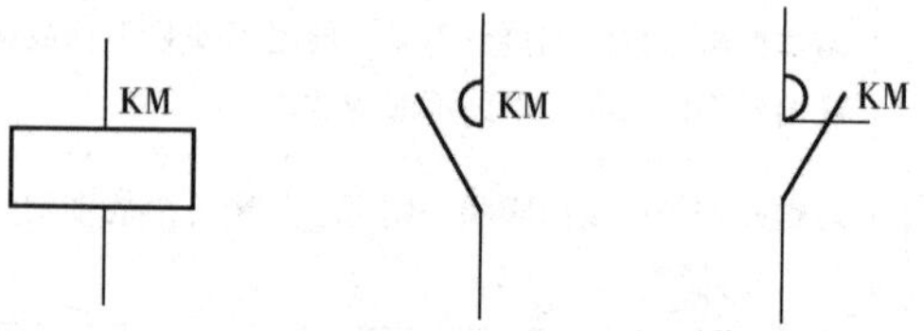

(a) (b) (c)

图 5 - 10 交流接触器图形符号

（a）线圈　（b）动合触点　（c）动开触点

（2）交流接触器的选用

由于控制对象、使用场合、动作频繁程度等各方面的条件不一定相同，这就需要正确选择交流接触器，使其技术数据满足电路的要求，同时兼顾经济等因素。

1）交流接触器主触点的额定电压应大于或等于负载回路的额定电压。

2）交流接触器主触点的额定电流应大于或等于负载的额定电流。对中小型容量的交流电动机，当额定电压为 380V 时，其额定电流值一般可按 2 倍的额定功率来计算。例如 380V、7.5kW 的三相笼型电动机，其额定电流约为 15A。在电动机频繁启动、制动和频繁正反转的场合下，接触器的容量应增大一倍。

3）交流接触器线圈的额定电压应与控制电路的电压相同。

4）交流接触器的触点数量和类型应满足控制电路的要求。

（3）交流接触器常见故障诊断及排除

交流接触器常见故障诊断及排除见表 5－6。

表 5－6　交流接触器常见故障诊断及排除

故障现象	故障原因	故障排除
接触器不吸合或吸不牢	电源电压过低	调高电源电压
	线圈短路	调换线圈
	线圈技术参数与使用条件不符	调换线圈
	铁心机械卡阻	排除卡阻物
线圈断电，接触器不释放或释放缓慢	触点熔焊	排除熔焊故障，修理或更换触点
	铁心表面有油污	清理铁心极面
	触点弹簧压力过小或复位弹簧损坏	调整触点弹簧力或更换复位弹簧
	机械卡阻	排除卡阻物
触点熔焊	操作频率过高或过负载使用	调换合适的接触器或减小负载
	负载侧短路	排除短路故障更换触点
	触点弹簧压力过小	调整触点弹簧压力
	触点表面有电弧灼伤	清理触点表面
	机械卡阻	排除卡阻物
铁心噪声过大	电源电压过低	检查线路并提高电源电压
	短路环断裂	调换铁心或短路环
	铁心机械卡阻	排除卡阻物
	铁心极面有油垢或磨损不平	用汽油清洗极面或更换铁心
	触点弹簧压力过大	调整触点弹簧压力
线圈过热或烧毁	线圈匝间短路	更换线圈并找出故障原因
	操作频率过高	调换合适的接触器
	线圈参数与实际使用条件不符	调换线圈或接触器
	铁心机械卡阻	排除卡阻物

（4）交流接触器保养检修

经常或定期检查交流接触器的运行情况，进行必要的维修是保证其运行可靠、延长其寿命的重要措施。检查、维修时应先断开电源，按下列步骤进行：

1）外观检查

①清除灰尘，可用棉布蘸少量汽油擦去油污，然后用布擦干；

②拧紧所有压接导线的螺钉，防止松动脱落、引起连接部分发热。

2）灭弧罩检修

①取下灭弧罩，用毛刷清除罩内脱落物或金属颗粒。如发现灭弧罩有裂损，应及时予以更换。

②对于栅片灭弧罩，应注意栅片是否完整或烧损变形、严重松脱、位置变化等，若不易修复则应更换。

3）触点系统检查

①检查动静触点是否对准，三相是否同时闭合，并调节触点弹簧使三相一致。

②摇测相间绝缘电阻值。使用500V摇表，其相间阻值不应低于10MΩ。

③触点磨损厚度超过1mm，或严重烧损、开焊脱落时应更换新件。轻微烧损或接触面发毛、变黑不影响使用，可不予处理。若影响接触，可用小锉磨平打光。

④经维修或更换触点后应注意触点开距，不得超行程。触点超行程会影响触点的终压力。

⑤检查辅助触点动作是否灵活，静触点是否有松动或脱落现象，触点开距和行程要符合要求，可用万用表测量接触的电阻，发现接触不良且不易修复时，要更换新触点。

4）铁心的检修

①用棉纱蘸汽油擦拭端面，除去油污或灰尘等；

②检查各缓冲件是否齐全，位置是否正确；

③铆钉有无断裂，导致铁心端面松散的情况；

④短路环有无脱落或断裂，特别要注意隐裂。如有断裂或造成严重噪声，应更换短路环或铁心；

⑤检查电磁铁吸合是否良好，有无错位现象。

5）电磁线圈的检修

①交流接触器的吸引线圈在电源电压为线圈额定电压的85%～105%时，应能可靠工作。

②检查电磁线圈有无过热，线圈过热反映在外表层老化、变色，线圈过热一般是由于匝间短路造成的，此时可测其阻值和同类线圈比较，不能修复则应更换。

③检查引线和插接件有无开焊或将断开的情况。

④检查线圈骨架有无裂纹、磨损或固定不正常的情况。如发现应及早固定或更换。

5.2.2.2　继电器

继电器是一种电控制器件，是当输入量（激励量）的变化达到规定要求时，在电气输出电路中使被控量发生预定的阶跃变化的一种电器。它具有控制系统（又称输入回路）和被控制系统（又称输出回路）之间的互动关系。通常应用于自动化的控制电路中，它实际上是用小电流去控制大电流运作的一种“自动开关”，故在电路中起着自动调节、安全保护、转换电路等作用。继电器种类很多，数控机床中常用的继电器有如下几类。

（1）中间继电器

在电气控制中，经常需要把某一信号进行传递、放大或变成多路信号，中间继电器就是这样一种具有中间转换作用的自动电器。中间继电器的主要作用是：①用于继电保护与自动控制系统中，以增加触点的数量及容量；②用于在控制电路中传递中间信号，如图5－11。

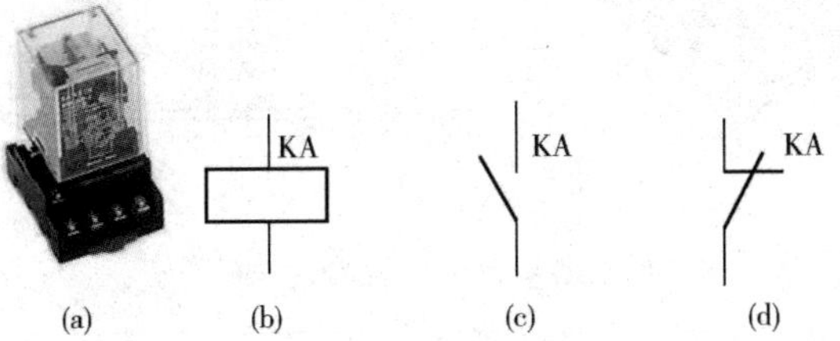

图5－11　中间继电器实物及图形符号
（a）实物　（b）线圈　（c）动合触点　（d）动闭触点

中间继电器实质上是一种小容量的交流接触器，它的结构与交流接触器相似，工作原理完全相同，但中间继电器的触点没有主、辅之分，每对触点允许通过的电流大小是相同的，其额定电流为5A，而接触器的触点有主、辅之分，主触点可以通过大电流。

中间继电器常见故障：

1）触头氧化；

2）闲置引起的锈蚀导致接触不良；

3）线圈的短路与断路；

4）线圈接线点的连接与接触不良。

（2）时间继电器

时间继电器是按时间顺序对电路进行控制的自动电器。它的种类较多，常用的有电磁式、电动式、空气阻尼式和晶体管式等。由于空气阻尼式时间继电器结构简单，延时范围较大（0.4～180s），在交流电路中应用广泛。

当线圈通电时，衔铁3及托板被铁心4吸引而瞬时下移，使瞬时动作触点6接通或断开。但是推杆11和杠杆7不能同时跟着衔铁3一起下落，因为推杆11

的上端连着气室中的橡皮膜，当推杆 11 在释放弹簧的作用下开始向下运动时，橡皮膜随之向下凹，上面空气室的空气变得稀薄而使推杆 11 受到阻尼作用而缓慢下降。经过一定时间，推杆 11 下降到一定位置，便通过杠杆 7 推动延时触点 8 动作，使动断触点断开，动合触点闭合。从线圈通电到延时触点完成动作，这段时间就是继电器的延时时间。延时时间的长短可以用调节螺钉 9 调节空气室进气孔的大小来改变。

时间继电器的结构和图形符号见图 5 – 12、图 5 – 13。

(a)

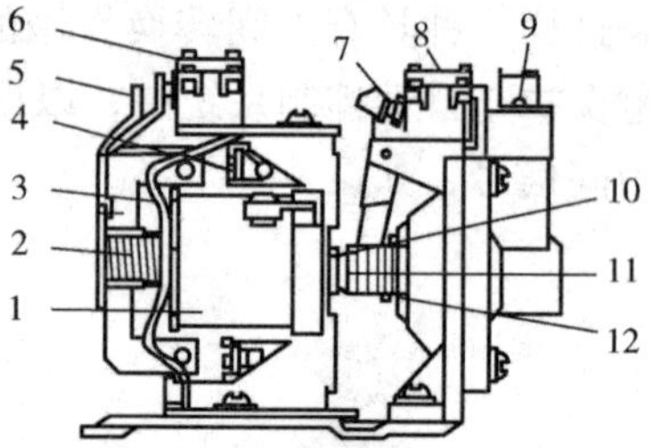

(b)

图 5 – 12　时间继电器

（a）实物　（b）结构

1—线圈　2—反作用弹簧　3—衔铁　4—铁心　5—弹簧片　6—瞬时动作触点　7—杠杆　8—延时触点　9—调节螺钉　10—推板　11—推杆　12—宝塔弹簧

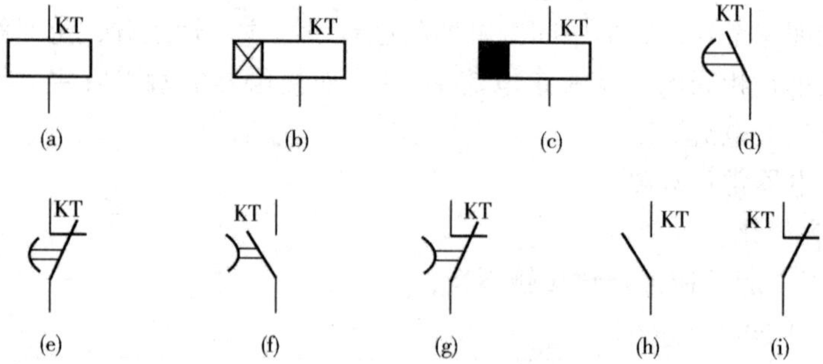

图 5 – 13　时间继电器图形符号

（a）线圈一般符号　（b）通电延时线圈　（c）断电延时线圈　（d）通电延时闭合动合（常开）触点　（e）通电延时断开动断（常闭）触点　（f）断电延时断开动合（常开）触点　（g）断电延时闭合动断（常闭）触点　（h）动合触点　（i）动开触点

时间继电器常见故障现象及原因，如表 5 – 7 所示。

表 5－7　　　　时间继电器常见故障现象及原因

故障现象	故障原因
延时触头不动作	电源电压低于线圈额定电压
	电磁铁线圈断线
	棘爪无弹性不能刹住棘轮
	游丝断裂
	控制同步电动机时，有可能是电动机线圈断线
	触头接触不良或熔焊
延时时间缩短或没有延时作用	如果是空气阻尼式的，则一般是气室漏气
	如果是电磁式的，则一般为非磁性垫片磨损
延时时间变长	如果是空气阻尼式的，则是气室有灰尘使气道堵塞
	如果是电动式的，则是传动机构润滑不良

（3）速度继电器

速度继电器是测量转速的元件。它能反映转动的方向以及是否停转、因此广泛用于异步电动机的反接制动中。其结构和工作原理与笼型电动机类似，主要有转子、定子和触点三部分。其中转子是圆柱形永磁铁，与被控旋转机构的轴连接，同步旋转。定子是笼形空心圆环，内装有笼形绕组、它套在转子上，可以转动一定的角度。当转子转动时，在绕组内感应出电动势和电流，此电流和磁场作用产生扭矩使定子柄向旋转方向转动、拨动簧片使触点闭合或断开。当转子转速接近零（约 100r/min），扭矩不足于克服定子柄重力时，触点系统恢复原态。

速度继电器结构、电器图形符号，如图 5－14、图 5－15 所示；常见故障与排除，如表 5－8 所示。

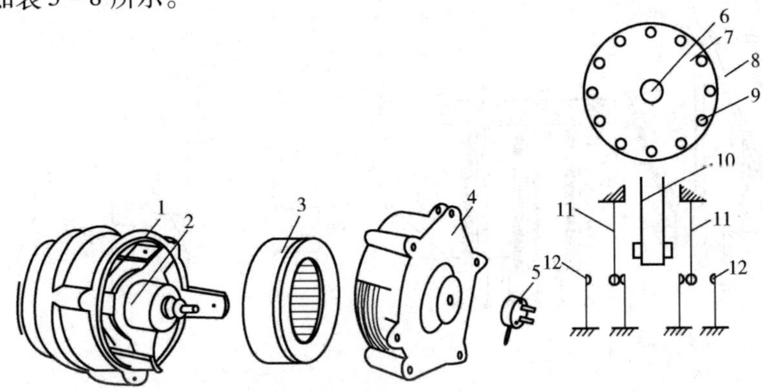

图 5－14　速度继电器结构

1—可动支架　2—转子　3—定子　4—端盖　5—连接头　6—电动机轴　7—转子（永久磁铁）　8—定子　9—定子绕组　10—胶木摆杆　11—簧片（动触头）　12—静触头

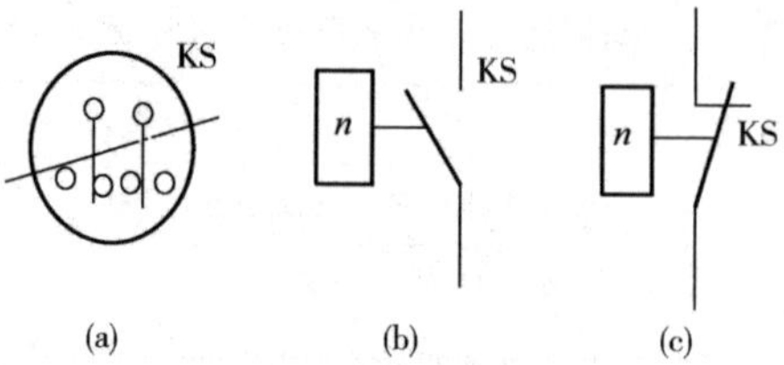

图 5－15　速度继电器图形符号
（a）继电器转子　（b）动合触点　（c）动断触点

表 5－8　　速度继电器常见故障诊断与排除

故障现象	故障原因	故障排除
反制制动时速度继电器失效，电动机不制动	胶木摆杆断裂	更换胶木摆杆
	触头接触不良	清洗触头表面油污
	弹性动触片断裂或失去弹性	更换弹性动触片
	笼型绕组开路	更换笼型绕组
电动机不能正常制动	弹性动触片调整不当	重新调节调整螺钉

（4）热继电器

电动机在运行中往往会遇到负载过大或发生一相断路等现象，此时电动机的电流就会超过额定电流。若过载不是很大，过载时间较长，而熔断器的熔体不能熔断，这就会影响电动机的寿命，甚至烧毁电动机，因此就需要过载保护。热继电器就是对电动机或其他负载进行这样一种保护的自动电器。热继电器主要由热元件、动作机构、触点、电流整定装置和复位机构等组成（图 5－16）。

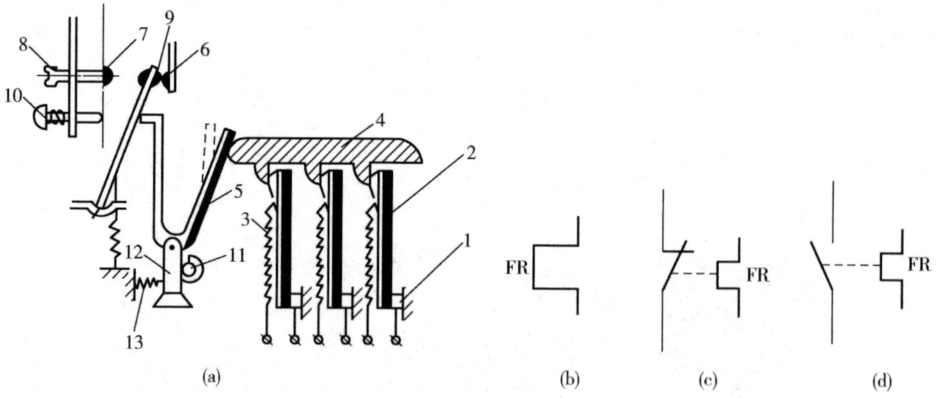

图 5－16　热继电器
（a）结构　（b）发热元件　（c）动开触点　（d）动合触点
1—接线端子　2—主双金属片　3—热元件　4—推动导板　5—补偿双金属片　6—常闭触头
7—常开触头　8—复位调节螺钉　9—动触头　10—复位按钮　11—偏心轮　12—支撑件　13—弹簧

工作原理：当电动机过载时，流过电阻丝的电流超过热继电器的整定电流，电阻丝发热增多，温度升高，由于两块金属片的热膨胀程度不同而使主双金属片 2 向右弯曲，通过传动机构推动常闭触头 6 断开，分断控制电路。

热继电器见常故障现象及原因，如表 5－9 所示。

表 5－9　　热继电器常见故障现象及原因

故障现象	故障原因
电动机已严重过载，热继电器不动作	电动机的额定电流选择得太大，造成受载电流过大
	整定电流调节太大，造成动作滞后
	动作机构卡死，导板脱出
热元件烧毁或脱焊导致热继电器不动作	操作频率过高
	负载侧短路
	阻抗太大使电动机启动时间过长而导致过流
控制电路不通导致热继电器不动作	自动复位的热继电器中调节螺钉未调在自动复位位置上
	手动复位的热继电器在动作后未复位
	动断开关接触不良
热元件的温度不正常导致热继电器不动作	环节温度过高或受强烈的冲击振动
	调试不当造成整定电流太小
	使用不当，操作频率过高导致电流热效应大，造成提前动作
	阻抗过大（如接触不良）、电动机启动时间过长，产生大电流热效应，造成提前动作
	维修后的连接导线过细，导热性差，或者连接导线过粗，造成滞后动作

5.2.2.3　主令开关

在电路中用来控制其他电器动作，以发送控制指令的电器称为主令开关。数控机床中常用的主令开关主要有按钮开关、行程开关和接近开关等。

（1）按钮开关

按钮开关简称按钮，是用来短时间接通或断开小电流控制电路的手动电器。按钮开关在电气控制中被广泛使用，而且同一控制电路中往往有几个按钮，为了标明各按钮的作用，通常将按钮帽做成不同的颜色以示区分，一般用红色表示停止，绿色表示启动、工作，黑色表示启动和停止交替动作（图 5－17）。

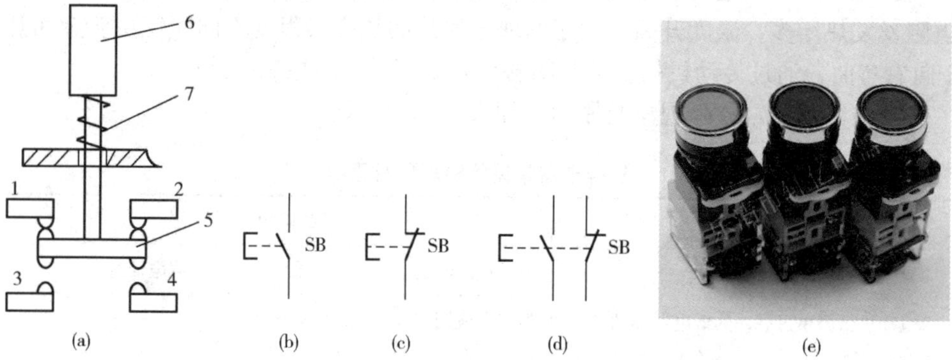

图 5－17　按钮开关

（a）结构　（b）动合触点　（c）动开触点　（d）复合触点　（e）实物

1—动断静触点　2—动断静触点　3—动合静触点　4—动合静触点

5—桥式动触点　6—按钮帽　7—复合按钮

主令开关常见故障及原因，如表 5－10 所示。

表 5－10　　按钮开关常见故障及原因

故障现象	故障原因
按下启动按钮有触电感觉	导线与按钮防护金属外壳短路
停止按钮失灵	接线错误或者线头松动
按下停止按钮，再按启动按钮，被控电器不动作	复位弹簧失效导致动断触头间短路

（2）行程开关

行程开关是位置开关（又称限位开关）的一种，是一种常用的小电流主令电器。它利用生产机械运动部件的碰撞使其触头动作来实现接通或分断控制电路，达到一定的控制目的。通常，这类开关被用来限制机械运动的位置或行程，使运动机械按一定位置或行程自动停止、反向运动、变速运动或自动往返运动等，如安装在 x 轴上的左右限位开关（图 5－18、图 5－19）。

行程开关常见故障：

1）机构失灵、损坏、断线或离挡块太远；

2）开关复位，但动断触头不能闭合；

3）开关的顶杆已偏转，但触头不动；

4）开关松动与移位。

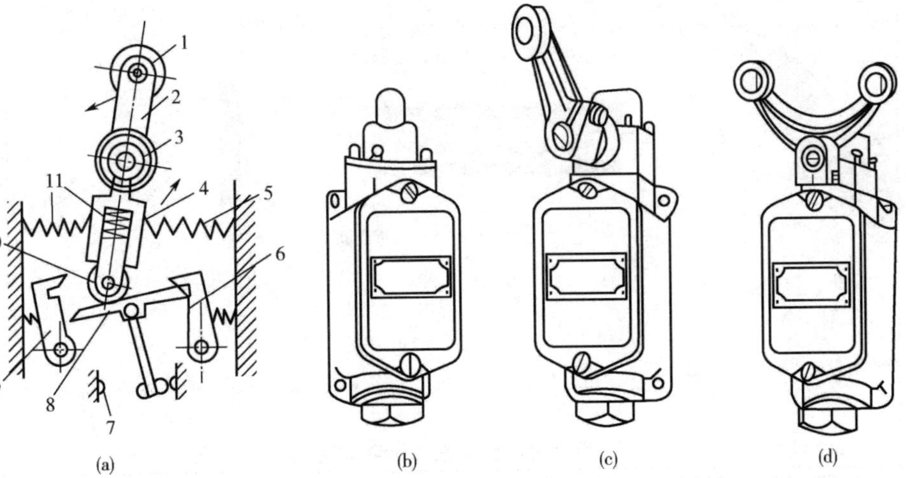

图 5 - 18　行程开关结构

（a）滚轮式行程开关　（b）按钮式行程开关　（c）单轮旋转式　（d）双轮旋转式

1—滚轮　2—上转臂　3—弹簧　4—套架　5—弹簧　6—压板　7—触点

8—触点推杆　9—压板　10—小滑轮　11—弹簧

（3）接近开关

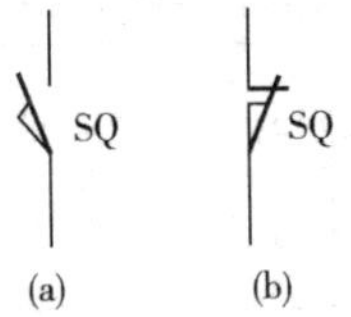

图 5 - 19　行程开关图形符号

（a）动合触点（b）动开触点

接近开关是一种无需与运动部件进行机械直接接触而可以操作的位置开关，当物体接近开关的感应面到动作距离时，不需要机械接触及施加任何压力即可使开关动作，从而驱动直流电器或给计算机（或 PLC）装置提供控制指令。接近开关是一种开关型传感器（即无触点开关），它既有行程开关、微动开关的特性，同时具有传感性能，且动作可靠，性能稳定，频率响应快，应用寿命长，抗干扰能力强，并具有防水、防振、耐腐蚀等特点。接近开关种类较多，有高频振荡型、电磁感应型、电容型、永磁型及磁敏元件型、光电型、超声波型等。以下将介绍电磁感应型接近开关。

电磁感应型接近开关由三大部分组成：LC 振荡电路、信号触发器及开关放大器。LC 振荡电路产生一个交变磁场。当金属目标接近这一磁场，并达到感应距离时，在金属目标内产生涡流，从而导致振荡衰减，以至停振。LC 振荡电路振荡及停振的变化被后级放大电路处理并转换成开关信号，触发驱动控制器件，从而达到非接触式之检测目的（图 5 - 20）。

接近开关常见故障与排除，如表 5 - 11 所示。

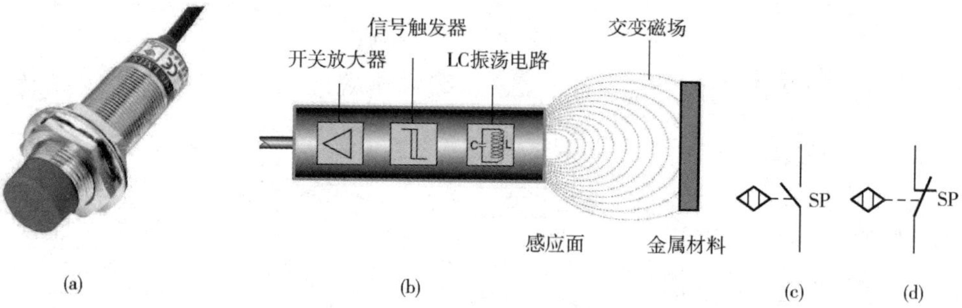

图 5－20　接近开关
（a）实物　（b）接近开关工作原理　（c）动合触点　（d）动开触点

表 5－11　　接近开关常见故障诊断与排除

故障现象	故障原因	故障排除
无检测信号	超出额定检测范围	重新调整被测物体与感应面之间的距离
	多个接近开关紧密安装造成相互干扰	重新安装，防止相互干扰
	周围有大功率设备造成电气干扰	调整安装位置或者增加适当的屏蔽
	电源供电不稳定	确定稳定电源给接近开关单独供电
检测信号不稳定	物体检测过程中有抖动，超出接近开关检测范围	重新调整距离
	接近开关周围的检测区域内有其他被测物体造成检测干扰	移除其他检测物体

5.2.2.4　变压器及直流稳压电源

（1）变压器

变压器是利用电磁感应的原理来改变交流电压的装置，主要构件是初级线圈、次级线圈和铁心（磁心）。主要功能有：电压变换、电流变换、阻抗变换、隔离、稳压（磁饱和变压器）等（图 5－21）。

（2）直流稳压电源

直流稳压电源可将非稳定交流电源变成稳定直流电源。在数控机床电气控制系统中，为驱动器控制单元，直流继电器，信号指示灯等提供直流电源。数控机床中主要使用开关电源或者一体化电源。

开关电源是利用现代电力电子技术，控制开关管开通和关断的时间比率，维持稳定输出电压的一种电源，开关电源一般由脉冲宽度调制（PWM）控制 IC 和 MOSFET 构成。

(a)　(b)　(c)

图 5－21　三相变压器

（a）变压器　（b）单相变压器图形符号　（c）三相变压器图形符号

AC 电压经过 EMI 滤波电路滤除各种干扰信号后，经过整流滤波将 AC 电压变为平滑的直流电，通过 PWM（Pulse－Width Modulation）电路调节开关晶体的开通与截止，结合变压器之隔离及变换作用，从次级输出一组方波，通过低压端的整流滤波电路，再输出平滑之直流电。稳压过程是通过反馈电路从输出端取样再将信号送到 PWM（Pulse－Width Modulation）电路调节开关晶体的开通与截止时间从而使输出电压稳定。通过对输出端的电流、电压的监控然后将信号反馈到 PWM 控制电路从而实现各种保护功能。

开并电源的框图，如图 5－22 所示。实物和图形符号，如图 5－23 所示。

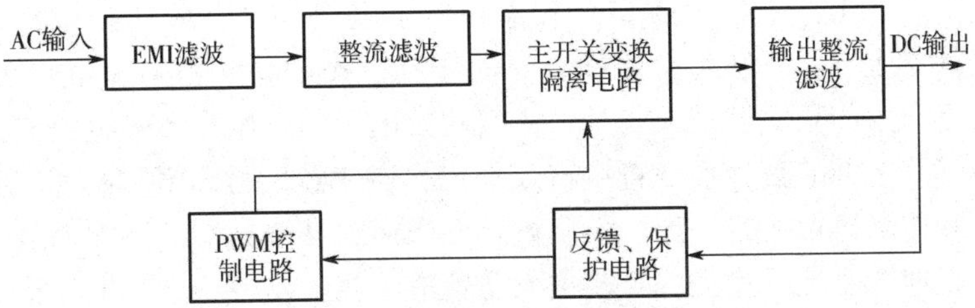

图 5－22　开关电源工作原理

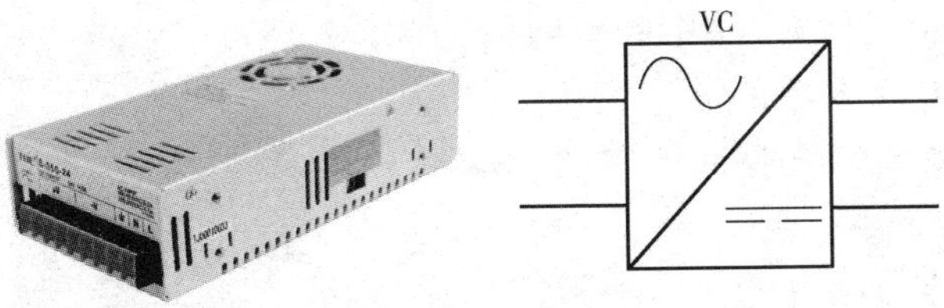

(a)　(b)

图 5－23　开关电源实物和图形符号

（a）实物　（b）图形符号

开关电源常见故障，如表 5 – 12 所示。

表 5 – 12　　开关电源常见故障

故障现象	故障原因
熔丝熔断	如果烧断时保险管发黑有斑点，说明线路有严重短路，它是由于高压滤波电容击穿，整流管击穿等明显故障原因引起
	如果保险管不黑，属于慢慢熔断，可进行静态测量。一般是半桥中的一个开关管击穿或不良
熔丝不断，输出无电压	开关管被击穿或没有振起
	逆变电器正常但被后级的过流或过压电路动作而保护，使输出无电压
	12V 挡主输出电源输出空载，就会引起过保护而使输出无电压
电源输出电压不准	电压调节电位器没有调整好
	调节电位器或稳压管损坏
	如果只有某一挡电压偏离较大，则很可能是该挡整流二极管损坏
	开关电源的负载能力差，使输出电压降低过大
开关电源重复发出特殊响声	通常是工作频率过低所造成
	定时回路电容器容量变大，也会引起振荡频率过低，使电源产生特殊的重复响声

5.2.2.5　电源滤波器

数控机床主要是由主机、数控装置、驱动装置、辅助装置、编程及其他附属设备组成。它在工作中主要还是变频器控制电动机的运转而达到精密加工的功能。而变频器主电路一般是交流—直流—交流模式，对电网来说是非线性负载，变频器换流产生的高次谐波，在其输入端将使电源的电压波形和电流波形发生畸变，对与其共电源的其他设备直接造成干扰。逆变器采用 SPWM 技术，当工作于开关模式并作高速切换时，产生大量耦合性噪声，其输出端的高次谐波，通过感应、辐射、地线系统等途径，对相关设备造成干扰。

电源滤波器是由电容、电感和电阻组成的滤波电路。滤波器可以对电源线中特定频率的频点或该频点以外的频率进行有效滤除，得到一个特定频率的电源信号，或消除一个特定频率后的电源信号。电源滤波器是一种无源双向网络，它的一端是电源，另一端是负载。

电源滤波器的原理就是一种阻抗适配网络，电源滤波器输入、输出侧与电源和负载侧的阻抗适配越大，对电磁干扰的衰减就越有效（图 5 – 24）。

图 5 – 24　电源滤波器实物

5.3　伺服系统

数控机床伺服系统（Servo System）通常是指进给伺服系统，它是数控系统和机床机械传动部件间的联接环节，是数控机床的重要组成部分，包含机械传动、电气驱动、检测、自动控制方面的内容，涉及强电与弱电控制。进给伺服系统是以机床移动部件位置为控制量的自动控制系统，它根据数控系统插补运算生成的位置指令，精确地变换为机床移动部件的位移，直接反映了机床坐标轴跟踪运动指令和实际定位的性能。

5.3.1　数控机床对伺服系统的要求

伺服系统完成机床移动部件（如工作台；主轴或刀具进给等）的位置和速度控制。它接收计算机的插补命令，将插补脉冲转换为机械位移。伺服系统的性能直接影响数控机床的精度和工作台的速度等技术指标。因此，数控机床对伺服系统有如下要求。

（1）高精度

由于数控机床的动作是由伺服电动机直接驱动的，为了保证移动部件的定位精度，对进给伺服系统要求定位准确。一般要求定位精度达到 0.01 ~ 0.001mm；高档设备的定位精度要求达到 0.1μm 以上。速度控制要求在负载变化时有较强的抗扰动能力，以保证速度恒定。这样才能在轮廓加工中保证有较好的加工精度。

（2）可逆运行

在加工过程中，机床工作台根据加工轨迹的要求，随时都可能实现正向或反向运动，同时要求在方向变化时，不应有反向间隙和运动的损失。从能量角度看，应该实现能量的可逆转换，即在加工运行时，电动机从电网吸收能量变为机械能；在制动时应把电动机的机械惯性能量变为电能回馈给电网，以实现快速制动。

（3）响应快速

为了提高生产率，保证加工精度要求伺服系统有良好的快速响应特性，即要求跟踪指令信号的响应要快。这就对伺服系统的动态性能提出了两方面的要求：一方面，在伺服系统处于频繁地启动、制动、加速、减速等动态过程中，为了提高生产效率和保证加工质量，要求加、减速度足够大，以缩短过渡过程时间，一般电动机速度由零到最大，或从最大减少到零，时间应控制在 200ms 以下，甚至少于几十毫秒，且速度变化不应有超调；另一方面，当负载突变时，过渡过程恢复时间要短且无振荡，这样才能达到光滑的加工表面。

（4）调速范围宽

目前数控机床一般要求进给伺服系统的调速范围是 0 ~ 30m/min，有的已达到 240m/min。除去滚珠丝杠和降速齿轮的降速作用，伺服电动机要有更宽的调速范围。对于主轴电动机，因使用无级调速，要求有（1∶100）～（1∶1000）的恒转矩调速以及1∶10以上的恒功率调速。

（5）低速大转矩

机床在低速切削时，切深和进给量都较大，要求主轴电动机输出转矩较大。现代的数控机床，通常是伺服电动机与丝杠直联，没有降速齿轮，这就要求进给电动机能输出较大的转矩。对于数控机床进给伺服系统主要是速度和位置控制。

（6）较强的过载能力

由于电动机加减速时要求有很快的响应速度，而使电动机可能在过载的条件下工作，这就要求电动机有较强的抗过载能力。通常要求电动机在数分钟内过载4～6倍而不损坏。

（7）惯性匹配

移动部件加速和降速时都有较大的惯量，由于要求系统的快速响应性能好，因而电动机的惯量要与移动部件的惯量匹配。通常要求电动机的惯量不小于移动部件惯量。

5.3.2 数控机床伺服系统的分类

数控机床伺服系统主要按以下三种情况进行分类。

（1）按用途和功能分

1）进给驱动系统。其主要用于数控机床工作台坐标或刀架坐标的控制系统，控制机床各坐标轴的切削进给运动，并提供切削过程所需的力矩。主要关心其力矩大小、调速范围大小、调节精度高低、动态响应的快速性。进给驱动系统一般包括速度控制环和位置控制环。

2）主轴驱动系统。其主要用于控制机床主轴的旋转运动，为机床主轴提供驱动功率和所需的切削力。主要关心其是否有足够的功率、宽的恒功率调节范围及速度调节范围；它只是一个速度控制系统。

（2）按使用的执行元件分

1）电液伺服系统。其伺服驱动装置是电液脉冲马达和电液伺服马达。其优点是在低速下可以得到很高的输出力矩，刚性好，时间常数小、反应快和速度平稳；其缺点是液压系统需要供油系统，体积大、有噪声、漏油等。

2）电气伺服系统。其伺服驱动装置是伺服电动机（如步进电动机、直流电动机和交流电动机等）。其优点是操作维护方便，可靠性高，其中可分为：

①步进伺服系统。其进给运动系统采用步进电动机驱动器和步进电动机。其优点是价格低，缺点是控制精度偏低，因此其常用于控制精度要求不高的数控机床上。

②直流伺服系统。其进给运动系统采用大惯量宽调速永磁直流伺服电动机和中小惯量直流伺服电动机；主运动系统采用他激直流伺服电动机。其优点是调速性能好；缺点是有电刷，速度不高。

③交流伺服系统。其进给运动系统采用交流感应异步伺服电动机（一般用于主轴伺服系统）和永磁同步伺服电动机（一般用于进给伺服系统）。优点是结构简单、不需维护、适合于在恶劣环境下工作；动态响应好、转速高和容量大。

（3）按控制原理分

可分为开环伺服系统、半闭环伺服系统和全闭环伺服系统。在第 4 章中的 4.1.1.2 中有介绍，在此不再重复。

本节主要介绍电气伺服系统的步进伺服系统、直流伺服系统和交流伺服系统。

5.3.3　步进伺服系统

步进伺服系统主要由步进驱动器和步进电动机组成。其性能不但取决于步进电动机自身的性能，也取决于步进电动机驱动器的优劣。对步进电动机驱动器的研究几乎是与步进电动机的研究同步进行的。

5.3.3.1　步进电动机

步进电动机是将电脉冲信号转变为角位移或线位移的开环控制电动机，是现代数字程序控制系统中的主要执行元件，应用极为广泛。在非超载的情况下，电动机的转速、停止的位置只取决于脉冲信号的频率和脉冲数，而不受负载变化的影响，当步进驱动器接收到一个脉冲信号，它就驱动步进电动机按设定的方向转动一个固定的角度，称为“步距角”，它的旋转是以固定的角度一步一步运行的。可以通过控制脉冲个数来控制角位移量，从而达到准确定位的目的；同时可以通过控制脉冲频率来控制电动机转动的速度和加速度，从而达到调速的目的。

步进电动机按结构可分为反应式步进电动机（VR）、永磁式步进电动机（PM）、混合式步进电动机（HB）等。数控机床常采用功率型反应式或混合式步进电动机，功率型步进电动机可以直接驱动较大的负载。

（1）反应式步进电动机

也叫感应式、磁滞式或磁阻式步进电动机。其定子和转子均由软磁材料制成，定子上均匀分布的大磁极上装有多相励磁绕组，定、转子周边均匀分布小齿和槽，通电后利用磁导的变化产生转矩。一般为三、四、五、六相；可实现大转矩输出（消耗功率较大，电流最高可达 20A，驱动电压较高）；步距角小（最小可做到 10′）；断电时无定位转矩；电动机内阻尼较小，单步运行（指脉冲频率很低时）震荡时间较长；启动和运行频率较高。

（2）永磁式步进电动机

通常电动机转子由永磁材料制成，软磁材料制成的定子上有多相励磁绕组，定、转子周边没有小齿和槽，通电后利用永磁体与定子电流磁场相互作用产生转矩。一般为两相或四相；输出转矩小（消耗功率较小，电流一般小于 2A，驱动电压 12V）；步距角大（例如 7.5°、15°、22.5°等）；断电时具有一定的保持转矩；启动和运行频率较低。

（3）混合式步进电动机

也叫永磁反应式、永磁感应式步进电动机，混合了永磁式和反应式的优点。其定子和四相反应式步进电动机没有区别（但同一相的两个磁极相对，且两个磁极上绕组产生的N、S极性必须相同），转子结构较为复杂（转子内部为圆柱形永磁铁，两端外套软磁材料，周边有小齿和槽）。一般为两相或四相；须供给正负脉冲信号；输出转矩较永磁式大（消耗功率相对较小）；步距角较永磁式小（一般为1.8°）；断电时无定位转矩；启动和运行频率较高；是发展较快的一种步进电动机（图5-25）。

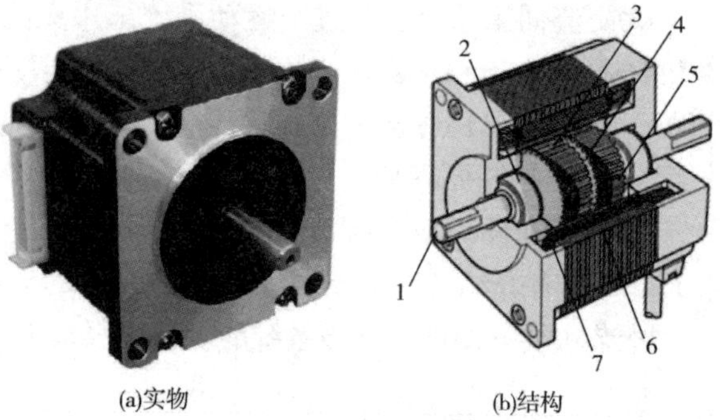

图5-25 步进电动机

（a）实物 （b）结构

1—转轴 2—滚珠轴承 3—转子一 4—永久磁钢 5—转子二 6—定子 7—线圈

步进电动机的工作原理：图5-26所示为三相反应式步进电动机的工作原理图。在定子上有六个磁极，分别绕有A、B、C三相绕组，构成三对磁极，转子上有四个齿。当定子绕组按顺序轮流通电时，A、B、C三对磁极就依次产生磁场，对转子上的齿产生电磁转矩，并吸引它，使它一步一步地转动。具体过程如下：

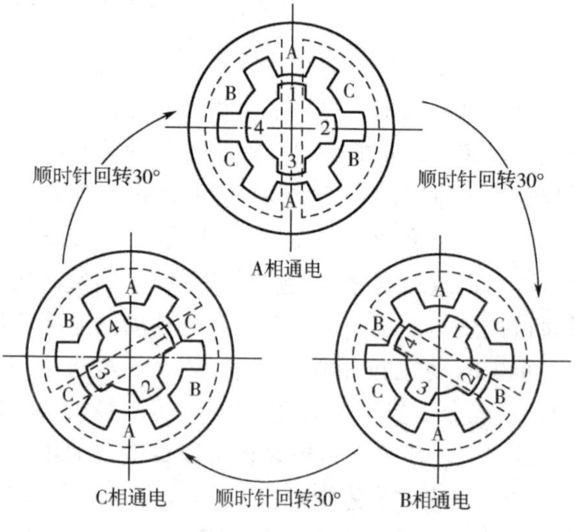

图5-26 三相反应式步进电动机的工作原理图

当A相通电时，转子的1号、3号两齿在磁场力的作用下与AA磁极对齐。此时，转子的2号、4号齿和B相、C相绕组磁极形成错齿状。当A相断电而B相通电时，新磁场力又吸引转子2号、4号两齿与BB磁极对齐，转子顺时针转过30°。如果控制线路不断地按A→B→C→A的顺序控制步进电动机绕组的通、断电，步进电动机的转子便会不停地顺时针转动。很明显，A、B、C三相轮流通电一次，转子的齿移动了一个齿距。

5.3.3.2 步进驱动器

步进驱动器是一种将电脉冲转化为角位移的执行机构。当步进驱动器接收到一个脉冲信号，它就驱动步进电动机按设定的方向转动一个固定的角度（称为

“步距角”)，它的旋转是以固定的角度一步一步运行的。可以通过控制脉冲个数来控制角位移量，从而达到准确定位的目的；同时可以通过控制脉冲频率来控制电动机转动的速度和加速度，从而达到调速和定位的目的。如图5－27所示为四相步进电动机驱动器实物图与拨码开关参数设定。从图中可看出，上面部分分别是脉冲信号（PUL)、方向信号（DIR）和使能信号（ENA）的接口，中间部分是拨码开关，拨码开关中SW1～SW3是动态电流设定。SW4用来设定驱动器的自动半流功能。off表示静态电流设为动态电流的一半，on表示静态电流与动态电流相同。一般用途中应将SW4设成off，使得电动机和驱动器的发热减少，可靠性提高。脉冲串停止后约0.4秒左右电流自动减至一半左右（实际值的60%)，发热量理论上减至36%。SW5～SW8四个拨码开关用来设定驱动器微步细分精度。拨码开关下面部分是步进驱动器的电源接口和步进电动机的接口。

图5－28为步进驱动器的硬件连接示意图和控制原理图。从控制器中发送脉

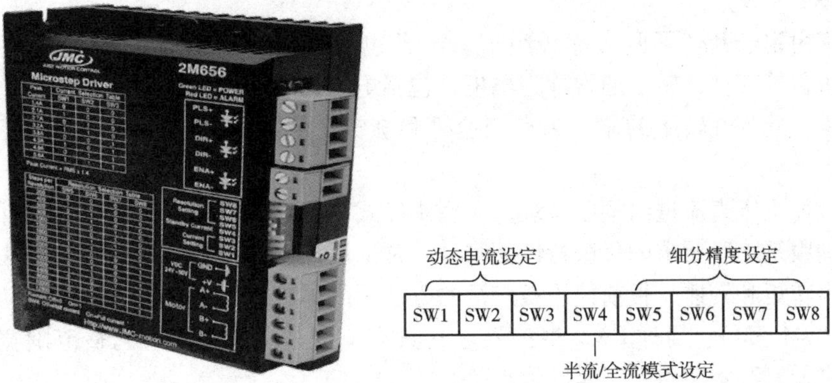

(a)　　(b)

图5－27　步进电动机驱动器

（a）步进驱动器实物　（b）拨码开关

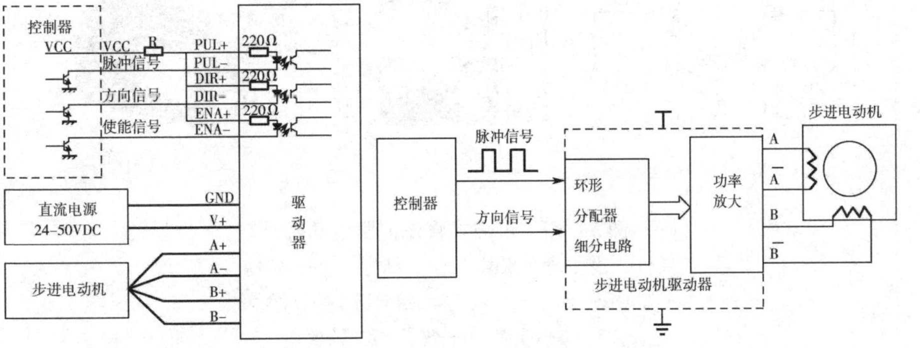

(a)　　(b)

图5－28　四相步进驱动器连接示意图

（a）步进驱动器硬件连接示意图　（b）步进驱动器控制原理图

冲信号和方向信号到步进驱动器中的环形分配器细分电路，由拨码开关的 SW5 ~ SW8 设置细分精度，经过细分后通过功率放大给相应的相通电，其中方向信号用以控制相通电的顺序，脉冲信号的频率控制步进电动机的转速，脉冲数目控制要转的步距角。

5.3.4 直流伺服驱动系统

直流伺服驱动系统主要由直流伺服电动机和直流伺服驱动器组成。下面将介绍有关直流伺服电动机和直流伺服驱动器的有关情况。

5.3.4.1 直流伺服电动机

直流伺服电动机是自动控制系统中具有特殊用途的直流电动机，又称为执行电动机，它能够把输入的电压信号变换成轴上的角位移和角速度等机械信号。直流伺服电动机的工作原理、基本结构及内部电磁关系与一般用途的直流电动机相同（图 5 - 29）。

它由定子和转子两大部分组成，定子包括磁极（永磁体）、电刷装置、机座、机盖等部件；转子通常称为电枢，包括电枢铁心、电枢绕组、换向器、转轴等部件。此外在转子的尾部装有测速机和旋转变压器（或光电编码器）等检测元件。

数控机床直流进给伺服系统多采用永磁式直流伺服电动机作为执行元件，为了与伺服系统所要求的负载特性相吻合，常采用控制电动机电枢电压的方法来控制输出转矩和转速。目前使用最广泛的方法是晶体管脉宽调制器—直流电动机调速（PWM—M），简称 PWM 变换器。它具有响应快、效率高、调整范围宽、噪声污染低、结构简单、可靠等优点。

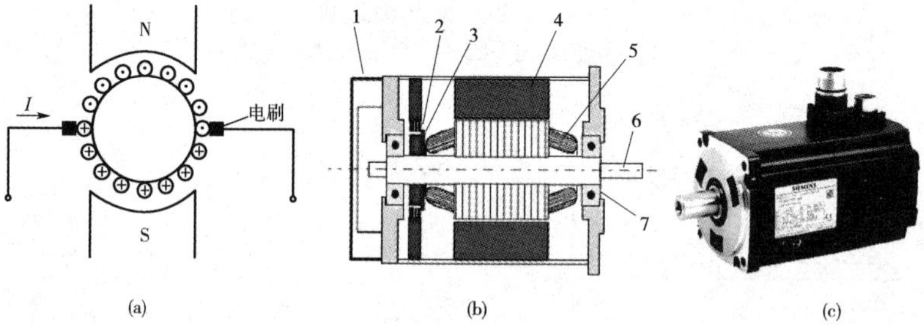

图 5 - 29　永磁式直流伺服电动机

（a）工作原理示意图　（b）结构　（c）实物

1—光电编码器　2—电刷　3—换向器　4—永久磁铁

5—电枢线圈　6—转子　7—轴承

永磁式直流伺服电动机工作原理：当转子 6 转动时，由于电刷 2 和换向器 3 的作用，使得 N 极和 S 极下的导体电流方向不变，即原来在 N 极下的导体只要一转过中性面进入 S 极下的范围，电流就反向；反之，原来在 S 极下的导体只要一过中性面进入 N 极下，电流也马上反向。根据电流在磁场中受到的电磁力方向可知，图中转子受到顺时针方向力矩的作用，转子作顺时针转动。如果要使转子反转，只需改变电枢绕组的电流方向，即电枢电压的方向。

5.3.4.2　直流伺服驱动器

目前直流伺服电动机驱动器使用最广泛的方法是晶体管脉宽调制器—直流电动机调速（PWM—M），简称 PWM 变换器。它具有响应快、效率高、调整范围宽、噪声污染低、结构简单、可靠等优点。

所谓脉宽调制，就是使功率晶体管工作于开关状态，开关频率恒定，用改变开关导通时间的方法来调整晶体管的输出，使电动机两端得到宽度随时间变化的电压脉冲。当开关在单周期内的导通时间随时间发生连续变化时，电机电枢得到的电压平均值也随时间连续发生变化，而由于内部的续流电路和电枢电感的滤波作用，电枢上的电流则连续改变，从而达到调节电机转速的目的。

图 5－30 为 PWM 直流调速系统组成原理图。该系统由控制部分、功率晶体管放大器和全波整流器三部分组成。控制部分包括速度调节器、电流调节器、固定频率振荡器及三角波发生器、脉宽调制器和基极驱动电路。其中控制部分的速度调节器和电流调节器与晶闸管调速系统相同，控制方法仍采用双环控制，不同部分是脉宽调制和功率放大。

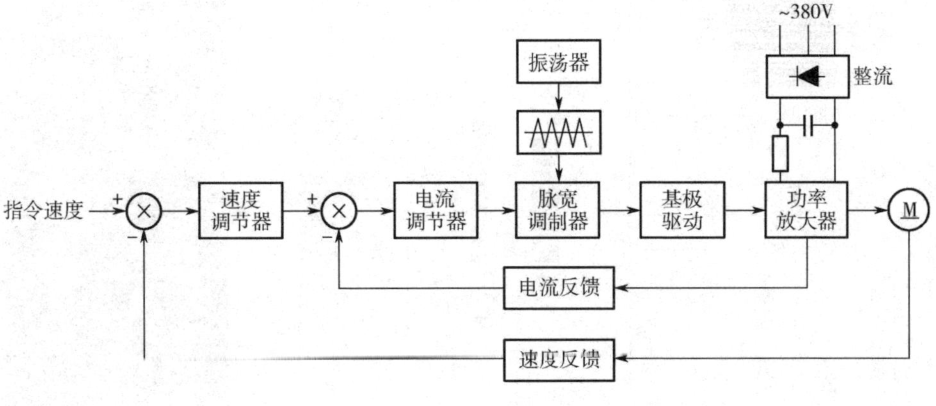

图 5－30　PWM 直流调速系统组成原理图

如图 5－31 所示为济南科亚电子科技有限公司所生产的直流伺服驱动器，图 5－31 中（a）为前面板示意图。其接线端子的说明如下：

端口 1、2 为速度给定输入端口。信号输入的引线应采用屏蔽电缆，并尽量缩短线缆的长度，线缆中间不允许有接头，否则会引起杂波信号干扰，造成系统振荡、马达转速抖动或零点不稳等现象。

端口 3、4 为转速反馈发电机信号输入端口。其接线要求与端口 1、2 相同。

端口5、6、7为正限位和负限位接线端口，采用常闭端口接线方式。当不需要限位时，三个端口需要短接。

端口8为直流15V电源输出端口。

端口9、10、11为电动机正转输入端口和反转输入端口。

端口12、13为电动机过热保护端口。

端口14、15为外部使能控制端口。当接通时，驱动器正常工作，当断开时，驱动器停止工作。

端口16、17为电源输出端口。

端口19、20为外部复位开关端口。

端口21、22为故障报警输出端口。

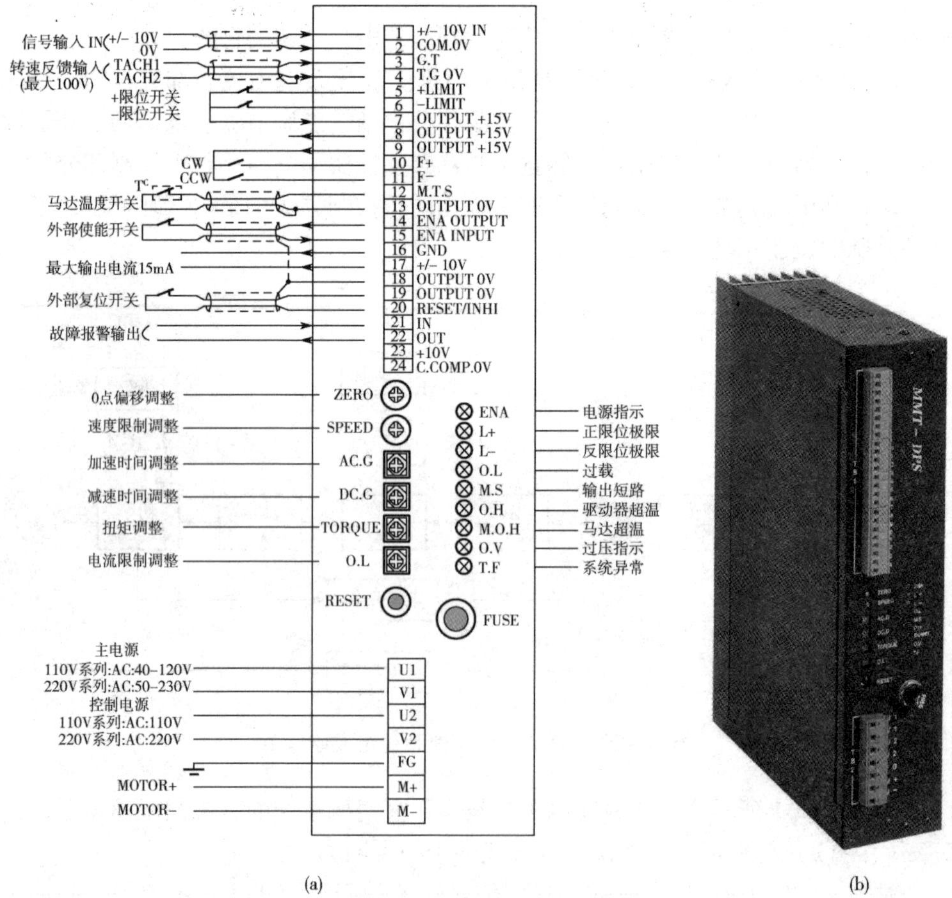

图5-31 直流伺服驱动器

(a) 前面板示意图 (b) 实物

5.3.5　交流伺服驱动系统

由于直流伺服电动机存在机械换向器，需要较多的维护，运行火花使应用环境受到了某些限制，转子容易发热，影响与其相连接的丝杠精度，高速运行和大容量设计都受到机械换向器的限制。交流伺服电动机本身结构简单，坚固耐用，体积小，重量轻，没有机械换向，无需多少维护。目前数控机床常用交流伺服驱动系统作为进给伺服系统使用。交流伺服驱动系统主要由交流电动机和交流伺服驱动器组成。

5.3.5.1　交流伺服电动机

交流伺服电动机有同步型和异步型两大类。异步型交流电动机指的是交流感应电动机。同步型交流电动机按转子结构不同可分电磁式及非电磁式两大类。非电磁式又分为磁滞式、永磁式和反应式多种。数控机床运动控制中多用永磁式同步电动机，主轴驱动系统多用永磁式异步电动机。

（1）永磁交流同步伺服电动机

同步型交流伺服电动机比异步电动机复杂，但比直流电动机简单。它的定子与异步电动机一样，都在定子上装有对称三相绕组，而转子却不同。按不同的转子结构，同步型交流伺服电动机分为电磁式及非电磁式两大类。永磁式同步电动机的优点：结构简单、运行可靠、体积约小 1/2，质量减轻 60%，转子惯量可减小到 1/5、效率较高；其缺点是启动特性欠佳、控制复杂（图 5－32）。

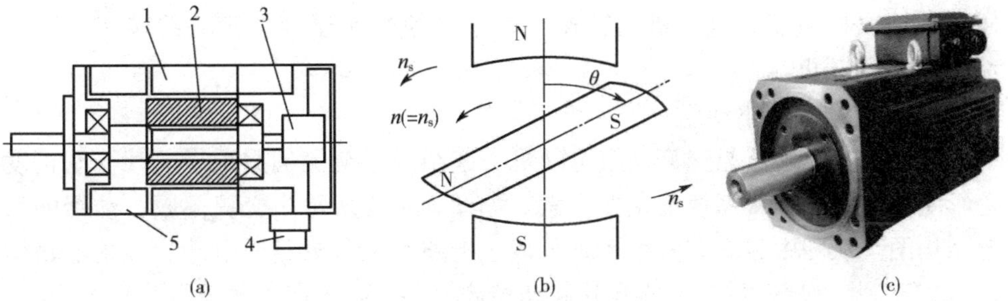

图 5－32　永磁交流同步伺服电动机

（a）电机结构　（b）工作原理　（c）实物

1—定子　2—转子　3—脉冲编码器　4—接线管　5—定子三相绕组

永磁交流同步电动机工作原理：当定子 1 三相绕组通上交流电源后，就产生了一个旋转磁场，该磁场以同步转速 n_s 旋转。根据磁极同性相斥，异性相吸的原理，定子旋转磁极吸引转子永久磁极，并带动转子一起同步旋转。

（2）永磁交流异步伺服电动机

永磁交流异步伺服电动机有三相和单相之分，也有笼型和绕线转子之分，通常多用笼型三相异步电动机。其优点是结构简单，与同容量的直流电动机相比重量轻1/2，价格便宜1/3；其缺点是转速受负载的变化影响较大，不能经济地实现范围较广的平滑调速，效率较低、功率因数低（图5－33）。

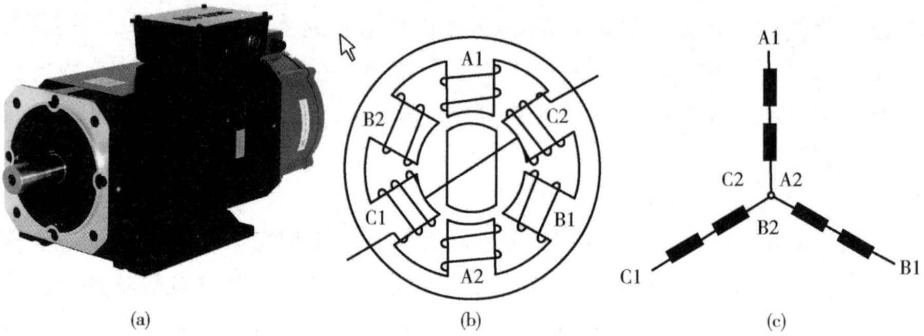

图5－33　永磁交流异步伺服电动机

（a）实物　（b）内部结构　（c）相图

其工作原理是当三相异步电动机接入三相交流电源时，三相定子绕组流过三相对称电流产生的三相磁动势（定子旋转磁动势）并产生旋转磁场。该旋转磁场与转子导体有相对切割运动，根据电磁感应原理，转子导体产生感应电动势并产生感应电流。根据电磁力定律，载流的转子导体在磁场中受到电磁力作用，形成电磁转矩，驱动转子旋转，当电动机轴上带机械负载时，便向外输出机械能。电动机的转速（转子转速）小于旋转磁场的转速，因此称为异步电动机。

5.3.5.2　交流伺服驱动器

交流伺服驱动器与交流伺服电动机一起组成了交流伺服系统，其控制精度是影响整个交流伺服系统的主要因素。如图5－34所示为交流伺服驱动器的系统结构图。从图中可知，整个系统分成主电路和控制电路两个部分，主电路输入380V三相电源经过整流器和软起动控制电路后将主电源输送给IPM逆变器，由逆变器控制伺服电动机的相的通电顺序。控制电路输入220V交流电源经过开关电源转换后提供给控制电路使用，整个控制电路以FPGA（Field－Programmable Gate Array，即现场可编程门阵列）为基础，与MPU和DSP共同处理交流伺服控制部分，最后通过DSP输出门极驱动电路到逆变器，从而实现了对伺服电动机的控制。

不同厂家所生产的交流伺服驱动器都不相同，在维修时应当查看数控机床有关该型号伺服驱动器的技术资料。以下将介绍比较常用的松下公司所生产的A4系列交流伺服驱动器。

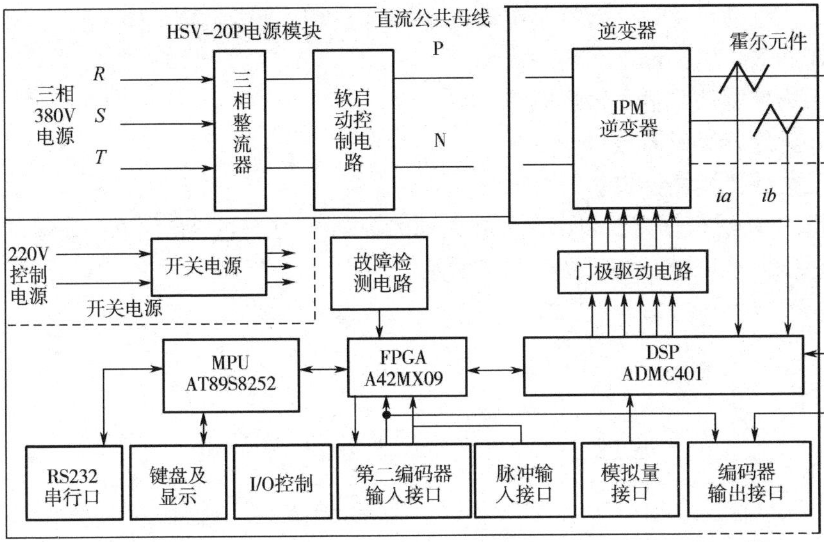

图 5－34　交流伺服系统结构图

如图 5－35 所示，各接线端子功能如下：

端口 X1 为电源输入接口，包括了主电源输入端子和控制电源输入端子。

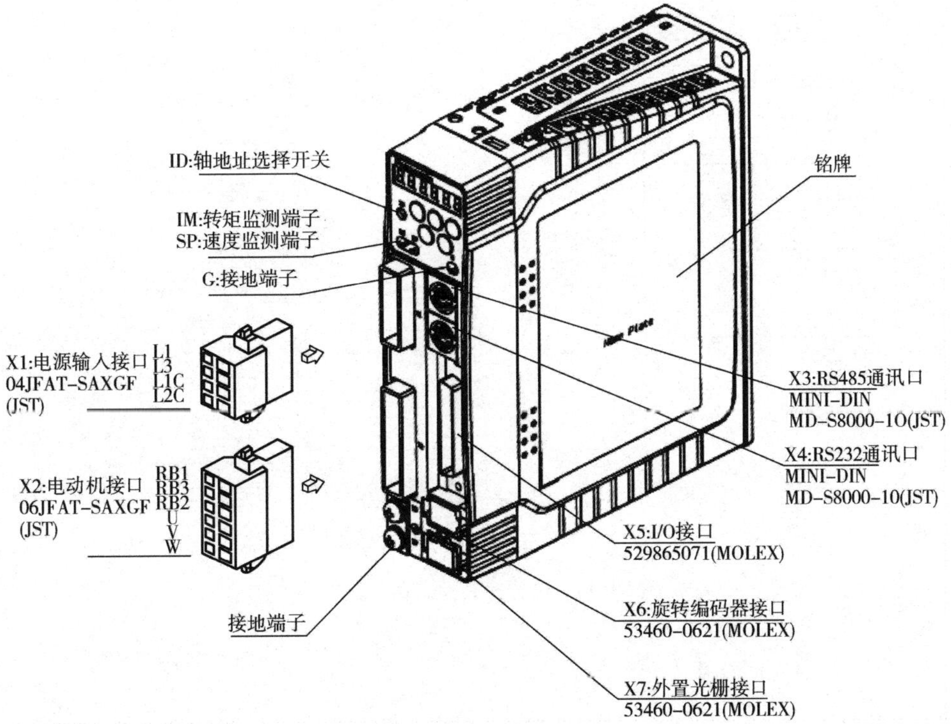

图 5－35　松下 A4 系列交流伺服驱动器

端口 X2 为电动机接口，包括了电动机连接端子和制动电阻接线端子。

端口 X3 和 X4 为通讯口。

端口 X5 为控制信号输入输出端口。

端口 X6 为旋转编码器接口。

端口 X7 为外置光栅接口。

交流伺服驱动器根据需要可以工作在不同的控制模式，主要有位置控制模式和速度控制模式。如图 5 - 36、图 5 - 37 所示。

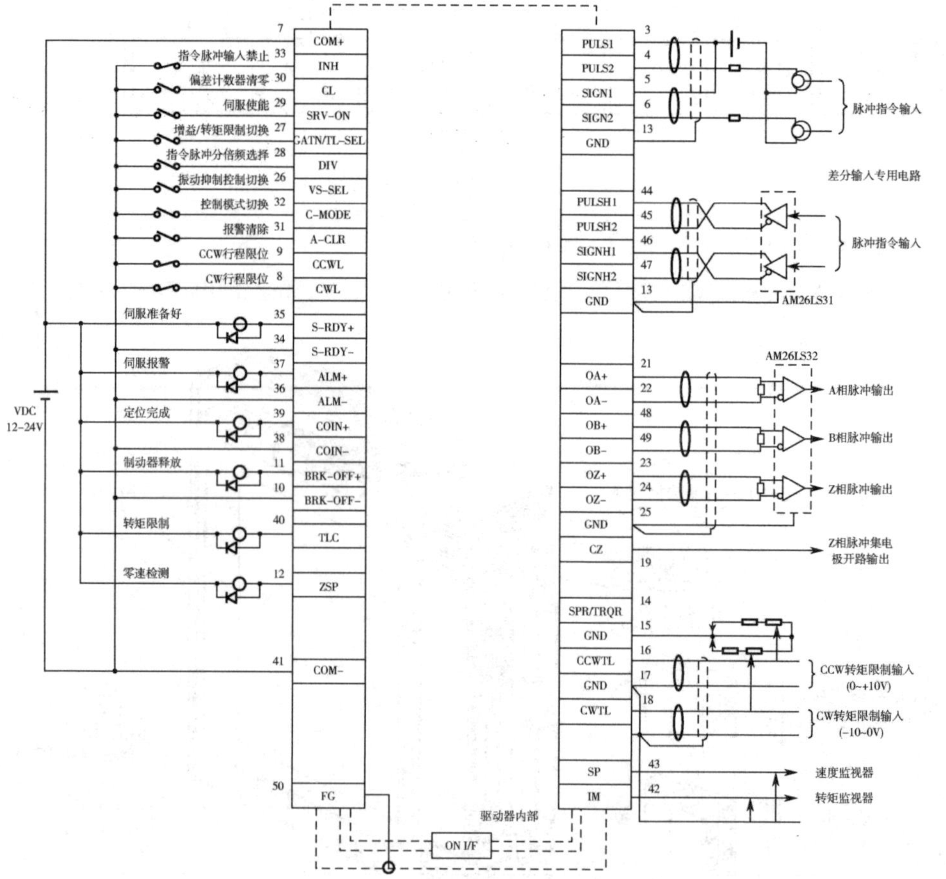

图 5 - 36　位置控制模式信号接线图

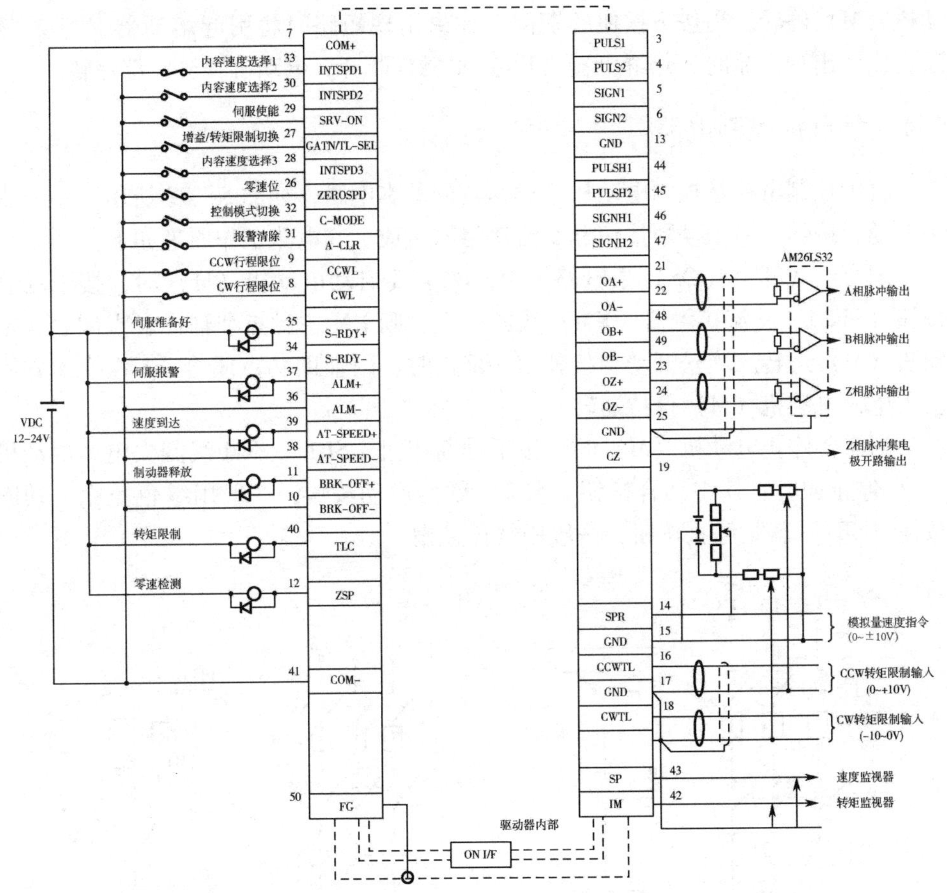

图 5－37　速度控制模式信号接线图

5.4　数控机床基本控制电路

数控机床的电气控制系统由不同的功能模块所组成，每个功能模块的电路也是由基本控制电路组成，因此熟悉基本控制电路可以帮助我们快速理解整个数控机床的电气控制系统。以下将介绍常用的基本控制电路。

5.4.1　点动控制电路

点动控制电路是用按钮和接触器控制电动机的最简单的控制电路，如图 5－38 所示。其电路工作原理如下：

闭合空气开关（QS）主电路上电，当需要启动电动机（M）时，按下按钮（SB），交流接触器线圈（KM）得电，则其 KM 主触头闭合，电动机（M）运转。当松开按钮（SB）时，交流接触器线圈（KM）失电，KM 主触头断开，电动机（M）停转。当按下按钮的期间，如果出现短路时将引起熔断器（FU）熔断，或者出现过流时，热继电器（FR）主触点断开，电动机（M）都停转。

5.4.2 自锁控制电路

自锁控制电路是控制电动机连续运转的基本电路，如图 5－39 所示。主要由一个动合按钮、一个动断按钮和交流接触器组成。其电路工作原理如下：

闭合空气开关（QS）主电路上电。当需要启动电动机（M）时，按下动合按钮（SB2），交流接触器（KM）线圈得电，则 KM 主触点和辅助触点闭合，电动机（M）运转。当松开动合按钮（SB2）时，因辅助触点闭合，KM 线圈并不会失电，电动机（M）保持运转。

当需要停止电动机（M）时，按下动断按钮（SB1），KM 线圈失电，电动机（M）停止运转。其中动合按钮（SB2）就是启动按钮，一般用绿色盖帽，动断按钮（SB1）就是停止按钮，一般用红色盖帽。

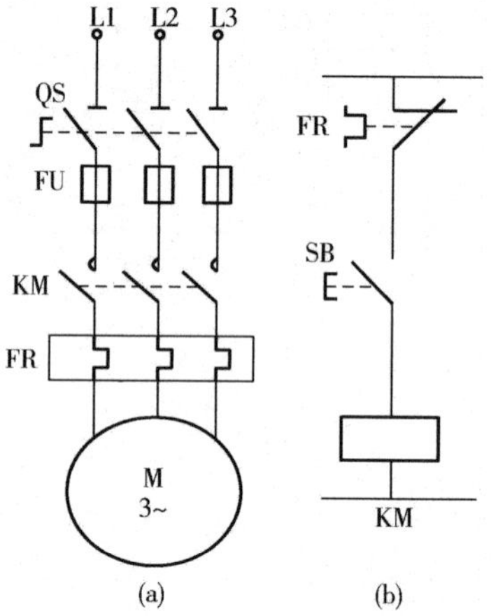

图 5－38　点动控制线路
（a）主电路（b）控制电路

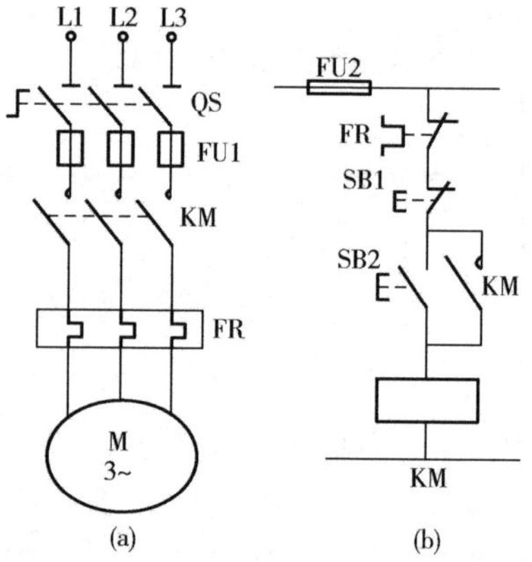

图 5－39　自锁控制电路
（a）主电路　（b）控制电路

5.4.3 点动和自锁混合控制电路

点动和自锁混合控制电路可以采用不同的方式实现如图 5－40 所示开关控制方式、复合按钮控制方式、继电器控制方式等。其中各个开关按钮的作用如下：

开关（SA）——用以区分点动和自锁模式。当 SA 打开时为点动模式，SA 闭合时为自锁模式。

按钮（SB1）——停止按钮。

按钮（SB2）——点动控制按钮。

按钮（SB3）——自锁控制按钮。

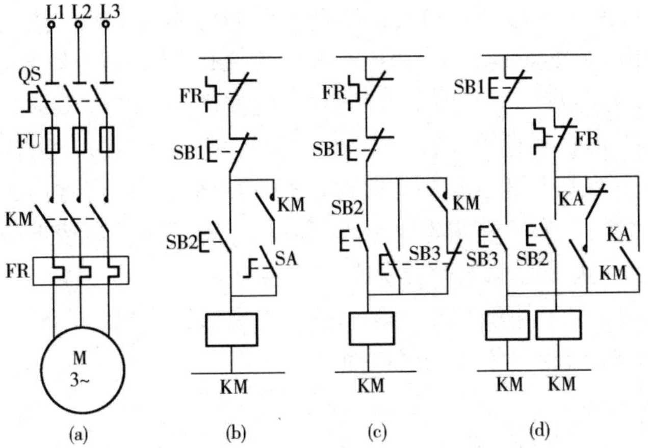

图 5－40　点动和自锁混合控制电路

（a）主电路　（b）开关控制　（c）复合按钮控制　（d）继电器控制

电路工作原理如下。

（1）开关控制方式

闭合空气开关 QS，主电路上电。当开关（SA）断开时，按下按钮（SB2）时，电动机（M）运转，松开按钮（SB2）时，因 SA 断开，KM 线圈也将失电，电动机停止运转，实现点动功能。当开关（SA）闭合时，电路等效于自锁电路，按下按钮（SB2）时，电动机（M）能实现持续运转直到按下按钮（SB1）。

（2）复合按钮方式

闭合空气开关 QS，主电路上电。当按下按钮（SB2）时，电动机（M）运转，松开时，电动机（M）停止运转，实现点动功能。当按下按钮（SB3）时，交流接触器（KM）线圈得电，电动机（M）运转，当松开按钮（SB3）时，因复合按钮的原因，与 KM 辅助触点串联的 SB3 动断触点将恢复闭合状态，KM 线圈依然保持通电状态，电动机（M）保持运转，直到按下按钮（SB1）。

（3）继电器控制方式

闭合空气开关 QS，主电路上电。当按下按钮（SB2）时，交流接触器（KM）线圈得电，电动机（M）运转，松开时，KM 线圈失电，电动机（M）停止运转。当按下按钮（SB3）时，中间继电器（KA）线圈得电，则 KA 动合触点闭合，动断触点断开，KM 线圈得电，KM 辅助触点闭合，电动机（M）运转，当松开按钮（SB3）时，KA 线圈失电，KA 动合触点断开，动断触点闭合，KM 线圈依然保持得电状态，电动机（M）保持运转，直到按下按钮（SB1）。

5.4.4 互锁控制电路

互锁控制电路也是常用的基本控制电路（图 5 - 41），主要用于控制相互对立的信号，防止两个信号同时触发，如电动机的正转和反转。按钮（SB1）控制停止，按钮（SB2）控制正转，按钮（SB3）控制反转，其电路原理如下：

闭合空气开关 QS，主电路上电。只按下按钮（SB2），交流接触器（KM1）线圈得电，KM1 动合触点闭合，动断触点断开，电动机（M）正转，当松开按钮（SB2）时，依然保持自锁状态。此时即使按下按钮（SB3），因 KM1 动断触点处于断开状态，KM2 线圈不能得电，电动机依然保持正转。当按下按钮（SB1）时电动机（M）停止运转。其控制结果就是当启动正转（或反转）后，即使按下另外一个控制按钮，依然不能更改，除非按下停止按钮（SB1）恢复初始状态，即电动机的正转和反转信号不能同时接通。

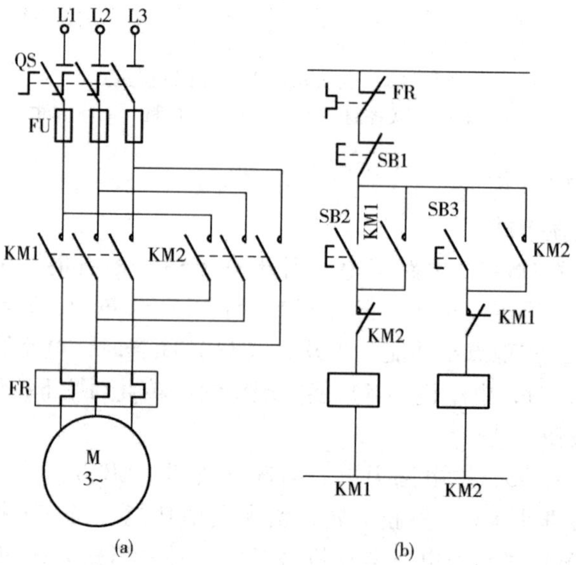

图 5 - 41 互锁控制电路
（a）主电路 （b）控制电路

5.5 数控机床电气原理图

数控机床的电气诊断与维修是以熟悉数控机床的电气控制线路为基础的。只有熟悉数控机床的电气控制线路并结合经验实践，才能快速准确地排除数控机床电气方面的故障。

5.5.1 阅读数控机床电气原理图的步骤

数控机床的实际电路往往比较复杂，有些还和机械、液压（气压）等动作相配合来实施控制。因此在识读电气原理图之前，首先要了解生产工艺过程对电气控制的基本要求，例如需要了解数控机床的电动机数量、各台电动机是否有启动、反转、调速、制动等控制要求，需要哪些联锁保护、各台电动机的启动、停止顺序的要求等具体内容，并且要注意机、电、液（气）的联合控制。在阅读电气原理图时，大致可以按如下步骤进行：

1）首先必须熟悉图中各器件符号和作用。

2）阅读主电路。应该了解主电路有哪些用电设备（如电动机等），以及这些设备的用途和工作特点。并根据工艺过程，了解各用电设备之间的相互联系，采用的保护方式等。在完全了解主电路的这些工作特点后，就可以根据这些特点再去阅读控制电路。

3）阅读控制电路。控制电路由各种电器组成，主要是用来控制主电路工作的。在阅读控制电路时，一般先根据主电路接触器主触点的文字符号，到控制电路中去找与之相应的吸引线圈，进一步弄清楚电动机的控制方式。这样可将整个电气原理图划分为若干部分，每一部分控制一台电动机。另外控制电路以办事依照生产工艺要求，按动作的先后顺序，自上而下、从左到右、并联排列。因此读图时也应当自上而下、从左到右，一个环节、一个环节地进行分析。

4）阅读照明、信号指示、监测、保护等各辅助电路环节。

对于比较复杂的控制电路，可按照先简后繁，先易后难的原则，逐步解决。因为无论怎样复杂的控制线路，总是由许多简单的基本环节所组成。阅读时可将它们分解开来，先逐个分析各个基本环节，然后再综合起来全面加以解决。概括地说，阅读的方法可以归纳为：从机到电、先“主”后“控”、化整为零、连成系统。

5.5.2 数控机床电气原理图

电气原理图是表示电气控制线路工作原理的图形，所以熟练识读电气原理图，是掌握设备正常工作状态、迅速处理电气故障的必不可少的环节。

下面以大连机床集团有限责任公司生产的 VDF－850D 加工中心为例进行数控机床的电路介绍。

图5－42 中加工中心输入 380V50Hz 的交流电源，经熔断器并闭合断路器后，把电源输送到各强电模块中。图中每个电动机的控制电路主要由电动机保护开关 FM，控制电动机转向的交流接触器 KM、限压保护器件 FV 和电动机等组成。

图5－43 中也是不同功能的电动机的控制，在后面部分分别是进给伺服电源和主轴伺服电源。进给伺服电源部分根据伺服驱动器的规格需要经过变压器 T 实现电压从 380V 变为 220V。主轴伺服电源模块中增加阻抗器 L 来平滑电源电压中的尖峰脉冲。

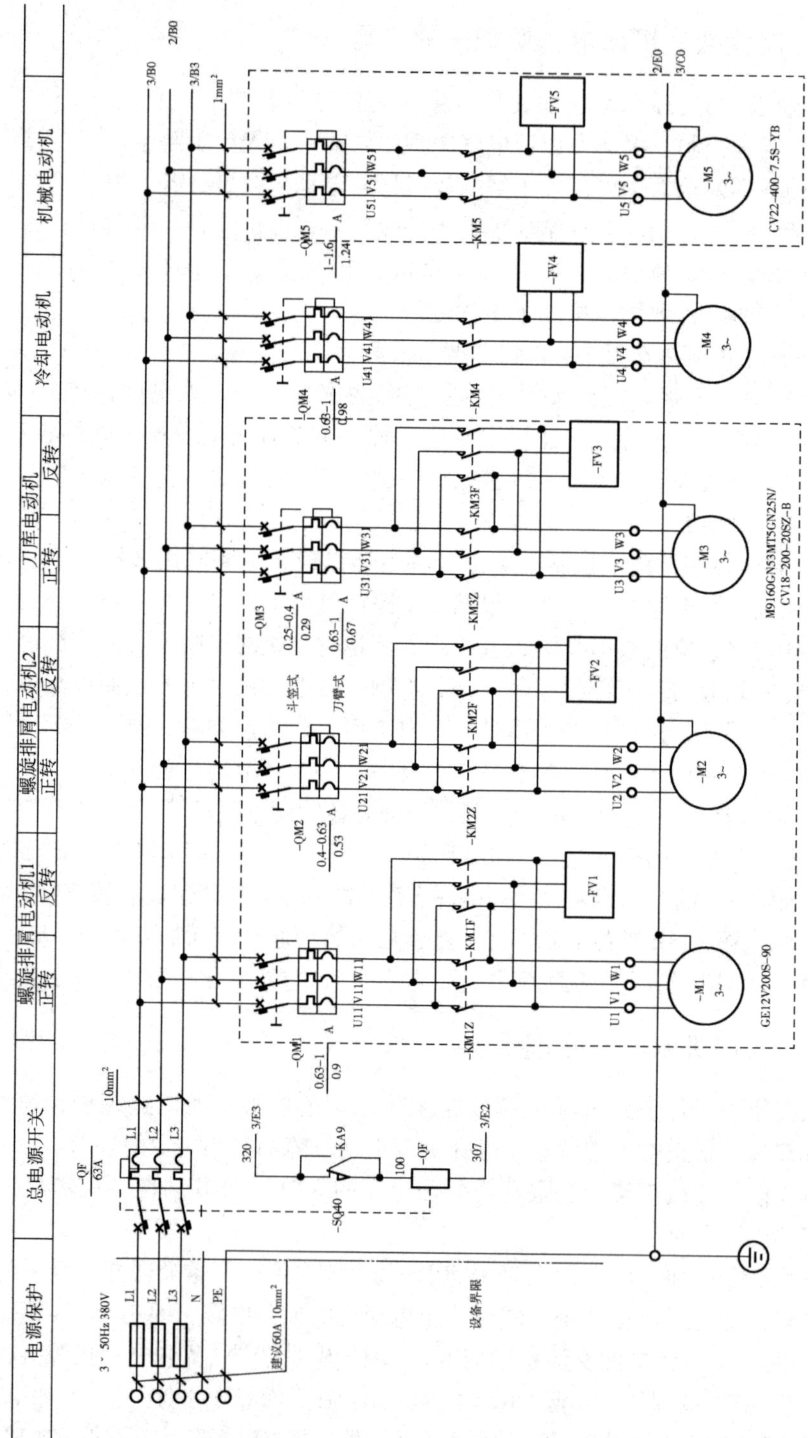

图 5－42　加工中心主电路电气原理图（一）

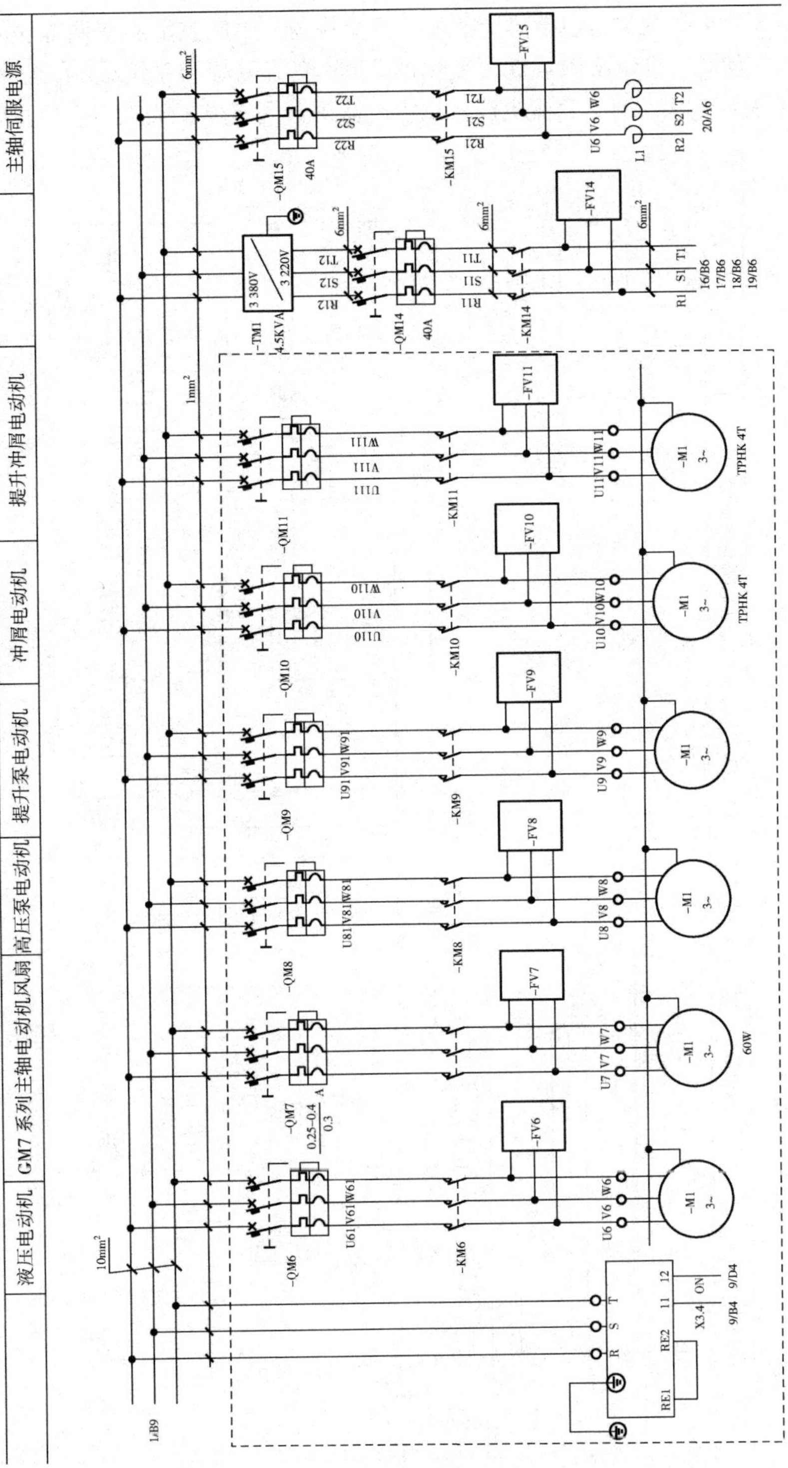

图 5－43　加工中心主电路电气原理图（二）

图 5－44 中主要是包括机床照明、热交换器、机床润滑和空调等功能模块的电路，以及提供机床不同器件所使用的 220V 交流电源和系统/继电器、电磁阀/警示灯等所使用的 24V 直流电源。以上三张图共同组成了加工中心的主电路。

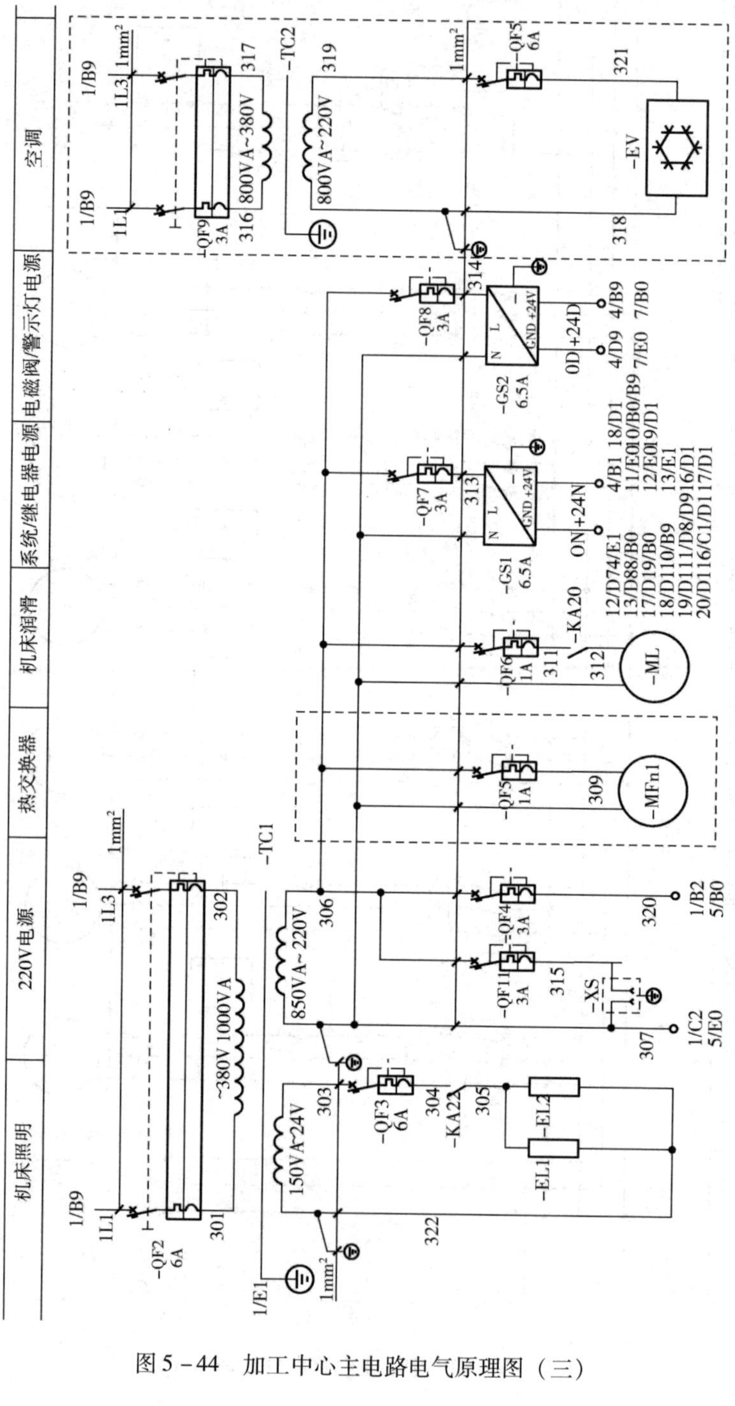

图 5－44　加工中心主电路电气原理图（三）

图 5－45 为加工中心控制电路电气原理图，其主要是外部运行允许、伺服强电控制和伺服 ok 等部分的电路，当这部分电路出现问题时，数控系统将显示“急停报警”错误。

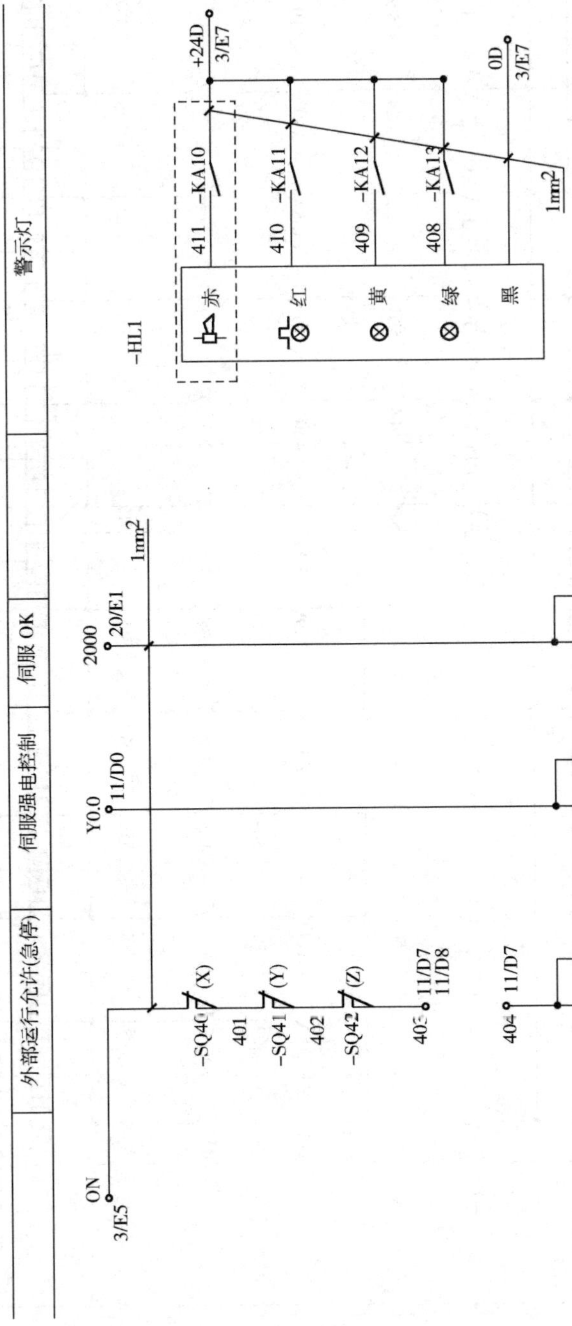

图 5－45　加工中心控制电路电气原理图（一）

图 5－46 为对应图 5－45 中各电动机的控制电路图。

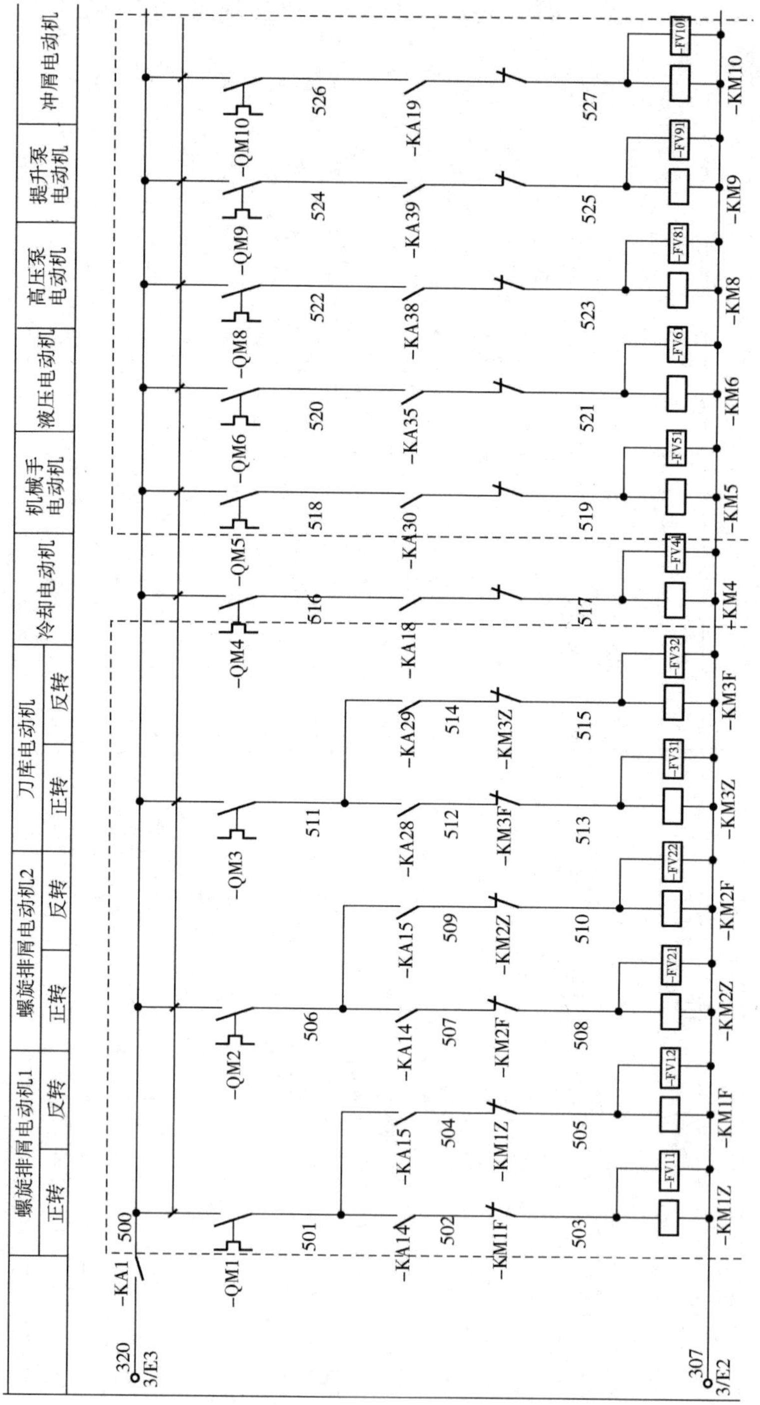

图 5－46　加工中心控制电路电气原理图（二）

图 5－47～图 5－54 中主要是进给轴伺服和主轴伺服电源的控制。

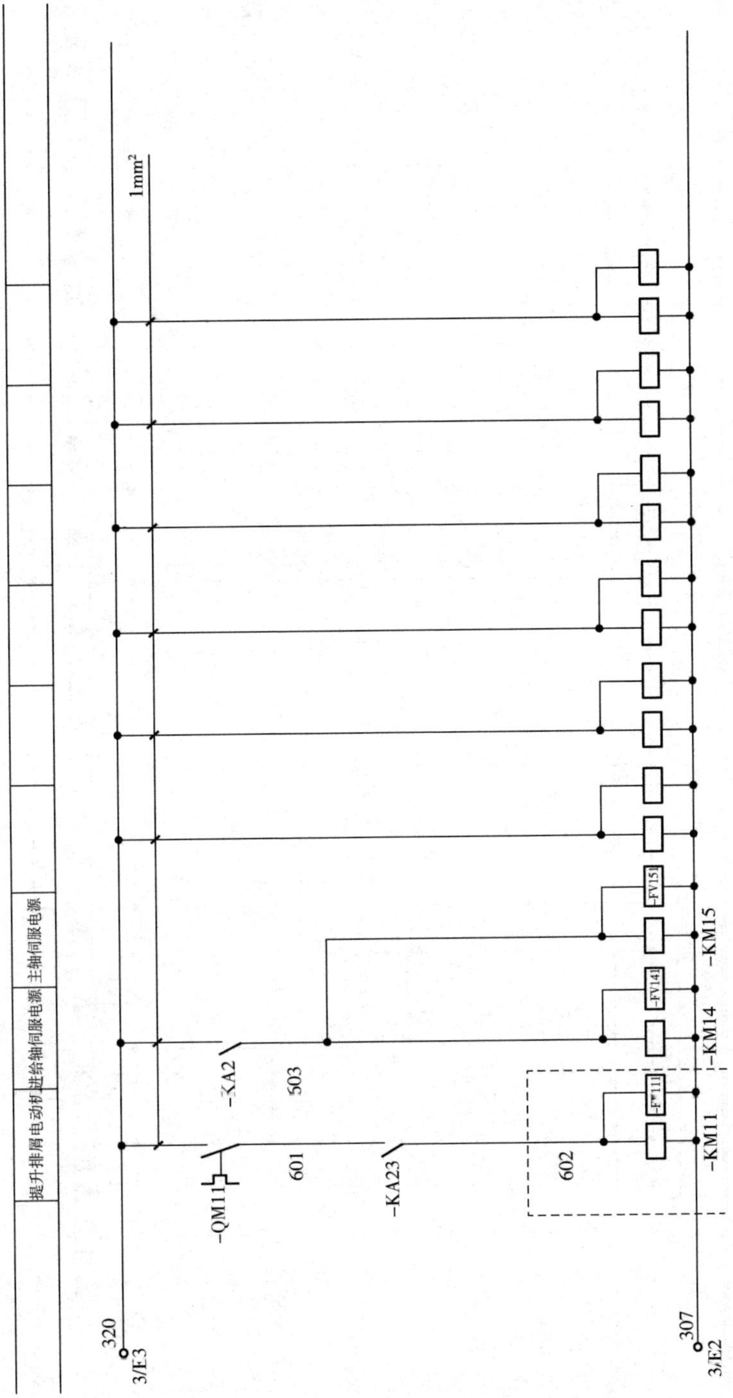

图 5－47　加工中心控制电路电气原理图（三）

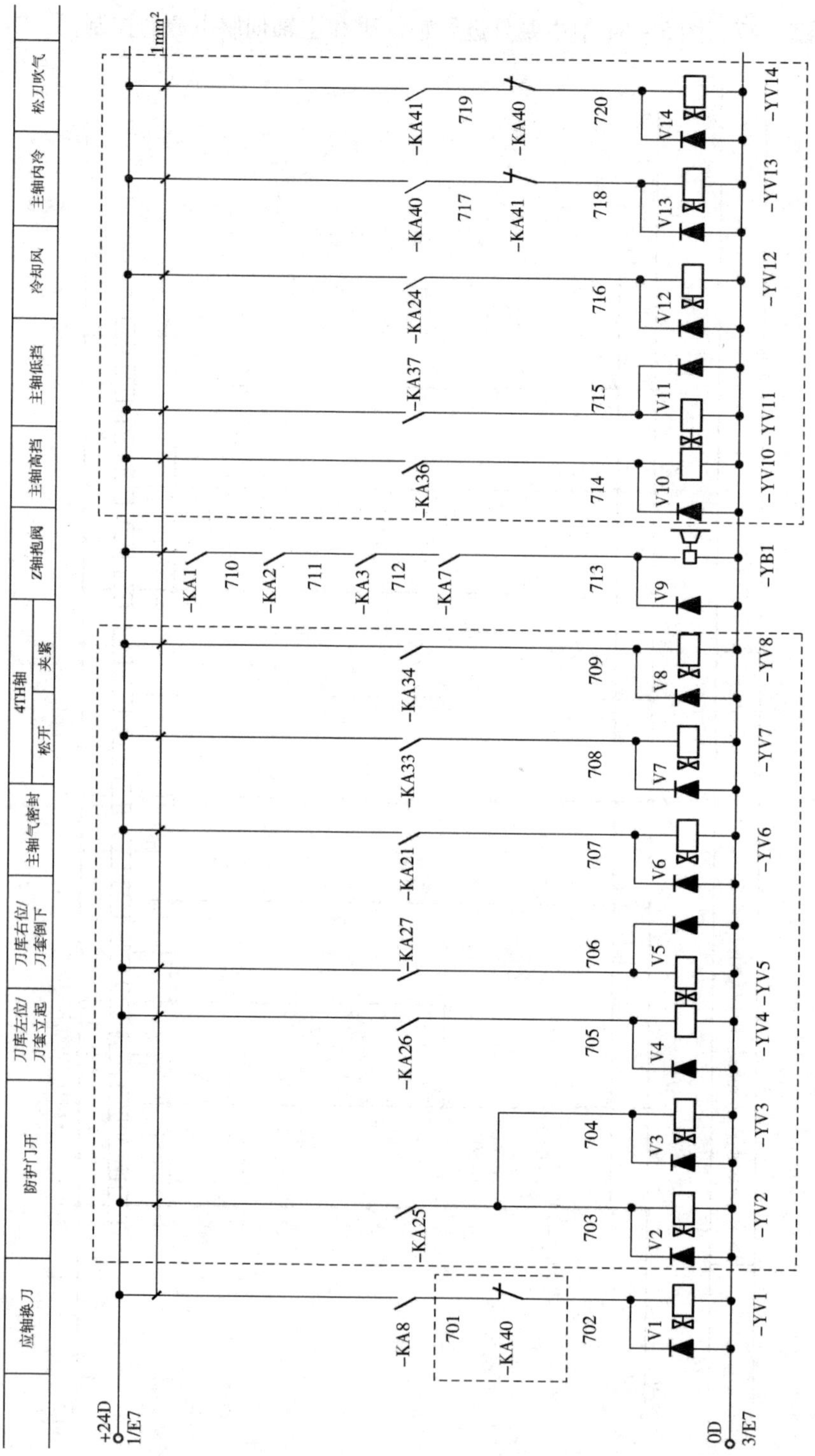

图 5－48　加工中心气动控制电路电气原理图

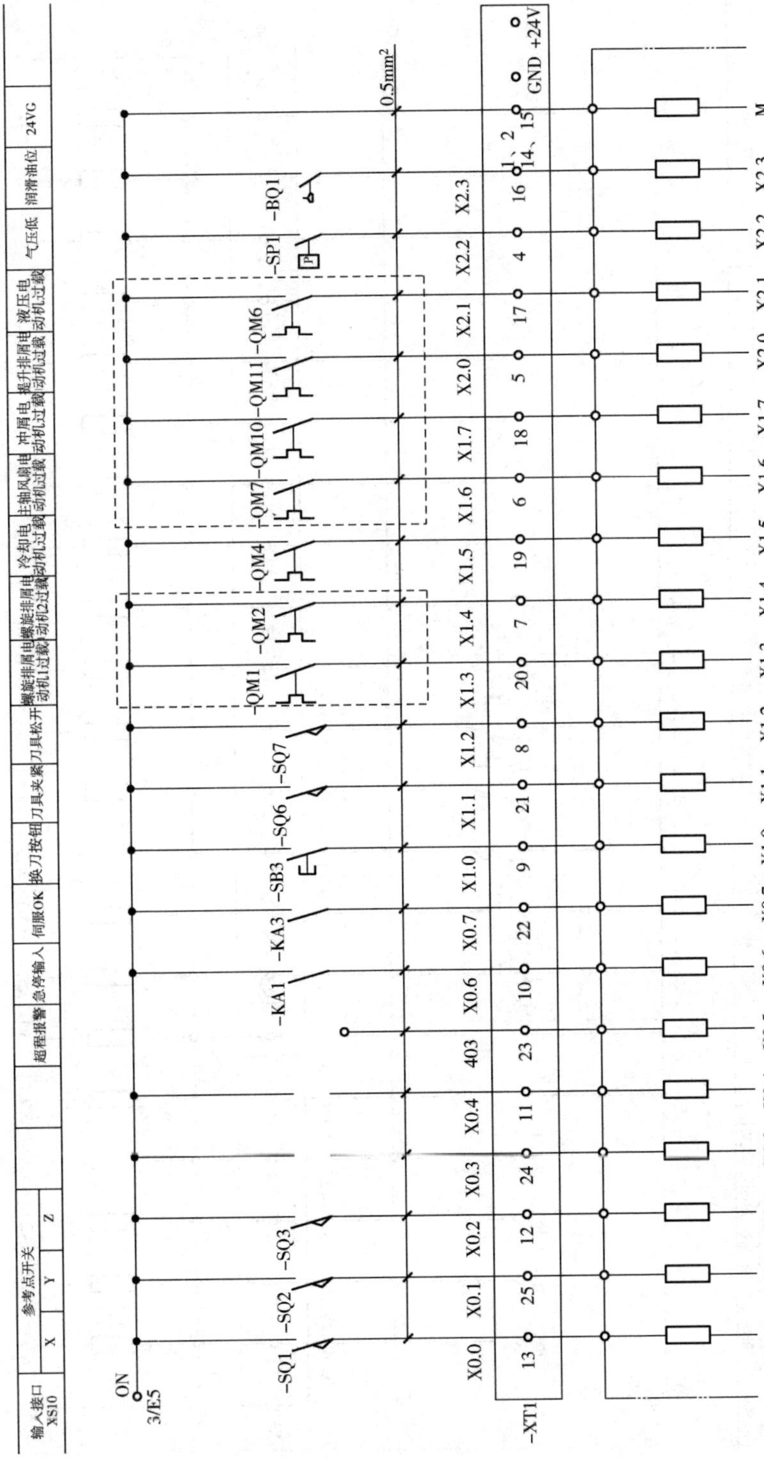

图 5－49　加工中心输入接口电路（一）

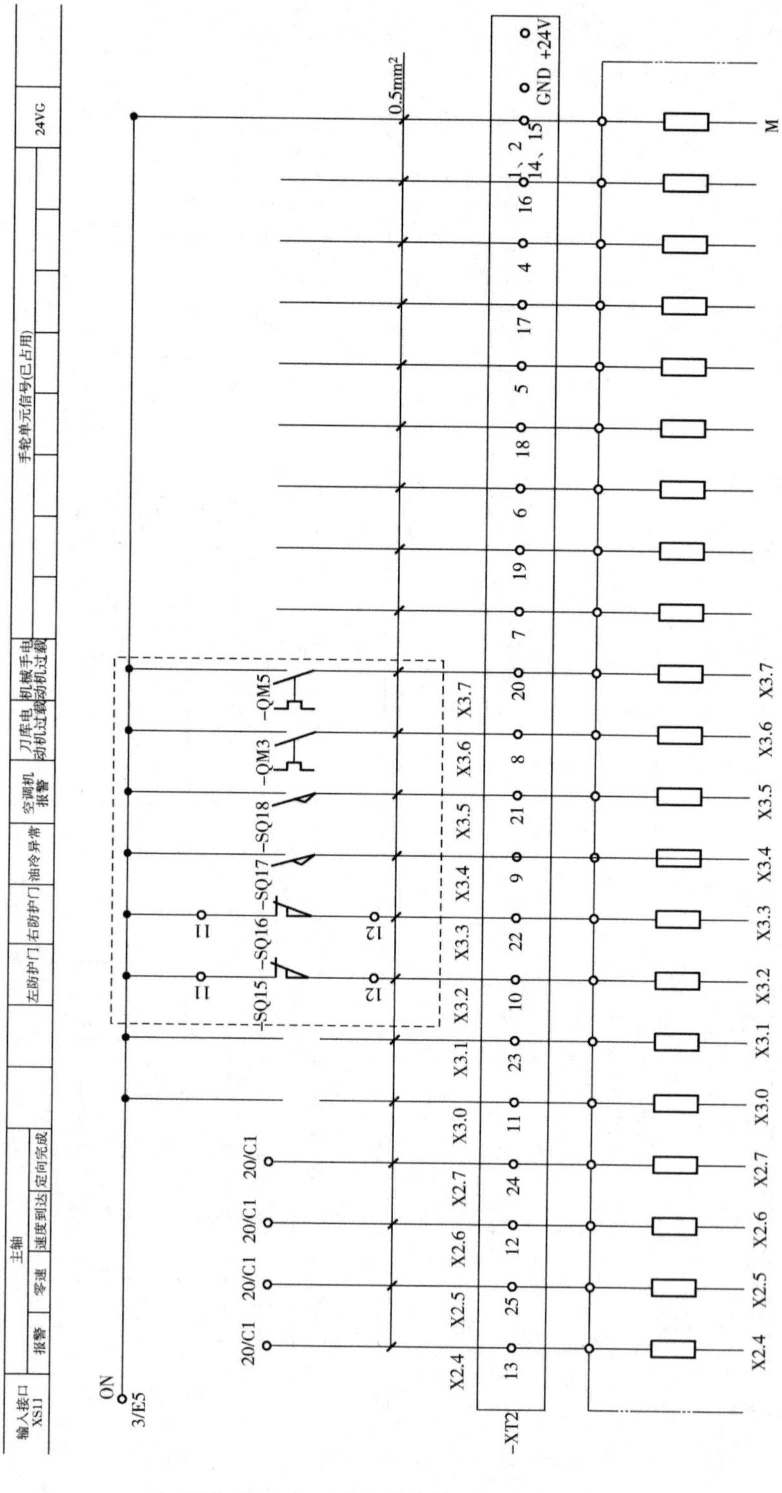

图 5－50　加工中心输入接口电路（二）

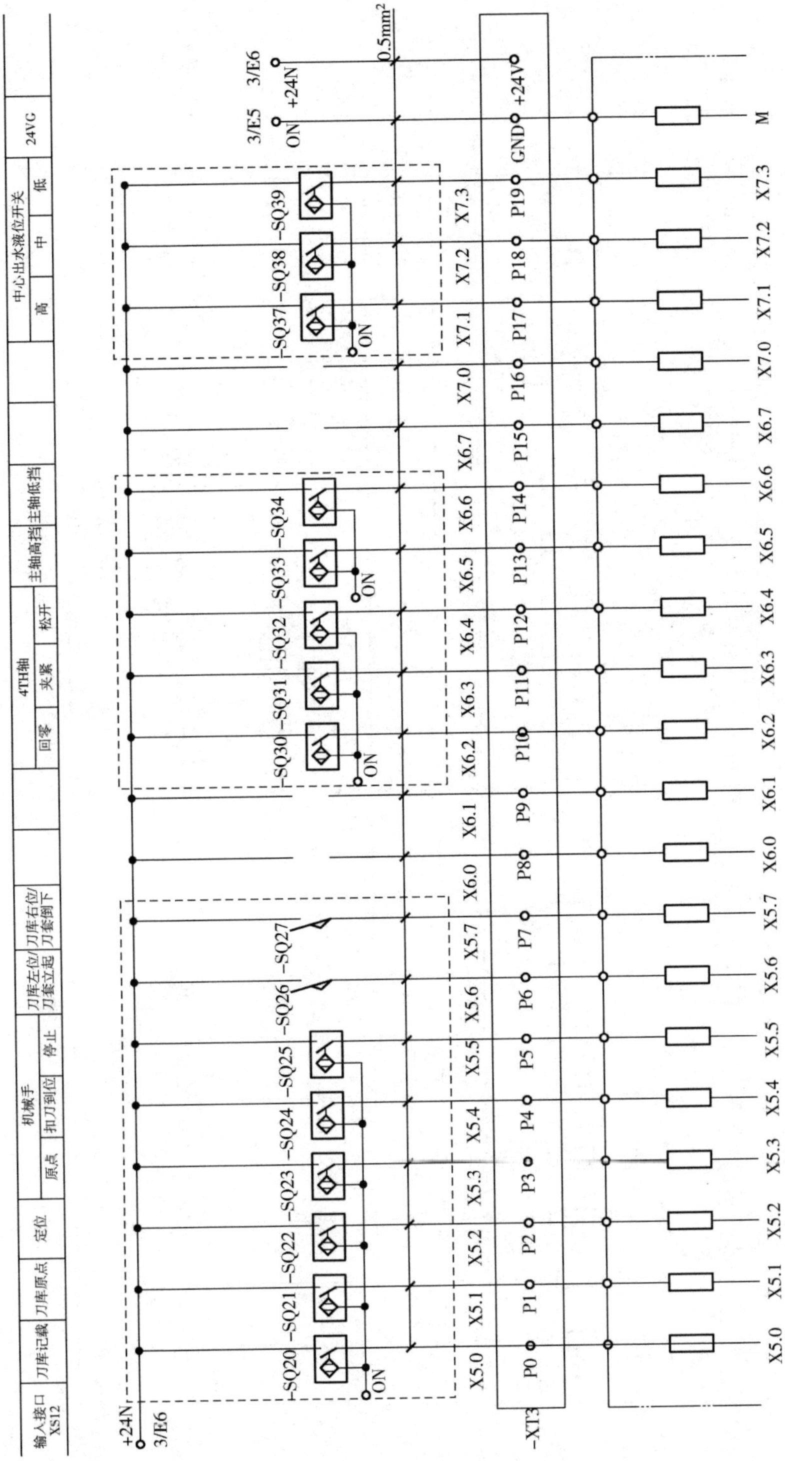

图 5－51　加工中心输入接口电路（三）

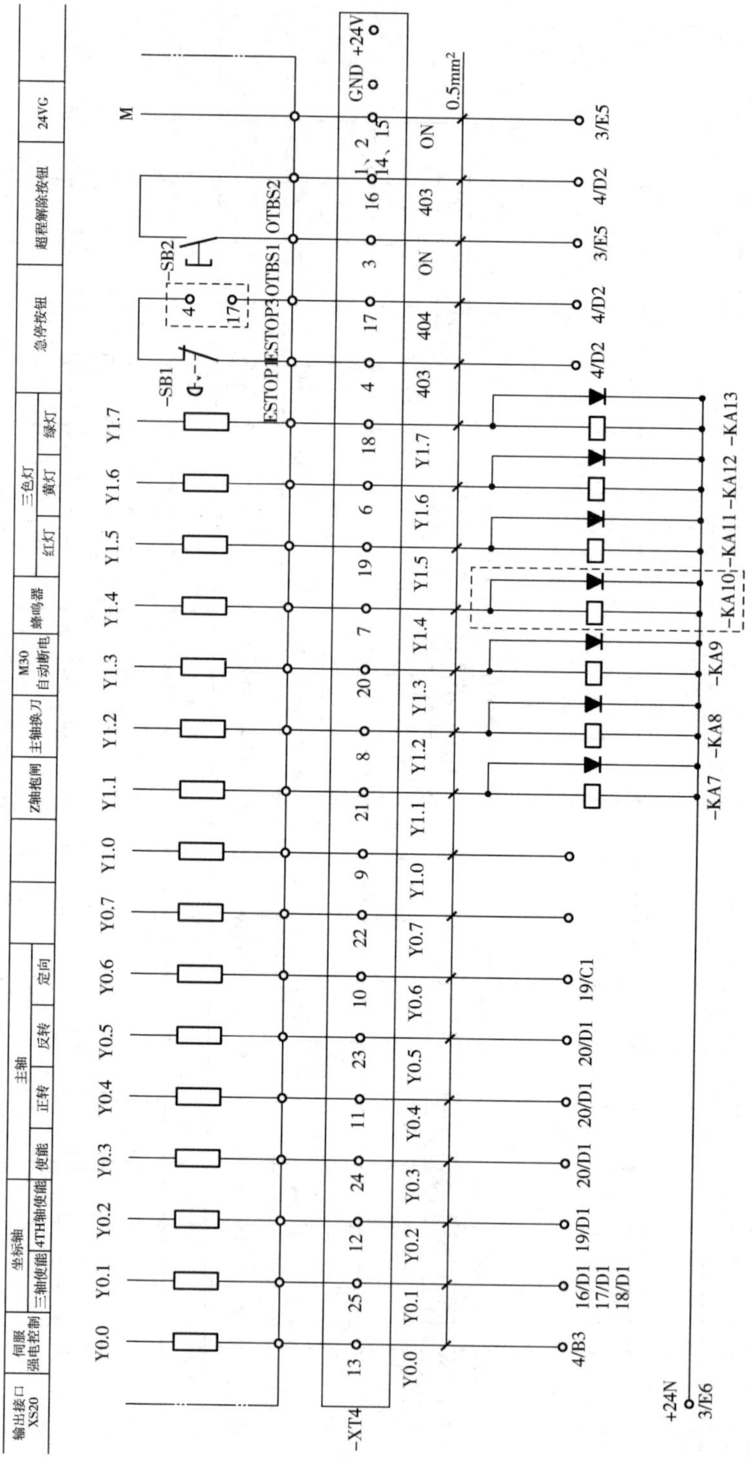

图 5-52　加工中心输出接口电路（一）

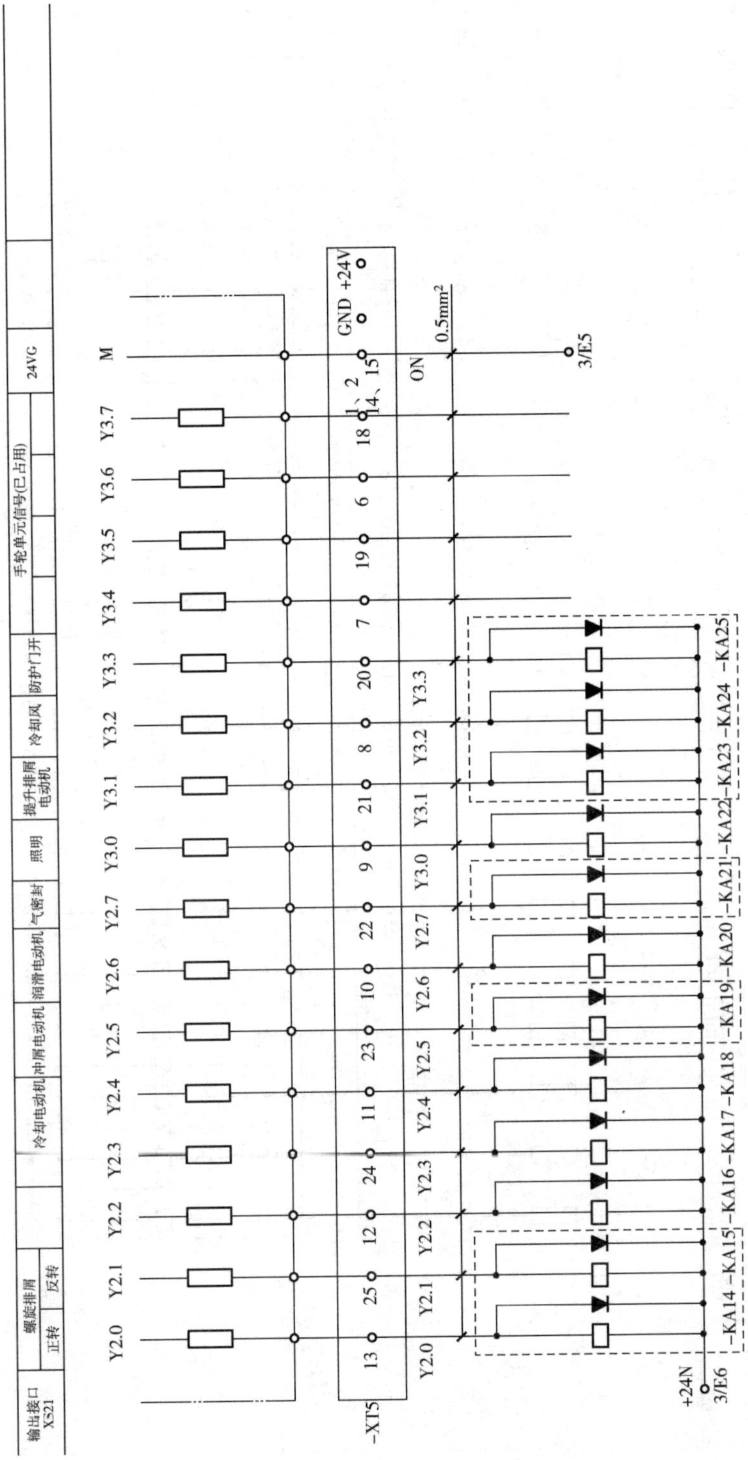

图 5－53　加工中心输出接口电路（二）

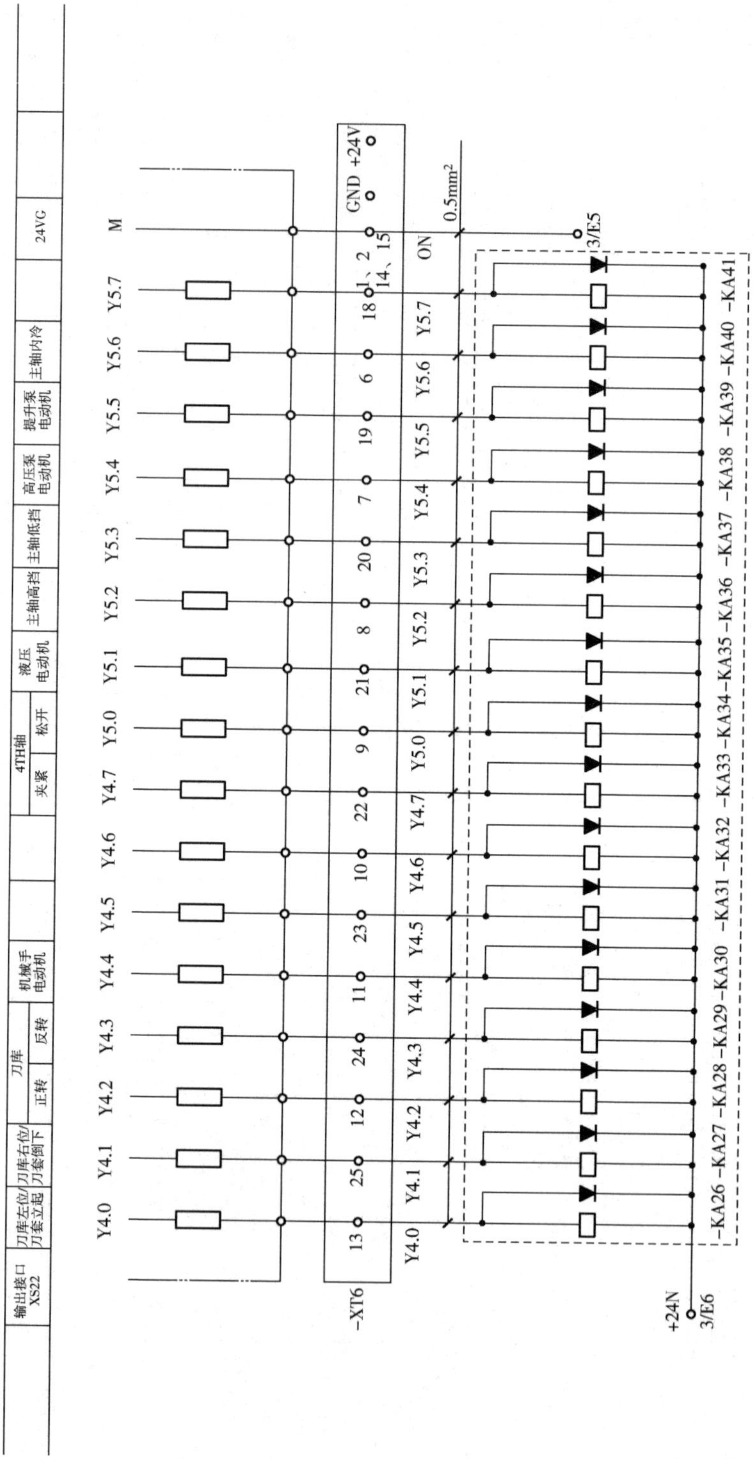

图 5－54　加工中心输出接口电路（三）

图 5－55 为 VDF850D 数控系统连接图，XS1 接口是数控系统的电源接口；接入电源为直流 24V，XS2～XS5 是软区组件接口；XS8 是手持操作盒（手轮）接口；XS10～XS12 是输入开关量接口，主要是操作按钮（如急停按钮、启动按钮等）和机床检测输入（如限位开关等）信号接口，它们输入的信号对应着数控系统中 PLC 的不同的输入信号；XS20～XS22 是输出开关量，包括各种机床控制信号、继电器控制等；XS30～XS33 是进给传动系统中的 *X*、*Y*、*Z* 和第四轴的伺服驱动模块的接口；XS9 是主轴伺服驱动的接口。各伺服模块、伺服电动机和编码器等器件组成了闭环控制回路（图 5－56、图 5－57、图 5－58）。

5.5.3　数控机床电路分析

整个加工中心的电路图很多，为了便于分析，可以将其分为四个部分。第一个部分是强电控制部分，也是加工中心的主电路，它控制着整个加工中心的电源、各个电动机的电源提供以及控制，图纸编号是图 5－41、图 5－43；第二个部分是加工中心的控制电路，主要控制着各个电动机的启动的线圈，图纸编号是图 5－44、图 5－47；第三部分是加工中心的输入、输出控制电路部分，它主要是数控系统接受机床侧的反馈信号和输出信号用以控制继电器线圈得电，然后通过控制电路使主电路中的电动机启动，图纸编号是图 5－48、图 5－53；第四部分是加工中心的进给伺服系统和主轴伺服系统的电气控制电路，图纸编号是图 5－54 至图 5－57。

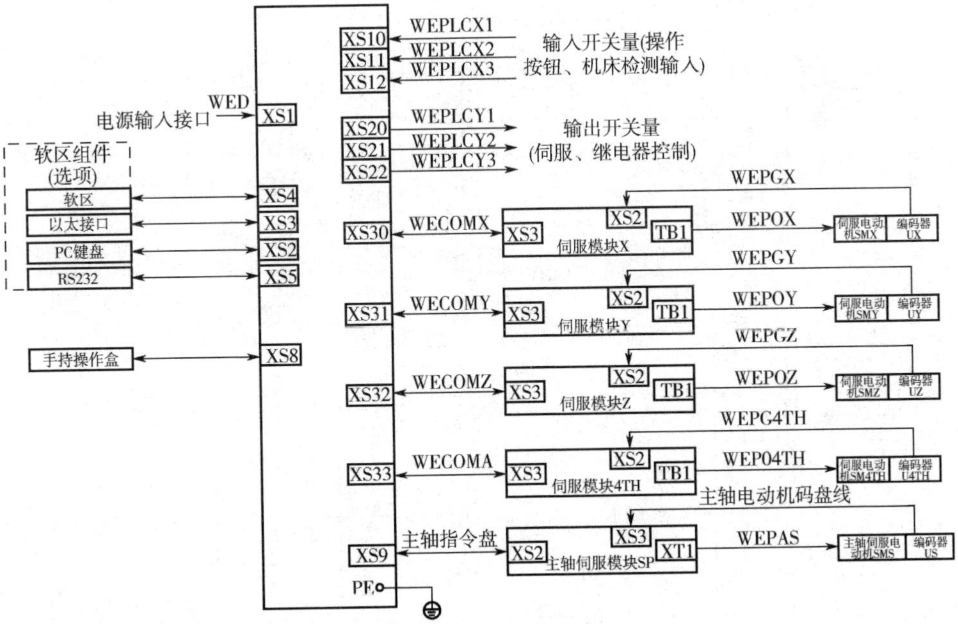

图 5－55　VDF850D 数控系统连接图

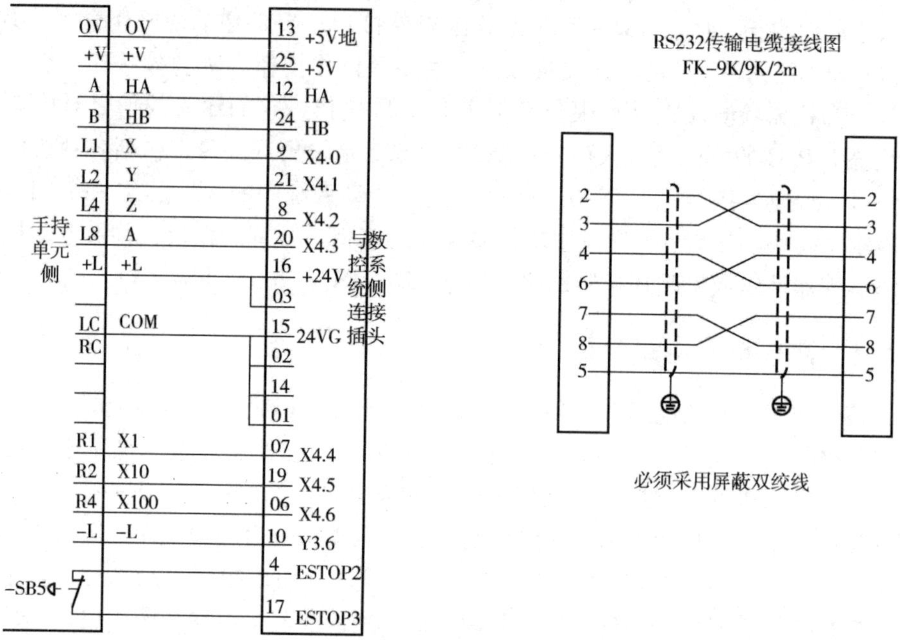

图 5 - 56　加工中心手持操作器（手轮）电路

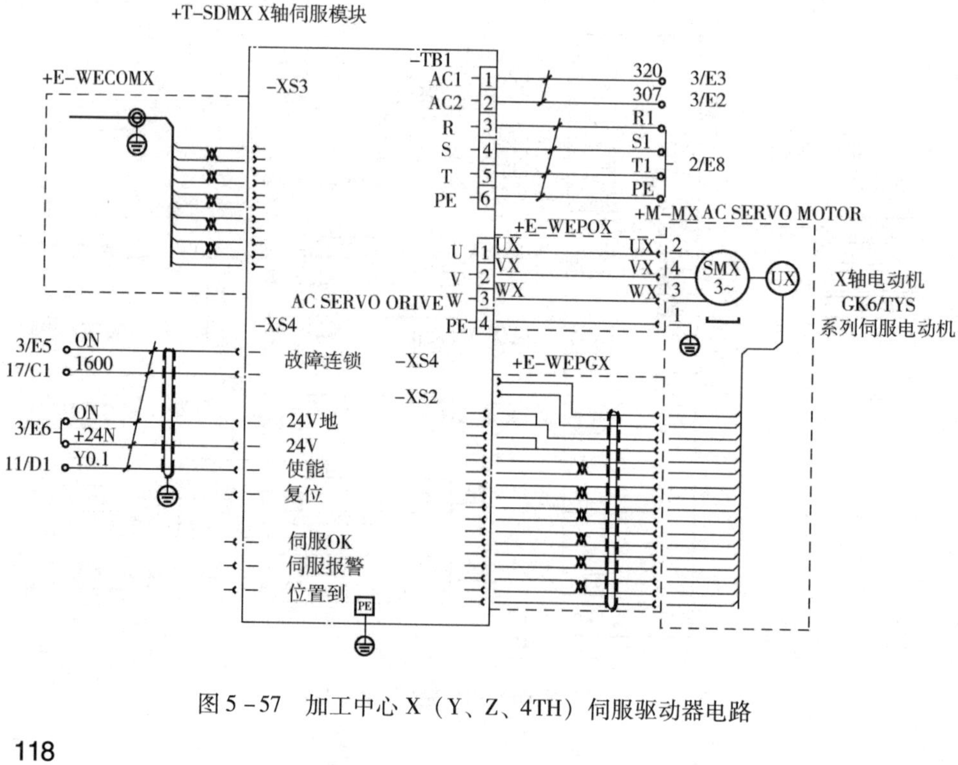

图 5 - 57　加工中心 X（Y、Z、4TH）伺服驱动器电路

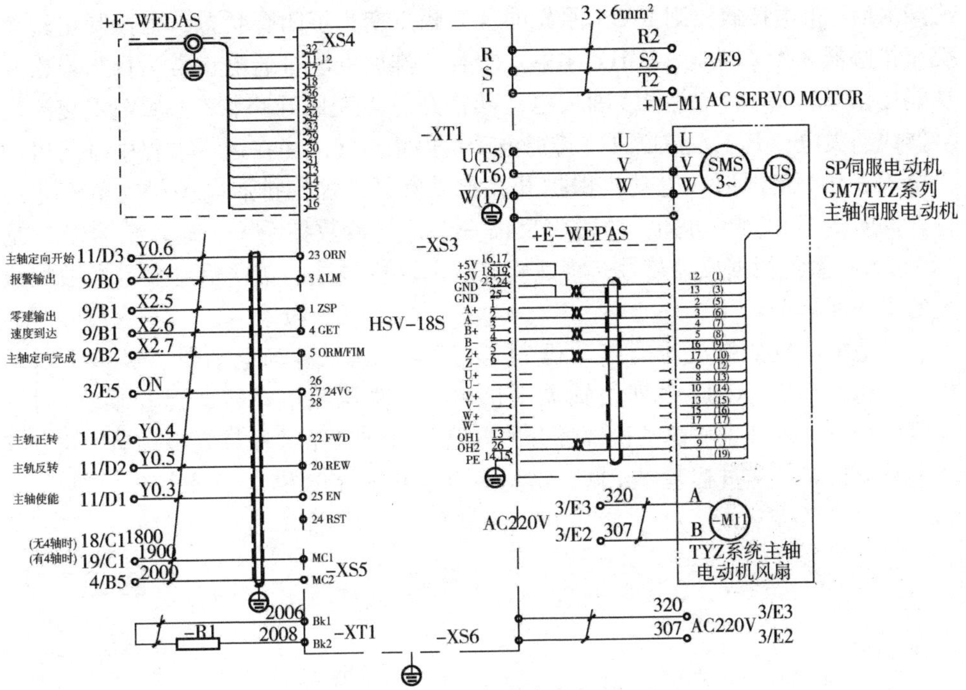

图5－58 加工中心主轴伺服驱动器电路

1. 电动机控制电路分析。

在分析电动机控制电路时，应先找出该控制电路有关的其他电路一起才能分析出其控制过程，以及当出现故障时应该如何进行排除。下面以螺旋排屑电动机1为例进行说明。首先找出主电路部分，如下图所示为螺旋排屑电动机主电路部分，其控制的先后顺序是输入380V交流电源经过电动机保护开关QM1，然后经过交流接触器KM1Z（或KM1F），最后到达电动机，从而实现正（反）转。图5－41（a）中FV是限压保护器件。在主电路中QM1和KM1Z（KM1F）只有主触点部分，因此，我们还需要找出其辅助触点和交流接触器的线圈部分。

图5－45中为螺旋排屑电动机的控制电路部分。在此控制电路中，电动机保护开关QM1在没有发生过载等情况时将处于闭合状态，只要继电器开关KA14（KA15）闭合，螺旋排屑电动机就会实现正转（反转），在正转线路上串上反转交流接触器的常闭触点是为了实现互锁功能，即当先输出正转信号时，即使再输出反转信号，反转功能依然不能实现，反之亦然。它是典型的互锁电路，正转和反转不能同时运行以保护电动机。

图5－52中为螺旋排屑电动机有关的输出信号控制电路。数控系统中的输出端口Y2.0控制正转，Y2.1控制反转。螺旋排屑电动机的控制过程：当需要实现

排屑功能时，按下数控系统面板上的功能按钮，则使 Y2.0 输出低电平，继电器线圈 KA14 得电接通，则 KA14 原先的常开触点变为了闭合状态，则控制正转的交流接触器 KM1Z 得电，KM1Z 主触点闭合，排屑电动机通电正常运行，当松开功能按钮时，KA14 继电器线圈失电，其常开触点变回开路状态，KM1Z 交流接触器线圈失电，其主触点断开，排屑电动机停止运转。当在运行过程中排屑电动机出现过载等情况时，电动机保护开关自动断开，螺旋排屑电动机立刻停止运行，同时由图 5－48 可知，此时将反馈一个信号给数控系统，输入信号端口是 X13，数控系统根据反馈信号，将螺旋排屑电动机过载的错误信息显示在数控系统的操作面板上。

其他电动机如螺旋排屑电动机 2、刀库电动机、冷却电动机、机械手电动机、液压电动机、GM7 系列主轴电动机风扇、高压泵电动机、提升泵电动机、冲屑电动机和提升排屑电动机等部分的电路分析和工作过程与螺旋排屑电动机 1 的电路分析和工作过程基本相同，这里不再重复进行介绍。

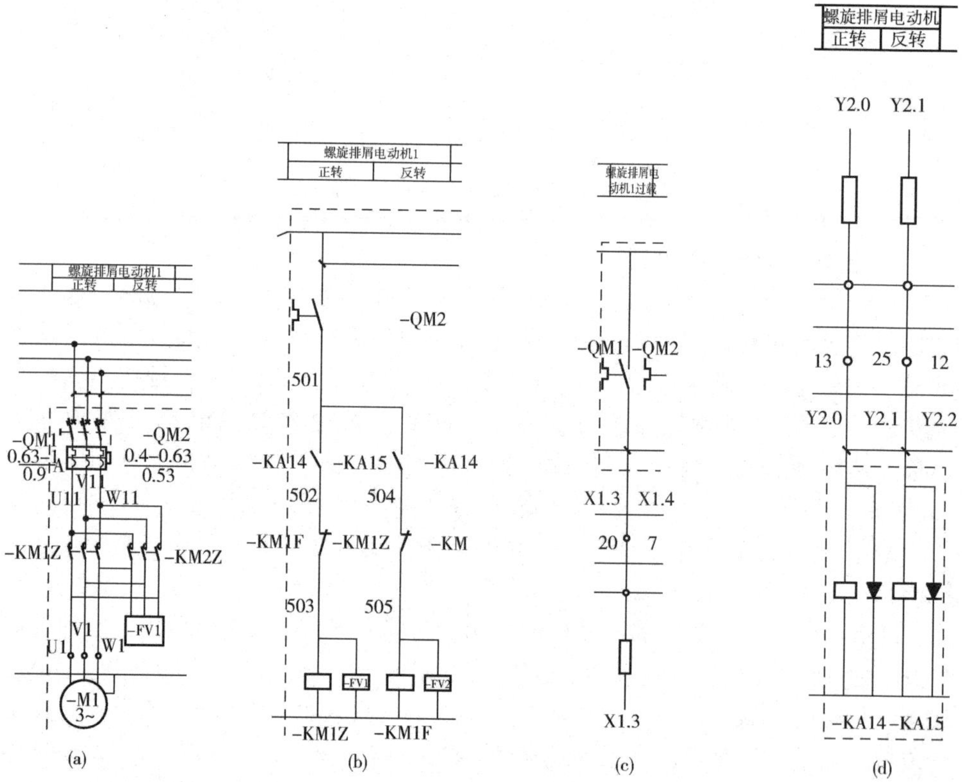

图 5－59　螺旋排屑电动机电路

（a）图 5－41 部分电路（b）图 5－45 部分电路（c）图 5－48 部分电路（d）图 5－52 部分电路

2. 总电源开关。

从图 5－51 中，当在数控加工编程中加入 M30 指令并执行时，数控系统会在输出端口 Y13 上输出低电平，则继电器 KA9 线圈得电，KA9 常开触点闭合，分励脱扣线圈得电，则空气开关 QF 断开，加工中心总电源断开。

3. 外部运行允许（急停）。

根据图 5－60 的（a）和（b）的电路，当系统上电后，如果急停按钮正常，则继电器 KA1 线圈得电，KA1 动合开关闭合，则输入信号 X0. 6 输出低电平，系统根据 X0. 6 的信号进行处理。

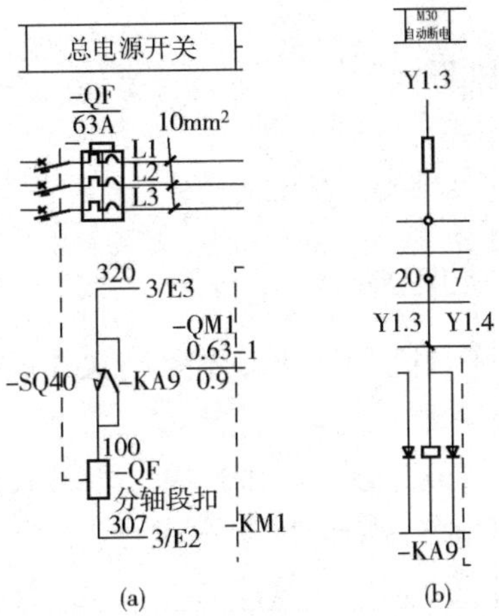

图 5－60　总电源控制电路

（a）图 5－41 部分电路（b）图 5－51 部分电路

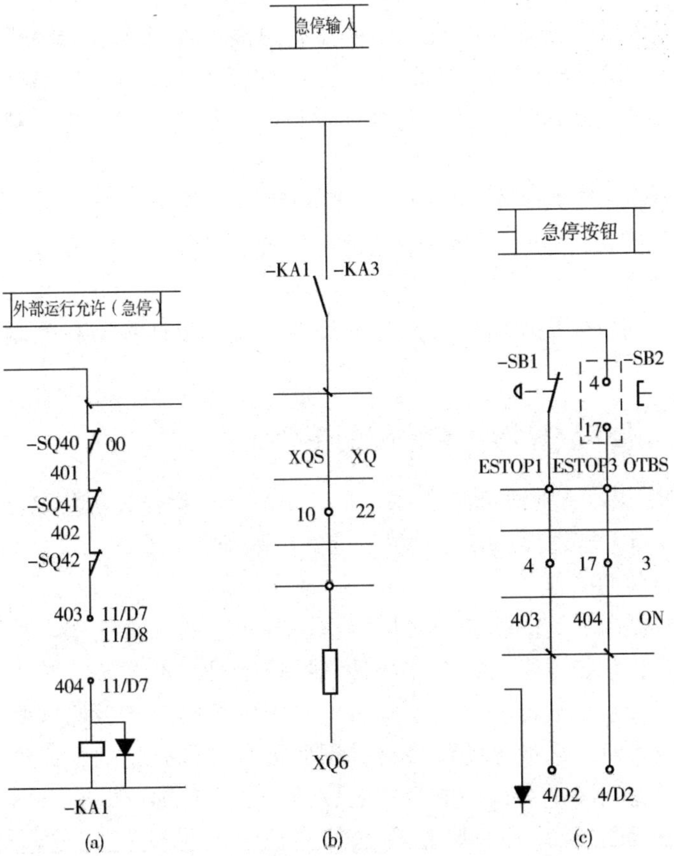

图 5－61　外部运行允许电路

（a）图 5－44 部分电路（b）图 5－48 部分电路（c）图 5－51 部分电路

5.6 数控机床电气故障的诊断与排除

本节主要介绍有关数控机床电气故障诊断与排除的基本方法。

5.6.1 数控机床故障诊断与维修应遵循的原则

在处理数控机床有关电气方面的故障时，应当遵循以下基本原则来分析解决问题：

1）坚持先静后动原则。进行数控机床电气故障诊断与维修时，相关人员要着眼于安全层面的种种因素。首先，要从出现电气故障的机床外部入手，进行直观形式的检查。其次，在进行外部、表面的检查之后，对数控机床电气进行动态性检测及全面检验，争取实现高效的检修和故障排除。

2）坚持先软件后硬件原则。故障诊断与维修时，要充分利用其中的自控系统，开展有效的先期预诊断，并且及时、快速地确定数控机床电气软件系统及其特定的参数，为后期全面的检查奠定基础，也能够促进电气故障类型的高效确定。为了简化故障诊断流程、降低判断难度及提升维修效率，工作人员在故障没有排除的背景下，要对数控机床电气硬件设备进行有效、有序、科学、合理的检测。

3）坚持先公后专原则。故障诊断与维修的具体工作流程和步骤，应该是首先检验公共模块，然后全方位检测公用的接地系统、电源系统和 PLC 等公用基础设施和设备。在这项工作的基础上，再分别检测各个分项和转向的电气系统，以便快速判断数控机床电气故障的类型，为后续补救措施的制定和实施奠定基础。

5.6.2 数控机床故障诊断与排除的主要流程

在数控机床电气故障诊断与维修实践中，具体的操作过程可以分为修理前的准备、现场维修工作过程、修理后填写维修档案三个步骤。

（1）维修前的准备

在对数控机床电气故障诊断之后，在展开相应的维修工作之前要进行一定的准备，主要包括技术准备，维修场地和维修工具的准备等。其中，维修工具主要包括万用表、示波器、笔记本电脑和电工工具等。在做好这些准备的基础上，维修人员要对产生故障的设备及其图册资料进行充分的，详细的查阅和了解，争取能快速判断是否曾经产生过的故障，如果是则可以充分参考过去采用过的排查方法和维修方法，以提高数控机床电气故障诊断与维修的效率和质量。

（2）现场维修工作过程

在现场维修过程中应遵循以下流程：

1）现场调查。在这个环节中，操作人员要调动自己的专业素质和水平充分了解数控机床电气故障诊断与维修的现场环境，仔细观察机床外部是否出现过细微的异常变化。在确定不会出现严重危险的基础上，可以通过故障的重复演示进行故障成因的探索和定位。

2）故障预先判定。在数控机床出现电气故障时，检修和维护人员要调动自身的专业技巧，充分结合数控机床的相关控制原理，判断出现的故障是属于强电还是弱电故障、是机械故障还是电气故障、是软故障还是硬故障等。基本确定数控机床电气故障的类型后，为下一步全面检查奠定了基础。除此之外，通过这个步骤，还能实现故障的模块范围定位，判断故障是位于CNC系统、位置检测或驱动器中的哪一个具体模块，以便进行大致的定位。

3）故障成因罗列。针对每个可能的原因，按检修原则逐一检测，实现故障线路或者软件、硬件的定位。诊断和检修人员要在对机床的硬件连接进行全方位检测的基础上，对信号逻辑等问题开展全方位的故障排查。最终进行所有可能导致数控机床电气故障产生的原因的罗列，为下个步骤中的逐一试验、逐一排除奠定基础。

4）故障排除修复。在对数控机床电气故障进行准确诊断之后，就要采取合适的措施对故障进行逐一排除。在这个环节中，检修和维护人员既要重视本次故障的排除，还要及时记录下故障的类型和排除方法及检修经验，为下一次故障重复出现时的及时维修奠定基础。

5）在现场维修工作过程中还要注意人身安全和设备安全。在人身安全方面，需要带电检修设备时，要仔细区分强电部分和弱电部分，避免发生触电事故；在检查进给伺服电动机时要防止电动机的突然运转；在检查伺服驱动器和变频器时，因其内部存在电容，在断电5min内不得用手触摸以防电击等。在设备安全方面，在信号追查过程中为确定某一部件是否正常，常采用在线路上加上正常情况的信号，检查后续线路的相应状态，但这无形之中忽略了许多的联锁环节，造成安全隐患；在带电检修中不能频繁地接通和断开电源模块的主回路电源，以免损坏其软启动电路。

（3）故障排查后填写维修档案

在完成故障排查及维修事项并经验收检查后，相关人员还要认真填写数控机床电气故障维修档案。详尽地描述此次故障出现的原因、排查诊断情况和维护修理情况。建立数控机床电气故障专题档案，目的是有利于情况相似及同类故障的检修维护工作的高效、有序、高质量开展。

5.6.3 数控机床排除电气故障的基本方法

由于数控机床故障比较复杂，同时数控系统自诊断能力还不能对系统的所有部件进行测试，往往是一个报警号指示出众多的故障原因，使人难以入手。下面介绍维修人员在生产实践中常用的排除故障方法。

（1）直观检查法

直观检查法是维修人员根据对故障发生时的各种光、声、味等异常现象的观察，确定故障范围，可将故障范围缩小到一个模块或一块电路板上，然后再进行排除。一般包括：

1）询问。向故障现场人员仔细询问故障产生的过程、故障现象及故障后果等。

2）目视。总体查看机床各部分工作状态是否正常，各电控装置有无报警指示，局部查看有无保险烧断，元器件烧焦、开裂、电线电缆脱落，各操作元件位置正确与否等。

3）触摸。在整机断电条件下可以通过触摸各主要电路板的安装状况、各插头座的插接状况、各功率及信号导线的联接状况以及用手摸并轻摇元器件，尤其是大体积的阻容、半导体器件有无松动，以此可检查出一些断脚、虚焊、接触不良等故障。

4）通电。为了检查有无冒烟、打火、有无异常声音、气味以及触摸有无过热电动机和元件存在而通电，一旦发现立即断电分析。如果存在破坏性故障，必须排除后方可通电。

例 5-1　一台数控加工中心在运行一段时间后，CRT 显示器突然出现无显示故障，而机床还可继续运转，停机后再开又一切正常。观察发现，设备运转过程中，每当发生振动时故障就可能发生。初步判断是元件接触不良。当检查显示板时，CRT 显示突然消失。检查发现有一晶振的两个引脚均虚焊松动。重新焊接后，故障消除。

（2）初始化复位法

一般情况下，由于瞬时故障引起的系统报警，可用硬件复位或开关系统电源依次来清除故障。若系统工作存贮区由于掉电、拔插线路板或电池欠压造成混乱，则必须对系统进行初始化清除，清除前应注意做好数据拷贝记录，若初始化后故障仍无法排除，则进行硬件诊断。

例 5-2　一台数控车床当按下自动运行键，计算机拒不执行加工程序，也不显示故障自检提示，显示屏幕处于复位状态（只显示菜单）。有时手动、编辑功能正常，检查用户程序、各种参数完全正确；有时因记忆电池失效，更换记忆电池等，系统显示某一方向尺寸超量或各方向的尺寸都超量（显示尺寸超过机床实际能加工的最大尺寸或超过系统能够认可的最大尺寸）排除方法：采用初始化复位法使系统清零复位（一般要用特殊组合键或密码）。

（3）自诊断法。数控系统已具备了较强的自诊断功能，并能随时监视数控系统的硬件和软件的工作状态。利用自诊断功能，能显示出系统与主机之间的接口信息的状态，从而判断出故障发生在机械部分还是数控部分，并显示出故障的大体部位（故障代码）。

1）硬件报警指示是指包括数控系统、伺服系统在内的各电气装置上的各种状态和故障指示灯，结合指示灯状态和相应的功能说明便可获知指示内容及故障原因与排除方法。

2）软件报警指示是指系统软件、PLC 程序与加工程序中的故障通常都设有报警显示，依据显示的报警号对照相应的诊断说明手册便可获知可能的故障原因及排除方法。

例 5－3　一台数控铣床在对刀过程中，在手动方式下操作 *Z* 轴时发现 *Z* 轴停止不转，*X*、*Y* 轴和主轴均能正常运转，观察控制面板上并无报警信息。打开控制柜发现 *Z* 轴伺服驱动器有报警信号，报警代码为 23，查看伺服驱动器技术资料发现伺服驱动器故障原因是编码器通讯数据出错，该错误主要是噪声引起了一个错误数据，数据不能被发送到驱动器，即使编码电缆已连接，但通讯的数据有问题。根据技术资料上的应对措施检查编码器的电源电压不符合规定要求，经重新处理后故障排除。

（4）功能程序测试法

功能程序测试法是将数控系统的 G、M、S、T、F 功能用编程法编成一个功能试验程序，并存储在相应的介质上，如 U 盘等。在故障诊断时运行这个程序，测试与上述功能有关的硬件是否正常工作，以此可快速判定故障发生的可能起因。功能程序测试法常应用于以下场合：

1）机床加工造成废品而一时无法确定是编程操作不当还是数控系统故障引起。

2）数控系统出现随机性故障，一时难以区别是外来干扰还是系统稳定性不好。

3）闲置时间较长的数控机床在投入使用前或对数控机床进行定期检修时。

例 5－4　一台 FANUC9 系统的立式铣床在自动加工某一曲线零件时出现爬行现象，表面粗糙度极差。在运行测试程序时，直线、圆弧插补时皆无爬行，由此确定原因在编程方面。对加工程序仔细检查后发现该曲线由很多小段圆弧组成，而编程时又使用了正确定位外检查 G61 指令之故。将程序中的 G61 取消，改用 G64 后，爬行现象消除。

（5）备件替换法

用好的备件替换诊断出坏的线路板，即在分析出故障大致起因的情况下，维修人员可以利用备用的印制电路板、集成电路芯片或元器件替换有疑点的部分，从而把故障范围缩小到印制线路板或芯片一级。并做相应的初始化起动，使机床迅速投入正常运转。对于现代数控的维修，越来越多的情况采用这种方法进行诊断，然后用备件替换损坏模块，使系统正常工作。尽最大可能缩短故障停机时间，使用这种方法在操作时注意一定要在停电状态下进行，还要仔细检查线路板的版本、型号、各种标记、跨接是否相同，若不一致则不能更换。拆线时应做好标志和记录。一般不要轻易更换 CPU 板、存储器板及电池，否则有可能造成程序和机床参数的丢失，使故障扩大。

例 5－5 一台采用西门子 SINUMERIK SYSTEM 3 系统的数控机床，其 PLC 采用 S5—130W/B，一次发生故障时，通过 NC 系统 PC 功能输入的 R 参数，在加工中不起作用，不能更改加工程序中 R 参数的数值。通过对 NC 系统工作原理及故障现象的分析，认为 PLC 的主板有问题，与另一台机床的主板对换后，进一步确定为 PLC 主板的问题。经专业厂家维修，故障被排除。

（6）交叉换位法

当发现故障板或者不能确定是否是故障板而又没有备件的情况下，可以将系统中相同或相兼容的两个板互换检查，例如两个坐标的指令板或伺服板的交换，从中判断故障板或故障部位。这种交叉换位法应特别注意，不仅要硬件接线的正确交换，还要将一系列相应的参数交换，否则不仅达不到目的，反而会产生新的故障造成思维混乱，一定要事先考虑周全，设计好软，硬件交换方案，准确无误再行交换检查。

例 5－6 一台数控车床出现 X 向进给正常，Z 向进给出现振动、噪声大、精度差，采用手动和手摇脉冲进给时也如此。观察各驱动板指示灯亮度及其变化基本正常，疑是 Z 轴步进电动机及其引线开路或 Z 轴机械故障。遂将 Z 轴电动机引线换到 X 轴电动机上，X 轴电动机运行正常，说明 Z 轴电动机引线正常，又将 X 轴电动机引线换到 Z 轴电动机上，故障依旧；可以断定是 Z 轴电动机故障或 Z 轴机械故障。测量电动机引线，发现一相开路。修复步进电动机，故障排除。

（7）参数检查法

系统参数是确定系统功能的依据，参数设定错误就可能造成系统的故障或某功能无效。发生故障时应及时核对系统参数，参数一般存放在磁泡存储器或存放在需由电池保持的 CMOSRAM 中，一旦电池电量不足或由于外界的干扰等因素，使个别参数丢失或变化，发生混乱，使机床无法正常工作。此时，可通过核对、修正参数，将故障排除。

例 5－7 一台数控铣床上采用了测量循环系统，这一功能要求有一个背景存储器，调试时发现这一功能无法实现。检查发现确定背景存储器存在的数据位没有设定，经设定后该功能正常。

例 5－8 一台数控车床数控刀架换刀突然出现故障，系统无法自动运行，在手动换刀时，总要过一段时间才能再次换刀。遂对刀补等参数进行检查，发现一个手册上没有说明的参数 P20 变为 20，经查有关资料 P20 是刀架换刀时间参数，将其清零，故障排除。

（8）测量比较法

CNC 系统生产厂在设计印制线路板时，为了调整和维修方便，在印制线路板上设计了一些检测端子。维修人员通过测量这些检测端子的电压或波形，可检查有关电路的工作状态是否正常。但利用检测端子进行测量之前，应先熟悉这些检测端子的作用及有关部分的电路或逻辑关系。

（9）敲击法

当系统故障表现为有时正常有时不正常时，基本可以断定为元器件接触不良或焊点开焊，利用敲击法检查时，当敲击到虚焊或接触不良的故障部位时，故障就会出现。

（10）局部升温法

数控系统经过长期运行后元件均要老化，性能变坏。当它们尚未完全损坏时，出现的故障就会时有时无。这时用电烙铁或电吹风对被怀疑的元件进行局部加温，会使故障快速出现。操作时，要注意元器件的温度参数等，注意不要损坏好的元器件。

（11）原理分析法

根据数控系统的组成原理，可从逻辑上分析各点的逻辑电平和特性参数，如电压值和波形，使用仪器仪表进行测量、分析、比较，从而确定故障部位。

除以上常用的故障检测方法之外，还可以采用拔插板法、电压拉偏法、开环检测法等。总之，根据不同的故障现象，可以同时选用几个方法灵活应用、综合分析，才能逐步缩小故障范围，较快地排除故障。

5.6.4　数控机床常见电气故障诊断与排除

数控机床电气故障现象种类较少，但故障原因多种多样，因此在数控机床电气故障的诊断与排除过程中应当以数控机床原理图和电气元件为基础并结合经验和机床的使用情况综合分析才能快速准确地确定电气故障的原因。下面将介绍数控机床常见电气故障诊断与排除方法。

5.6.4.1　数控机床电源类故障与排除方法

数控机床的电源是整个机床正常工作的能量来源，它的失效或者故障，轻者会丢失数据、造成停机，重者会毁坏系统局部甚至全部。因此，数控机床电源类故障是我们首先需要解决的问题。数控机床电源类故障与排除方法见表 5－13。

表 5-13　　数控机床电源类故障与排除方法

故障现象	故障原因		排除方法
系统上电后系统没有反应电源不能接通	电源指示灯不亮	没有提供外部电源，电源电压过低、缺相或外部形成了短路	检查外部电源
		电源的保护装置跳闸或熔断形成了电源开路	合上开关，更换熔断器
		PLC 的地址错误或者互锁装置使电源不能正常接通	更换 PLC 地址或接线
		系统上电按钮接触不良或脱落，电源模块不良、元器件的损坏引起的故障	更换按钮或重新安装更换元器件或电源模块
	电源指示灯亮 系统无反应	接通电源的条件未满足	检查电源的接通条件是否满足
		系统黑屏；系统文件被破坏；没有进入系统	详见系统显示类故障的维修修复系统
强电部分 接通后马上跳闸	机床设计时选择的空气开关容量过小或空气开关的电流选择拨码不正确 开关选择了一个较小的电流		更换空气开关或重新选择使用电流
	机床上使用了较大频率的变频器或伺服驱动，并且在变频器或伺服驱动的电源进线前没有使用隔离变压器或电感器变频器或伺服驱动在上强电时电流有较大的波动，超过了空气开关的限定电流引起跳闸		在使用时需外接一电抗
	系统强电电源接通条件未满足		逐步检查电源上强电所需要的各种条件
电源模块故障	整流桥损坏引起电源短路		更换
	续流二极管损坏引起的短路		更换
	电源模块外部电源短路		调整线路
	滤波电容损坏引起的故障		更换
	供电电源功率不足使电源模块不能正常工作		增大供电电源的功率
系统在工作 过程中突然断电	切削力太大使机床过载引起空气开关跳闸		调整切削参数
	机床设计时选择的空气开关容量过小引起空气开关跳闸		更换空气开关
	机床出现漏电		检查线路

5.6.4.2　急停报警类故障

当数控机床出现急停报警类故障时，数控机床将停机不能进行加工操作，因此急停报警类故障频率仅次于电源类故障，也是我们需要尽快解决的故障。急停报警类故障与排除方法见表 5－14。

表 5－14　　数控机床急停类故障

故障现象	故障原因	排除方法
机床一直处于急停状态，不能复位	电气方面原因	检查急停回路，排除线路方面的原因
	系统参数设置错误，使系统信号不能正常输入输出或复位条件不能满足引起的急停故障	根据系统的要求正确地设置参数
	PLC 中规定的系统复位所需要完成的条件未满足要求	根据电气原理图和 PLC 程序，判断什么条件未满足并进行排除
	防护门没有关紧导致 PLC 程序中的安全防护条件未满足	检查防护门是否关紧或者开关有无损坏
	超程限位开关损坏	先通过 PLC 程序查看超程限位开关接通情况，然后检查维修或更换损坏的超程限位开关
数控系统在自动运行的过程中，跟踪误差过大引起的急停故障	负载过大或者夹具夹偏造成的摩擦力或阻力过大，从而造成加在伺服电动机的扭矩过大，使电动机造成了丢步形成了跟踪误差过大	减少负载，改变切削条件或装夹条件
	编码器的反馈出现问题，如编码器的电缆出现了断路	检查编码器的接线是否正确，接口是否松动或者用示波器检查编码所反馈回来的脉冲是否正常
	进给伺服驱动系统强电电压不稳或者是电源缺相引起	改善供电电压
	伺服驱动器报警或损坏	对伺服驱动器进行更换或维修
	打开急停系统在复位的过程中，带抱闸的电动机由于打开抱闸时间过早，引起电动机的实际位置发生了变动，产生了跟踪误差过大的报警	适当延长抱闸电动机打开抱闸的时间，当伺服电动机完全准备好以后再打开抱闸
伺服单元报警引起的急停	伺服单元如果报警或者出现故障，PLC 检测到后可以使整个系统处在急停状态	找出伺服驱动器报警的原因，将伺服驱动器部分的故障排除，使系统重新复位（部分伺服驱动器故障需要重新断电并上电后才能复位）

续表

故障现象	故障原因	排除方法
主轴单元报警引起的急停	主轴空开跳闸	减小负载或增大空开的限定电流
	负载过大	改变切削参数减小负载
	主轴过压、过流或干扰	清除主轴过压、过流故障并排除干扰因素
	主轴单元报警或主轴驱动器出错	清除主轴单元或者驱动器的报警

5.6.4.3 回参考点故障与排除

回参考点故障与排除见表5-15。

表5-15　回参考点故障与排除

故障现象	故障原因	排除方法
机床回原点后原点漂移或参考点发生整螺距偏移	参考点发生单个螺距偏移，减速开关与减速挡块安装不合理，使减速信号与零脉冲信号相隔距离过近	调整减速开关或者挡块的位置，使机床轴开始减速的位置大概处在一个栅距或一个螺距的中间位置
	参考点发生单个螺距偏移，机械安装不到位	调整机械部分
	参考点发生多个螺距偏移，参考点减速信号不良引起的故障	检查减速信号是否有效，接触是否良好
	参考点发生多个螺距偏移，减速挡块固定不良引起找零点脉冲的初始点发生了漂移，零点脉冲不良引起	重新固定减速挡块，对码盘进行清洗
系统开机回不了参考点、回参考点不到位	系统参数设置错误	重新设置系统参数
	零脉冲不良引起的故障，回零时找不到零脉冲	对编码器进行清洗或者更换
	减速开关损坏或者短路	维修或更换减速开关
	数控系统控制检测放大的线路板出错	更换线路板
	导轨平行度、导轨与压板面平行度、导轨与丝杠的平行度超差	重新调整平行度
	当采用全闭环控制时的光栅尺沾了油污	清洗光栅尺
找不到零点或回参考点时超程	回参考点位置调整不当引起的故障，减速挡块距离限位开关行程过短	调整减速挡块的位置
	零脉冲不良引起的故障，回零时找不到零脉冲	对编码器进行清洗或者更换
	减速开关损坏或者短路	维修或更换减速开关

续表

故障现象	故障原因	排除方法
找不到零点或回参考点时超程	数控系统控制检测放大的线路板出错	更换线路板
	导轨平行度、导轨与压板面平行度、导轨与丝杠的平行度超差	重新调整平行度
	当采用全闭环控制时的光栅尺沾了油污	清洗光栅尺
回参考点的位置随机性变化	干扰	找到并消除干扰
	编码器的供电电压过低	改善供电电源
	电动机与丝杠的连轴器松动	紧固连轴器
	电动机扭矩过低或由于伺服调整不良引起跟踪误差过大	调节伺服参数，改变其运动特性
	零脉冲不良	对编码器进行更换
	滚珠丝杠间隙增大	修磨滚珠丝杠螺母调整垫片，重调间隙
攻丝时或车螺纹时出现乱扣	零脉冲不良引起的故障	对编码器进行清洗或者更换
	时钟不同步出现的故障	更换主板或更改程序
	主轴部分没有调试好	重新调试主轴
主轴定向不能够完成，不能够进行镗孔、换刀等动作	脉冲编码器出现问题	维修或更换编码器
	机械部分出现问题	调整机械部分
	PLC 调试不良，定向过程没有处理好	重新调试 PLC

5.7　数控机床电气故障诊断与维修实例

例 5－9　故障现象：一台 CK6140I 数控车床，热继电器失效导致电动刀架不换刀。

故障诊断：工作中出现电动刀架不换刀现象，数控系统 CRT 提示“换刀时间过长”。经检查时间参数没有更改，诊断控制状态位也正确，再检查电柜内主电路电器，发现热继电器不通，拆下热继电器打开察看，发现电阻丝已烧坏。继续查找烧坏原因，发现电动机的相线间电阻很小，再查到电动机接线盒内发现引线端子上积满了铸铁末，这就是故障的根源，而造成故障根源的原因是操作工清扫机床时经常用气枪吹铁屑。

故障排除：更换同型号新的热继电器，清理电动机接线盒，重新接线，并用塑料带将接线盒包严，机床电动刀架恢复正常工作，同时提醒管理人员要杜绝操作工用气枪清扫机床，否则铁屑进入电气柜危害性更大。

例5－10 故障现象：一台配备 FAGOR－8025M 系统的 XK8140 数控铣床，行程开关失效导致不能回参考点。

故障诊断：X 轴不能回参考点。通过系统工作方式 9 进入 I/O 诊断页面，按动 X 轴行程开关发现无反应，初步判定是 X 轴行程开关损坏，拆开开关发现里面全是切削液，因而造成开关损坏。那么切削液是从哪里来的呢？经检查原来工作台下的接水塑料管随 X 轴的运动而摇动造成一小裂口，水从裂口渗出并沿工作台浸入开关。

故障排除：更换同型号新的行程开关，开机试验机床，回参考点正常。为防止切削液的浸入，更换已裂的塑料管，并用管卡固定使其不再摇动。

以上两例说明，故障的表面现象是某个元件的损坏，而引起故障的原因是其他方面造成的，排除故障的同时必须解决故障根源。

例5－11 故障现象：一台卧式加工中心接近开关失效，导致主轴齿轮不能变挡。

故障诊断：系统 CRT 报警为“主轴齿轮变挡故障”。该机床主轴为三挡齿轮变速，在变速液压缸后装有三个感应开关，分别对应三个变挡位置。当在 CRT 上观察这三个开关的 PLC 输入地址状态时，发现对应 1 挡的开关状态始终为 0，可以肯定故障出在此开关的电路上。分析 PLC 程序，也证实报警号是由此开关的状态错误而送出的。当打开电柜观察 PLC 的状态指示 LED 时，却发现此开关的输入点的 LED 是亮的；回过头来检查变速油缸的开关实体，开关体上的 LED 也是亮的，与 CRT 显示的不符。

故障出在哪里呢？如果没有细致的观察力，就可能武断地认为系统 PLC 的 32 位输入模块损坏了。但仔细地观察一下 PLC 输入模块的状态 LED，发现对应此开关的 LED 的亮度与本模块上其他输入点正常发光的 LED 相比亮度略低。用万用表测量该输入点与地之间的电压，只有 10V 左右，远低于正常的 24V。再观察感应开关上的 LED，其亮度也较暗。断开开关的输出线，空载测量其与地间的电压，仍为 10V 左右，由此证明是开关损坏，造成输出电压值大大低于额定值，使 PLC 无法识别其为高电平，产生变挡报警。而 PLC 和开关上的 LED 仍能发光，只是亮度较低。

故障排除：更换同型号新的开关后，机床恢复正常。

例5－12 故障现象：两台德国 CWK500 加工中心托盘不能进行手动转动。

故障诊断：经调查，机床出现托盘不能进行手动转动的故障时，系统无报警显示，电网电源正常。但该机床有多次保险丝熔断记录，这次更换保险丝后无效。查阅电气图并根据其工作原理，画出相关控制动作流程图。

进一步分析，“手动”与 PLC 程序及软件无关。初步判断故障类型为机械故障或电器器件故障。托盘不能动，同“正输入”的指令信号与共同的励磁回路等有关；也和“负输入”的传动阻力与制动有关。故把故障大定位在励磁回路与托盘传动轴系统。流程图（图 5－62）中的每个环节都可能成为故障原因。由故障记录，最可能的故障环节为励磁回路断路。观察检查励磁回路断路器与保险丝、电磁阀、托盘锁销。发现励磁回路中 6A 保险丝熔断，管壁发黑，表明存在严重短路故障。究其原因，查出电动机内电磁抱闸线圈匝间短路，整流管烧坏。

故障排除：换件，机床恢复正常。

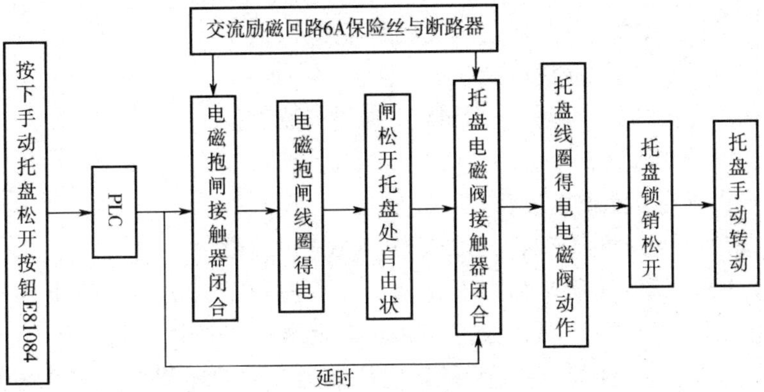

图 5－62　手动托盘动作控制流程图

例 5－13　故障现象：SIMENS820 系统的匈牙利 MKC500 卧式加工中心，出现工作台不能移动现象，CRT 上显示 7020 报警。

故障诊断：查知 7020 报警为工作台交换门错误。这是硬件故障的软件报警（PLC 报警）。进一步查出工作台交换门为复合行程开关 SQ35 控制，相关控制动作流程为：交换门行程开关压合发讯→PLC→输出指令→工作台移动。检查行程开关 SQ35 未发现异常。

能报警，表明 PLC 装置主体是好的。因此可能的故障点为 PLC 输入板或输出板相关接口电路故障或行程开关故障，而行程开关是一种常见易失效的器件。调用实时 PLC 的 I/O 接口信息表，SQ35 复合触头开关的地址位/标志位为：E10.6、E10.7，正常运行时两者的接口信号状态为：“1”（闭合）、“0”（打开），诊断表实时接口信号状态则为：“0”、“0”。通过状态对比，判出故障点为 E10.6 未闭合。最终，故障原因是 SQ35 压合不良（E10.6 接触不良）。

故障排除：用细砂纸擦去氧化膜，用酒精清理，故障排除。

例 5－14　故障现象：一台配套 SIEMENS 810M 的立式加工中心，由于熔断器不良引起故障。

故障诊断：在加工过程中，机床突然断电，再次开机，CNC 无显示，机床无法重新启动。经检查，该机床 CNC 的强电的启动回路正常，CNC 的电源输入 DC24V 正常，且通过“短接”CNC 输入的 NC－ON 触点，CNC 仍然无法正常工作，因此判断故障的原因在 CNC 的电源模块上。测量 CNC 电源模块的 +5V 电源，发现 +5V 无电压输出，但 CNC 的风机正常转动。由此初步判定故障在 CNC 的电源模块上。

SIEMENS 810 系统的外部电源控制要求十分简单，只要 CNC 的 +24V 电源输入正常，短接 CNC 电源模块上的 NC－ON 端，即可以启动 CNC。810 系统的电源模块内部控制回路如图 5－63 所示。各主要元件的作用如下：

Fl：系统电源输入熔断器，电源主回路短路保护元件；

F2：风机电源输入熔断器，风机短路保护元件；

L2、L3：风机电源滤波电感；

Z1：输入滤波器，对输入 DC24V 电源进行滤波；

V16：保护二极管；

C23：直流输入滤波电容；

U2：带封锁输入的 DC24V/DC5V 转换集成电路模块；

V12、V3、C21：DC5V 输出电压调节、滤波环节，实际线路中还包括 C8、C9、C10、Cll、C21、L1、V7、R16～R19 等元器件（图中未画出）；

V15、N3、C24、C25：DC5V 辅助电压输出、滤波环节，实际线路中还包括 C22、V14 等元器件（图中未画出）；

N4、R61、R62：DC5V 基准电压与 DC2.5V 参考电压输出环节，实际线路中还包括 C32、C32 等元件（图中未画出）；

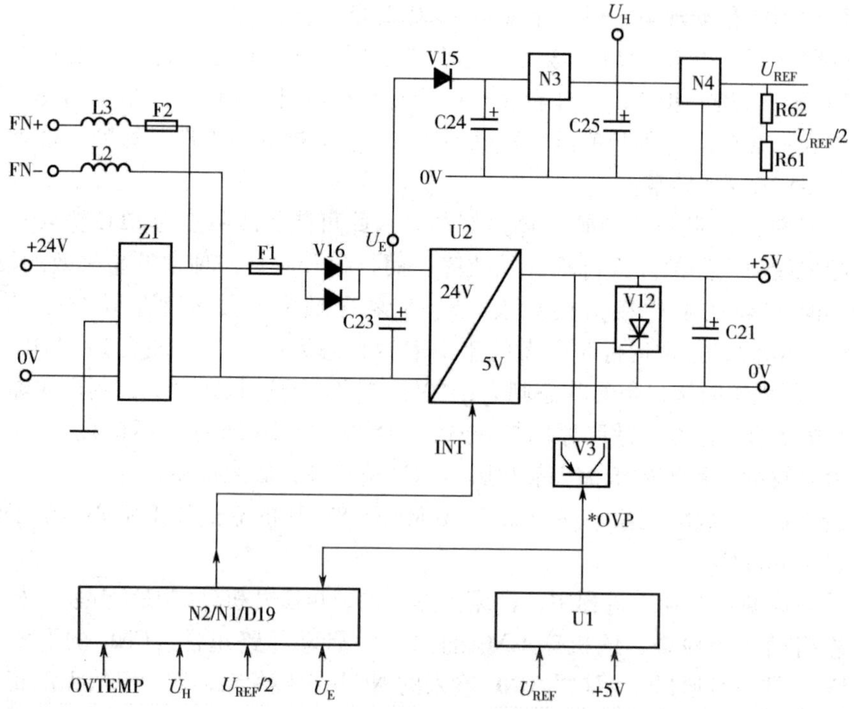

图 5－63　810 系统的电源控制原理图

N2、U1：电压监控回路，实际线路中还包括 C7、C30、C19、C20、C14、R47、R46、R34、R36～R43、R20、R53、R54、R48、V17、V8、D28、H1、H2 等元器件（图中未画出）。

根据对电源模块原理图的分析，经检查发现，CNC 中的熔断器 F1 已经熔断，且测量确认 UE 与 0V 间无短路。

故障排除：直接更换熔断器 F1 后，CNC 恢复正常。

例 5－15　故障现象：一台配套 SIEMENS 810M 的加工中心，由于滤波电容不良引起故障。

故障诊断：在加工过程中，机床突然断电，再次开机，CNC 无显示，机床无法重新启动。经检查，外部电源输入 DC24V 正常，且通过“短接”CNC 输入的 NC－ON 触点，CNC 仍然无法正常启动，判断故障的原因在 CNC 电源模块上。

故障排除：更换 C23 后，CNC 恢复正常。

例 5－16　故障现象：一台配套 SIEMENS 810T 的数控车床，由于电源不良引起故障。

故障诊断：在自动加工过程中，CNC 偶然会出现突然断电的故障，但再次启动机床即可恢复正常。此故障偶然发生，故障周期不定，有时几个月都可以正常工作，有时一天内会出现多次，因此给故障诊断与维修带来了较大的困难。虽然故障原因不明，但根据对 810 系统的分析可知，引起 810 系统 CNC 电源断电的原因通常只与 CNC 的电源回路有关。据此，维修时依次对 CNC 的主电源回路进行了仔细检查。在检查中测量发现，CNC 的 DC24V 输入电源在正常情况下只有 21.5V 左右，这一电压偏低，且机床 CNC 电源供给回路的稳压措施不完善。通过对 CNC 电源回路进行进一步的检查后发现，该机床提供 CNC 电源的整流变压器绕组存在局部短路，导致输出容量不足，加上电源回路稳压/滤波电容容量偏小，稳压能力较低，两方面的综合原因导致了以上故障。

故障排除：更换新的整流变压器，并加大稳压/滤波电容容量后，故障排除。

例 5－17　故障现象：一台配套 SIEMENS 直流伺服驱动的卧式加工中心，由于进线快速熔断器熔断而产生故障。

故障诊断：加工中心在电网突然断电后开机，驱动器无法启动。经检查，该机床 *X* 轴伺服驱动器的进线快速熔断器已经熔断。该机床的进给系统采用的是 SIEMENS 6RA 系列直流伺服驱动，对照驱动器检查伺服电动机和驱动装置，未发现任何元件损坏和短路现象。检查机床机械部分工作也正常。

故障排除：直接更换熔丝后，启动机床，工作恢复正常。分析故障原因，是由于电网突然断电而引起偶发性故障。

例 5－18　故障现象：一台配套 SIEMENS 810M 的立式加工中心，由于接地不良引起 PLC“死机”的故障。

故障诊断：加工中心在正常使用或者启动过程中经常无规律地出现 CNC 报

警“ALM3 - PLC 停止”。机床故障后进行重新开机，通常又可以恢复正常工作，但有时需要开/关机多次。

810M 出现“PLC 停止”报警的原因，一般是由于 PLC 没有准备好或者软件出错，使得 PLC 的正常工作循环中断。在条件许可时，可以使用 SIEMENS PLC 编程器（如 PG740 等）通过调用 PLC 编程器的“中断堆栈”（OUTPUT ISTACK），来进行故障的分析、诊断（关于“中断堆栈”的检查方法，可参见 SIEMENS 手册中有关 PLC 部分的内容）。

鉴于维修现场无 SIEMENS PLC 编程器，且考虑到机床只要在启动后即可正常工作，因此，初步判断该机床 CNC 本身的组成模块软件、硬件均无损坏，发生故障的原因主要是来自 CNC 外部的电磁干扰或外部电源干扰等。

根据经验，通过对电气控制系统进行基础性检查，发现该机床的接地系统连接十分混乱，CNC 的主接地线在 CNC 上与 DC24V 的 0V 线直接连接，在电气柜内又与机床的接地铜排连接等，从而形成了接地干扰与接地环流，影响了 CNC 的正常工作。

故障排除：重新整理机床的接地系统，在纠正了接地错误后，机床恢复正常工作。

例 5 - 19　故障现象：一台北京第二机床厂磨床，使用 FANUC 0i - MB 系统，自动模式下 G00 指令运行 C 轴时，C 轴不移动，程序不往下执行，无报警信息。改用手动模式运行，用手轮移动 C 轴，机床正常。

故障诊断：使用常规方法进行检查，打开诊断画面，查看诊断号 000 ~ 015，只有#001：MOTION（正在执行自动运转移动指令）为“1”，其他为“0”，一切正常。重新检查，以手动模式进行操作，用手轮来回移动 C 轴，发现速度很快时，机床报警 411：C 轴移动中的位置偏差量大于设定值。查看诊断号 300 检测轴位置的偏差量值为 24，再查看参数 1826（各轴的到位宽度）设定值为 20。实际检测到 C 轴的偏差量 > C 轴设定的位置偏差量。按复位键清除报警，重新快速移动 C 轴，记下几次 411 报警的 300 诊断值：51、80、22、78，由于几次实际检测 C 轴的偏差量相差很大，且无规律，应该不是参数 1826 设定问题，是硬件故障。故障产生的部位可能有：编码器、伺服放大器、编码器信号传输线、伺服电动机、伺服电动机动力线。从易到难，先检查伺服电动机动力线，无接触不良和发热痕迹；更换伺服放大器，故障依旧；当松开伺服电动机编码器插座时发现内有明显铜锈迹，用酒精和钢丝刷清洗，并用电吹风吹干后重新试机，诊断号 300 的值在停止时为“0”，故障排除。分析原因是由于编码器插座接触不良，造成位置反馈信号工作不稳定而出现 411 报警。

例 5 - 20　故障现象：一台大宇 T360 加工中心，使用 FANUC 21i - MB 系统。机床在回参考点时 *Y* 轴不能向参考点方向移动，手动操作方式正常。*Y* 轴使用挡块式回参考点方式，在回参考点工作方式下，以特定的速度移动，当零位开关检测到信号，Y 轴减速并停止。然后，Y 轴通过挡块后，缓慢移动到第一栅格点的位置停止，这样就完成 Y 轴回参考点。出现 Y 轴不能向参考点回归方向移动的原因有：

1）速度太低。检查倍率开关：如果倍率在速度 F0 处，查参数 1421（F0 速度）为 400；如果倍率在 20%、50% 和 100% 处，通过 PMC 状态（STATUS）画面，确认 X33.6 和 X33.7（倍率开关输入地址）分别为 1、0，0、1，1、1，都正常。再检查参数 1404.1（参考点回归速度选择，如果为 0 高速），则查参数 1420（高速设定值）值，为 48000；如果为 1（手动移动速度），则查参数 1424（手动移动速度）值，为 24000，也正常。

2）回参考点的起始位置太近，已经使零位开关检测到信号。用手轮把 Y 轴向参考点反方向移动一段距离，再回参考点，故障依旧。难道零位开关坏了？打开 PMC 状态（STATUS）画面，查到 X9.1（Y 轴零位开关地址）为“1”，用手轮大距离来回移动 Y 轴，X9.1 信号不变化，证实了刚才的假设。打开 X9.1 零位行程开关，发现开关内部有很多冷却水，行程开关触头防水橡皮圈破损。更换一只新的行程开关，重新开机，Y 轴回原点，机床正常。

例 5－21　故障现象：北京 613 所生产的 DK7732 数控线切割机在使用过程中 X 轴丢步，加工完零件后机床不能回到坐标原点。

故障诊断：首先设备在工作过程中 X 轴的步进电动机声音特别大，怀疑步进电动机有问题，但是经单独检测电动机，电动机工作正常。其次可能是 X 轴的驱动电路有问题，对驱动线路板进行全面检查，发现光电耦合器 TLP52124 的输出电压与正常值不符（输入端的额定电压是 114V，输出端的最大压降为 014V），怀疑该元件损坏，更换后，驱动电路工作正常；但是设备故障仍然没有排除。经进一步检测，发现没有高频输出，怀疑高频发生器有问题，经检测，发现高频发生器电路中的 7555 和 NE555 集成电路损坏，更换后，设备工作正常。

例 5－22　故障现象：北京电加工研究所生产的 DK7732 数控线切割机，在加工过程中发现钼丝带电。

故障诊断：首先怀疑某些部位联电。打开控制柜，先将灰尘清理干净。检测开关电源，其线路连接较好，没有短路或联电现象，工作正常；由于灰尘已经清理干净，检查控制线路板，没有发现线路板及元器件可能因为散热不好或元件老化引起的短路等现象，但故障依然没有排除。经与厂家沟通，怀疑此故障可能是由高频发生器引起，经检测高频发生器，发现场效应管 IR2FP250N 损坏。

故障排除：高频发生器中的场效应管损坏导致钼丝带电，更换 IRFP250N 型效应管，故障排除，设备正常工作。

例 5－23　故障现象：铭龙 C21600 型数控雕刻机 X 轴不能移动。

故障诊断：因 X 轴不能移动，首先怀疑是 X 轴的机械传动或电气控制出现问题。将控制柜打开，将 X 轴的电动机驱动板分别与 Y、Z 轴的驱动板调换（3 个驱动板型号规格相同，可以通用)，通电后发现，X 轴驱动板控制 Y 轴时，Y 轴不能移动，控制 Z 轴时，Z 轴不能移动，而此时 X 轴可以正常移动。所以，可以判断 X 轴的机械传动部分工作正常，可能是 X 轴的驱动板导致此类故障。卸下此板，单独进行检测，同时与其他两轴的驱动板比较各个参数。结果发现，驱动板上的大功率三极管的参数与正常值不符，怀疑三极管损坏。

故障排除：更换相同型号的元件，重新测试，与另外两个控制卡的参数完全相同。将控制板重新安装，启动机床，机床各轴工作正常，故障排除。

例 5-24 故障现象：配备 FUNAC 0i2B 数控系统的美国哈挺 42 机床加工时出现“401”报警。

故障诊断：按照设备维修手册所提供的信息，引起“401”报警后需要检查项目有 9 项：

1）PSM 控制电源是否接通？

2）急停是否解除？

3）最后的放大器 JX1B 插头上是否有最终插头？

4）MCC 是否接通？

5）驱动 MCC 的电源是否接通？

6）断路器是否接通？

7）PSM 或 SPM 是否有报警发生？

8）更换伺服放大器。如果伺服放大器周围的电源驱动回路没有发现问题，就更换伺服放大器。

9）更换轴控制卡。如果以上措施都不能解决问题，那么更换轴控制卡。

清除线路板上的灰尘，按照顺序，经现场检测，除 8）和 9）两项外，其他部位都工作正常，可以排除这 7 种原因引起故障的可能。仔细检查伺服放大器及其周围的驱动回路，检测各坐标轴驱动控制单元，发现 X 轴的驱动控制单元某个元件粘连。

故障排除：更换损坏元件，报警解除。

思考题

5-1 简述数控机床电气系统的组成。

5-2 电气原理图中 QS、FU、KM、KA、KT、SB 分别是什么电器元件的文字符号？

5-3 继电器的作用是什么？与接触器有何异同？

5-4 简述数控机床常见电气故障诊断与排除的基本方法。

技能训练

5-1 常用低压电器的认识及测试。

数控机床电气控制系统中采用了低压电器作为基本组成元件，而且控制系统的优劣与所用的低压电器直接相关，因此掌握低压电器的基本知识和常用低压电器的结构及工作原理并准确选用、检查和调整常用低压电器元件，才能够分析数控机床电气控制系统的工作原理，并能准确选用、检测和调整常用低压电器元件。主要任务内容如下：

1）根据摆放的低压电器实物，写出各电器的名称、规格型号。

2）用万用表等工具测试电器，确定其好坏。

表5-16　　数控机床中的低电压电器

名称	规格型号	数量	测试结果

5-2 交流接触器和继电器的拆装比较。

本次任务主要完成交流接触器和继电器的对比认识和拆装。具体内容如下：

1）拆装前首先记录好接触器、继电器的型号，注意观察结构，用力使接触器动作来熟悉触头变化情况。

2）用万用表电阻挡测试主辅触头的常闭、常开位置。

3）分析交流接触器和继电器的异同并记录至如下表格。

4）完成以上内容，将交流接触器和继电器装好恢复原样。

5-3 数控机床基本控制电路的接线练习。

根据数控机床基本控制电路，分别完成点动控制线路、自锁控制电路和互锁控制电路的接线练习。具体内容如下：

1）根据电气原理完成电气元件的选型，

2）根据电气原理图完成接线，并通电测试。

技能训练4：步进驱动接线练习。

根据图5-64中的步进驱动控制电路完成以下内容：

1）元器件的选型。

2）完成步进驱动控制电路的接线，并通电测试。

3）测试拨码开关不同挡位的效果并进行记录。

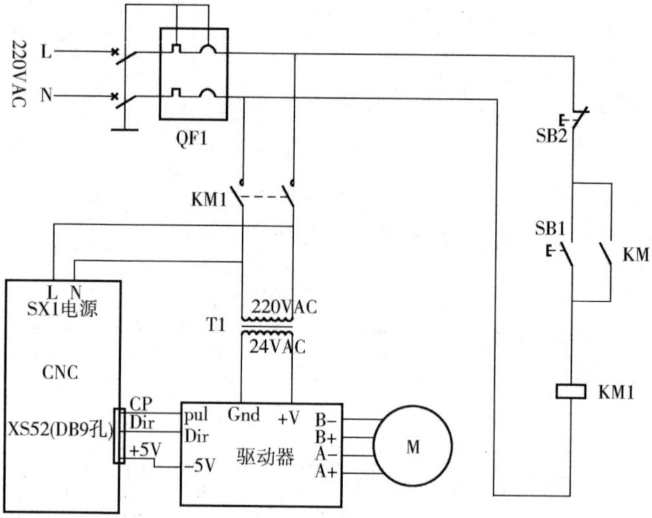

图 5-64　步进驱动控制电路

5-4 电路分析。

根据 5.4.1 数控机床电气原理图中 VDF-850D 的电气原理图，分析以下功能实现的电路和故障产生时的分析过程。

1）机床的急停功能的实现。

2）准备未绪（急停）报警。

3）Z 轴抱闸。

第6章　数控系统故障诊断与排除

数控机床的数控系统是整个机床的核心，类似于人的大脑一样的功能，负责整个数控机床软硬件的控制和数据的处理。数控系统种类繁多，形式各异，组成结构上都有各自的特点，这些结构特点来源于系统初始设计的基本要求和硬件和软件的工程设计思路。

本章将着重介绍数控系统的基本组成、典型数控系统和数控系统的故障诊断方法与日常维护。

6.1　概述

本节主要介绍有关数控系统的基本情况及其组成。

6.1.1　数控系统的基本概念

数控技术，简称数控（Numerical Control—NC），是利用数字化信息对机械运动及加工过程进行控制的一种方法。由于现代数控都采用了计算机进行控制，因此，也可以称为计算机数控（Computerized Numerical Control—CNC）。

为了对机械运动及加工过程进行数字化信息控制，必须具备相应的硬件和软件。用来实现数字化信息控制的硬件和软件的整体称为数控系统（Numerical Control System），数控系统的核心是数控装置（Numerical Controller）。

本章中主要介绍 CNC 装置

6.1.2　数控系统的基本组成

目前数控系统种类繁多，形式各异，组成结构上都有各自的特点。这些结构特点来源于系统初始设计的基本要求和工程设计的思路。对于不同的生产厂家来说，在设计思想上也可能各有千秋。有的系统采用小板结构，便于板子更换和灵活结合，而有的系统则趋向大板结构，使之有利于系统工作的可靠性，促使系统的平均无故障率不断提高。无论哪种系统，它们的基本原理和构成是十分相似的。

数控系统是所有数控设备的核心。数控系统的主要控制对象是坐标轴的位移（包括移动速度、方向、位置等），其控制信息主要来源于数控加工或运动控制程序。数控系统是由硬件控制系统和软件控制系统两大部分组成。

6.1.2.1　硬件控制系统

数控系统的硬件控制系统包括程序的输入输出装置、数控装置、伺服驱动这三部分。

（1）输入输出装置

它的作用是进行数控加工或运动控制程序、加工与控制数据、机床参数以及坐标轴位置、检测开关的状态等数据的输入、输出。键盘和显示器是任何数控设备都必备的最基本的输入输出装置。此外，根据数控系统的不同，还可以配光电阅读机，磁带机或软盘驱动器等。作为外围设备，计算机是目前常用的输入输出装置之一。

（2）数控装置

数控装置是数控系统的核心。它由输入输出接口线路、控制器、运算器和存储器等部分组成。数控装置的作用是将输入装置输入的数据，通过内部的逻辑电路或控制软件进行编译、运算和处理，并输出各种信息和指令，以控制机床的各部分进行规定的动作。在这些控制信息和指令中，最基本的是坐标轴的进给速度、进给方向和进给位移量指令。它经插补运算后生成，提供给伺服驱动，经驱动器放大，最终控制坐标轴的位移。它直接决定了刀具或坐标轴的移动轨迹。

此外，根据系统和设备的不同，如在数控机床上，还可能有主轴的转速、转向和起、停指令；刀具的选择和交换指令；冷却、润滑装置的起、停指令；工件的松开、夹紧指令；工作台的分度等辅助指令。在基本的数控系统中，它们是通过接口，以信号的形式提供给外部辅助控制装置，由辅助控制装置对以上信号进行必要的编译和逻辑运算，放大后驱动相应的执行器件，带动机床机械部件、液压气动等辅助装置完成指令规定的动作。

（3）伺服驱动

它通常由伺服放大器（亦称驱动器、伺服单元）和执行机构等部分组成。在前面章节均有介绍，这里不再重复。

6.1.2.2　软件控制系统

数控系统作为一个独立控制单元，它的软件控制系统必须完成管理和控制两大任务，系统的管理软件主要包括输入、I/O 处理、通信、显示和诊断等程序，这类程序的实时性要求不高，通常作为后台程序。软件控制系统的控制部分包括译码、刀具补偿、速度处理、插补和位置控制、开关量控制等软件，这类程序的实时性要求非常高，通常作为前台程序。

在许多情况下，管理和控制的某些工作必须同时进行。例如，为了使操作人员能及时地了解 CNC 系统的工作状态，管理软件中的显示模块必须与控制软件同时运行；当插补加工运行时，软件中的零件程序输入模块必须与控制软件同时运行。而当控制软件运行时，其本身的一些处理模块也必须同时运行，例如，为了保证加工过程的连续性，刀具在各程序段之间不停顿，译码、刀具补偿和速度处理模块必须与插补模块同时运行，而插补程序又必须与位置控制程序同时进行。这均说明了CNC系统的多任务在执行过程中有着并行处理的关系，如图6-1所示。

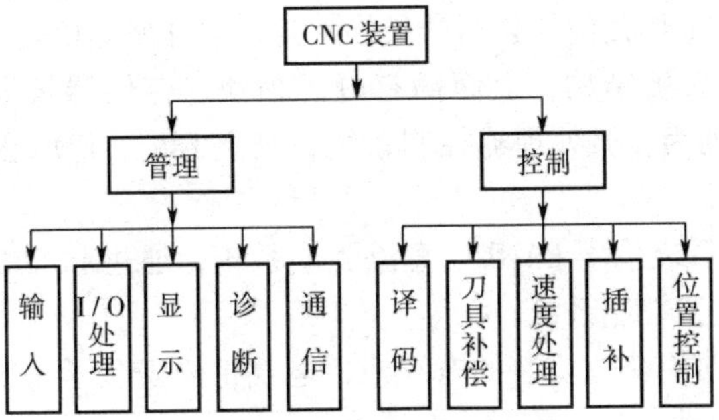

图6-1　CNC系统的任务分解

6.2　典型数控系统简介

6.2.1　FANUC（法兰克）数控系统

FANUC公司创建于1956年，1959年首先推出电液步进电动机。20世纪70年代，一方面从Gettes公司引进直流伺服电动机制造技术，一方面与西门子合作，学习其先进的硬件技术，1976年成功开发出5系统，后与西门子联合开发出7系统。从这时，FANUC成为世界上最大的专业数控生产厂家。

FANUC公司目前生产的CNC装置有：F0、F10/F11/F12、F15、F16、F18。F00/F100/110/120/150系列是在F0/10/11/12/15的基础上加了MMC功能，即CNC、PMC、MMC三位一体的CNC。

法兰克数控系统产品特点有：

1）结构上长期采用大板结构，但在新的产品中已采用模块化结构；

2）采用专用LSI，以提高集成度、可靠性，减少体积和降低成本；

3）产品应用范围广，每一CNC装置上可配多种控制软件，适用于多种机床；

4）不断采用新工艺、新技术，如表面安装技术SMT、多层印制电路板、光导纤维电缆等；

5）CNC装置体积较小，采用面板装配式，内装式PMC（可编程机床控制器）。

下面介绍典型的法兰克数控系统和SIEMENS数控系统。

6.2.1.1　FANUC6系统

FS6是FANUC早期代表性产品之一。在20世纪70年代末与80年代初期的数控机床得到了广泛应用。我国80年代进口的数控机床，均大量配套采用FS6系统，直到目前仍然有较多配套FS6的机床在使用中，这些设备大多进入故障多发期，因此，它是数控机床维修中的常见系统之一。其数控系统具有如下特点：

1）FS6 因法兰克与西门子合作生产，其与西门子 6 系统结构基本相同，除伺服电动机、PLC 采用西门子公司产品外，其余部分完全相同。

2）硬件采用大板结构，上面插有电源模块、存储器板等小板，CPU 采用 8086，该 CNC 系列为多微处理器控制系统，其主 CPU、PMC 及图形显示的 CPU 均为 8086。

3）伺服驱动系统采用 FANUC 直流驱动系统，通过脉冲编码器进行位置检测，构成半闭环位置控制系统。

4）系统一般带有独立安装的电气柜，电气柜内安装了系统的主要部件（如 CNC 装置、伺服驱动、输入单元、电源单元）。

5）主轴驱动系统采用 FANUC 交流主轴驱动装置，该单元为分开安装式，一般安装在强电柜内。

6）系统软件为固定式专用软件。

6.2.1.2　FANUC F11 系列系统

F11 系列是 FANUC 公司 20 世纪 80 年代初期开发并得到广泛应用的 FANUC 代表性产品之一，在 80 年代进口的高档数控机床上广为采用，因此，它也是维修中的常见系统之一。同系列的产品有 F10/11/12 三种基本规格，其基本结构相似，性能与使用场合有所区别。其数控系统具有如下特点：

1）F11 的硬件仍然采用大板结构（主板），主 CPU 为 68000，它也是一种多微处理器控制系统。

2）硬件尽量采用专用大规模集成电路及厚膜电路，元件减少 30%。

3）CNC 系统和操作面板、I/O 单元之间采用光缆连接，减少了信号线，抗干扰能力提高。

4）F11 系统既可以带独立安装的电柜，也可进行分离式安装。

5）伺服驱动与主轴驱动一般采用 FANUC 模拟式交流伺服驱动系统。

6）系统软件为可固定式专用软件，最大可以控制 5 轴，并实现全部控制轴的联动。

6.2.1.3　FANUC F0 系列系统

F0 系列是 FANUC 公司 20 世纪 80 年代中后期开发的产品，是 FANUC 代表性产品之一。是中国市场上销售量最大的一种系统（F0C 系列，F0D 系列），产品目标是体积小、价格低，其中 F0 - MC/TC 是其代表性产品，F0 - MD 和 F0 - TD 为 F0 - MA 和 F0 - TA 的简化版（经济型）。其数控系统具有如下特点：

1）硬件结构采用了传统的结构方式，即在主板上插有存储器板、I/O 板、轴控制模块以及电源单元。其主板较其他系列主板要小得多，因此，在结构上显得较紧凑，体积小。

2）F0 系列为多微处理器 CNC 系统，F0A 系列主 CPU 为 80186，F0B 系列的主 CPU 为 80286，F0C 系列的主 CPU 为 80386. 内置可编程控制器（PLC）的 CPU 为 8086。

3）F0 可以配套使用 FANUC S 系列、α 系列、αC 系列、β 系列等数字式交流伺服驱动系统，无漂移影响，可以实现高速、高精控制。

4）采用了高性能的固定软件与菜单操作的软功能面板，可以进行简单的人机对话式编程。

5）具有多种自诊断功能，便于维修。

6）F0i 系统采用总线技术，增加了网络功能，并采用了“闪存”（FLASH ROM）。系统可以通过 Remote buffer 接口与 PC 相连，由 PC 机控制加工，实现信息传递，系统间也可以通过 I/O Link 总线进行相连。

7）F0 Mate 是 F0 系列的派生产品，与 F0 相比是结构更为紧凑的经济型 CNC 装置。

6.2.1.4　FANUC15/16/18 系统

F15/16/18/16i/18i 系列系统有 F－15/16/18、F－15i/16i/18i 及 FS－150/160/180、F160i/180i 等型号，该系列系统是专门为工厂自动化设计的数控系统，是目前国际上工艺与性能最先进的数控系统之一，在美国、日本、欧洲的制造业中已普遍使用。其数控系统具有如下特点：

1）系统的硬件与微电子技术发展同步，采用了超大规模集成芯片，CPU 可以是 80486 或 PENTIUM 系列处理器，带 64 位 RISC 芯片等。

2）系统元器件采用了立体化、高密度的安装方式（FANUC 公司的专利技术），除主板外，印制电路板均按物理功能分成小模块，根据用户的要求和系统的规模，分别插在主板上，系统扩展容易，维修方便，体积小。

3）F15 采用了模块式多主总线（FANUC BUS）结构，多 CPU 控制系统，主 CPU 采用了 68020，还采用了一个子 CPU，在 PMC、轴控制、图形控制、通信及自动编程中也都有各自的 CPU。

4）系统采用 8.4in 或 9.5in TFT（Thin Film Transistor 薄膜晶体管）彩色液晶显示器。

5）系统可配套 α/αi 系列数字式交流伺服系统，主轴控制可采用 α/αi 系列主轴驱动系统。

6）F15/16/18 系列系统既可单机运行，也可通过 Remote buffer 接口与个人计算机相连，由计算机控制加工，实现信息传递。通过 I/O link（串行口）接口还可以连接多种外围设备。另外经 DNC1 或 DNC2 接口，可与 Cell Controller 或以太网连接，由上位机进行控制，实现车间的自动化。

6.2.1.5　FANUC30i－－－MODEL A

日本 FANUC 最新的高档控制器，是当前配置最高的数控系统。其数控系统具有如下特点：

1）最大控制系统为 10 个系统（通道）。

2）最多轴数和最大主轴配置为 40 轴，其中进给轴 32 轴，主轴 8 轴；最大同时控制轴数为 24 轴/系统。

3）最大 PMC 系统数为 3 个系统；最大 I/O 点数为 4096 点/4096 点，PMC 基本指令速度为 25ns。

4）最大可预读程序段为 1000 段。

6.2.2 SIEMENS 数控系统

SIEMENS 公司是全球生产数控类产品较早、产品市场占有率较大的生产厂家之一，至今已开发、生产了多个系列的控制系统。SINUMERIK 的 CNC 数控装置主要有：SINUMERIK 3/8/810/820/850/805/840 系列等。

6.2.2.1 SIEMENS 3 系统

SIEMENS 3 系统是西门子公司 20 世纪 80 年代初期开发出来的中档全功能数控系统，是西门子公司销售量最大的系统，是 80 年代欧洲的典型系统。

1）采用模块化结构，由 CPU 模块，NC 存储器模块，操作面板接口，NC－PC 连接模块，伺服测量回路Ⅰ、Ⅱ，PLC 编程接口，逻辑模块，扩展设备接口，PLC 存储器及各种 I/O 等 17 个模块组成。

2）3 系统的机柜因配置、类别、型号的不同，可以分为单框架、单 PLC 双框架、双 PLC 双框架结构。

3）采用 INTEL 8086CPU 的轮廓轨迹控制 CNC 系统，系统可控制 4 轴，任意 3 轴联动。

4）PLC 采用 SIMATIC S5 的 PLC130－B，输入输出点各 512 点。

5）采用 12in 彩色显示器或 9in 单色显示器。

6.2.2.2 SIEMENS 810/820 系统

SIEMENS 810/820 是西门子公司 20 世纪 80 年代中期开发的 CNC、PLC 一体型控制系统，它适合于普通车、铣、磨床的控制，系统结构简单、体积小、可靠性高，在 80 年代末、90 年代初的数控机床厂上使用较广。

1）810 与 820 的区别仅在于显示器，810 为 9in 单色显示，系统电源为 24V；820 为 12in 单色或彩色显示，系统电源为交流 220V，其余硬件、软件部分完全一致。

2）810/820 最大可控制 6 轴（其中允许有 2 个作为主轴控制），3 轴联动。

3）系统由电源、显示器、CPU 板、存储器（MEM/EPROM/RAM）板、I/O 板、接口板、显示控制板、位控板、机箱等硬件组成。硬件采用了较多 LSI 和专用集成电路。

4）主 CPU 采用 80186，PLC 最大 128 点输入/64 点输出，用户程序容量

12KB，PLC 采用 STEP5 语言编程。

6.2.2.3　SIEMENS 850/880

850/880 是西门子 20 世纪 80 年代末期开发的机床及柔性制造系统，具有机器人功能。适合高功能复杂机床 FMS、CIMS 的需要。是一种多 CPU 轮廓控制的 CNC 系统。

1）1986 年西门子公司采用数控 3 系统电路板标准（230mm 高），NC－PLC 双口 RAM 耦合方式，INTEL 80186CPU 芯片，生产出 850 系统，它的 PLC 还是沿用 130WB 或 150U。

2）1988 年针对 850 系统的缺陷，又推出全 80186 的数控 880GA1 型系统，后推出主 CPU 采用 80386 的 880GA2 型系统。

3）850/880 系统的基本结构一般都由操作面板、主机箱、机床控制面板三大部分组成，采用两个机架支撑两列中央控制器，中央控制器包括 NC－CPU、SV－CPU（伺服 CPU）、COM－CPU（通信 CPU）、PLC－CPU 及插入式扩展模块。插入式扩展模块有：测量回路模块、存储器模块、NC－CPU 2～4、SV－CPU 2～4、PLC 输入/输出板及扩展单元和接口单元。

4）面板带有 12in 彩色显示器、全功能键盘及两个串口。

5）用户程序存储器 RAM 容量为 128KB，EPROM 容量为 128KB，用户数据存储器 RANM 容量为 48KB，I/O 点最大为 1024，计时器 256，计数器 128 个。

6）采用 SINNEC HI 总成连接方式的计算机联网。

6.2.2.4　SIEMENS 802 系列系统

SIEMENS 802 系列系统包括 802S/Se/Sbase line、802C/Ce/Cbase line、802D 等型号，它是西门子公司 20 世纪 90 年代末开发的集 CNC、PLC 于一体的经济型控制系统。近年来在国产经济型、普及型数控机床上有较大量的使用。802 系列数控系统的共同特点是结构简单、体积小、可靠性较高。

1）802S、802C 系列是西门子公司为简易数控机床开发的经济型系统，两种系统的区别是：802S 系列采用步进电动机驱动；802C、802D 系列通常采用 SIEMENS611 数字式交流伺服驱动系统。

2）802S、802C 系列系统的 CNC 结构完全相同，可以进行 3 轴控制/3 轴联动；系统带有 ±10V 的主轴模拟量输出接口，可以配具有模拟量输入功能的主轴驱动系统（如变频器）。

3）802S、802C 系列系统可以配 OP020 独立操作面板与 MCP 机床操作面板，显示器为 7in 或 5.7 in 单色液晶显示器（802S，802C）；802D 采用了 10.4in 彩色液晶显示器。

4）集成内置式 PLC 最大可以控制 64 点输入与 64 点输出，PLC 的 I/O 模块与 ECU 间通过总线连接。

5）802D 与 802S、802C 有较大的不同，在功能上比 802S/C 系统有了改进与提高，系统采用 SIEMENS PCU210 模块，控制轴数为 4 轴/4 轴联动，可以通过 611U 伺服驱动器携带 10V 主轴模拟量输出，以驱动带模拟量输入的主轴驱动系统。

6）802D 除保留了 SIEMENS 传统的编程功能外，一是增加了 PLC 程序“梯形图”显示功能，方便维修；二是可以使用非 SIEMENS 代码指令进行编程，系统的开放性更强。

6.2.2.5 SIEMENS 810D/840D 系统

SIEMENS 810D/840D 的系统结构相似，但在性能上有较大的差别，810D 属于普及型，而 840D 属于高性能型。

1）810D 采用 SIEMENS CCU（Compact Control Unit）模块，最大控制轴数为 6 轴。840D 采用 SIEMENS NCU（Numerical Control Unit）模块，处理器为 PENTIUM（NCU573）或 AMD K6 - 2（NCU572）或 486（NCU571）系列，当采用 NCU572 或 573 时，CNC 的存储容量为 1GB，最大控制轴数可达 31 轴，10 通道同时工作；采用 NCU571 时，控制轴数为 6 轴，2 通道同时工作。840D 的 NCU 与 PLC 都集成在这个模块上，它是 840D 的核心。

2）数控与驱动的接口信号都是数字量。系统由操作面板、机床控制面板、NCU（CCU）、MMC、611 伺服驱动、I/O 模块等单元构成。

3）人机界面 MMC，操作面板 OP（包括 10.4inTFT 显示器与 NC 键盘）、机床操作面板 MCP，一般安装在操纵台上，它们与 CCU（NCU）间通过 PROFIBUS 总线连接。MMC 事实上是一台独立的计算机，它有独立的 PENTIUM CPU、硬盘、软驱、TFT 显示器、NC 键盘，可以在 WINDOWS 环境下运行。

4）E/R 电源模块，它向 NCU 提供 24V 工作电源，也向 611D 提供 600V 直流母线电压。

5）611D 主轴与进给模块，它由 E/R 电源模块供电，受控于 NCU，并带动主轴或进给轴电动机运转。

6）IM361 是 PLC 输入/输出接口模块，与 S7 - 300 兼容的 PLC 使用与 S7 - 300 相同的软件与硬件，PLC 的电源模块、接口模块、I/O 模块单独安装，它们与系统间通过 S7 总线与 CCU 或 NCU 连接。

7）通过 CNC 与 611D、S7 可编程序控制器的组合，可以构成满足不同要求的全数字控制系统。

6.3 数控系统的故障诊断方法与日常维护

6.3.1 数控系统的诊断方法

（1）数控系统的自诊断功能检查法

故障自诊断是 CNC 系统中十分重要的功能，当数控机床发生故障时，借助

CNC 系统的自诊断功能，可以迅速、准确地查明原因并确定故障部位。自诊断功能一般分为启动自诊断、在线自诊断和离线诊断。

1）启动自诊断。当 CNC 装置通电，系统自诊断软件对 CNC 装置中最关键的硬件和控制软件，如 CPU、RAM、只读存储器（ROM）等芯片，MDI、监视器、I/O 等模块，系统软件、监控软件等逐一进行检测，并将检测结果在监视器上显示出来。一旦检测通不过，即在监视器上显示报警信息或报警号，指明故障部位。当全部诊断项目都正常通过后，系统才能进入正常运行前的准备状态。启动诊断过程通常在一分钟内结束，有些采用硬盘驱动器的数控系统，因要调用硬盘中的文件，时间要略长一些。

启动自诊断可以将故障定位到电路板或模块，甚至可以定位到芯片。但是在多数情况下将故障原因定位在某一范围内，维修人员需要通过维修手册进一步查找故障原因并加以排除。维修人员要了解系统的自诊断所能检测的内容及范围，对于级别较高的故障报警，可以采取重新开机，让系统重新进行启动自诊断，检测关键部位是否正常。

2）在线自诊断功能。在线自诊断是在数控系统正常工作时，运行内部诊断程序，对系统本、伺服驱动单元、PLC 以及与数控装置相连的其他外部装置进行自动检测，显示有关状态信息和故障信息。只要数控系统不断电，在线自诊断不停止。

数控系统具有丰富的在线自诊断功能，CNC 系统的自诊断能力不仅能在监视器上显示故障报警信息，而且还能以多页的“诊断地址”和“诊断数据”的形式为用户提供各种机床状态信息。这些状态信息有：

①CNC 系统与机床之间的接口输入/输出信号状态；

②CNC 与 PLC 之间输入/输出信号状态；

③PLC 与机床之间输入/输出信号状态；

④各坐标轴位置的偏差值；刀具距机床；

⑤参考点的距离；

⑥CNC 内部各存储器的状态信息；

⑦伺服系统的状态信息；

⑧MDI 面板、机床操作面板的状态信息。

充分利用 CNC 系统提供的这些状态信息，就有可能迅速准确地查明故障、排除故障。

在线自诊断是对数控机床各部位的状态进行检测，当机床发生故障时，故障部位的状态信息发生变化，通过这些变化能较准确地确定故障的起因和部位。20 世纪 80 年代以来，一些数控系统采用内装式 PLC，PLC 自诊断监控功能可将接口、内部继电器、定时器等状态信息通过梯形图直观地显示出来，为维修提供了方便。

3）离线诊断。早期的一些数控机床出现故障时，要停机使用随机附带的专用诊断纸带对系统进行离线诊断。离线诊断时将纸带上的诊断程序读入数控装置的 RAM 中，由数控系统运行诊断程序，对故障部位进行检测。离线诊断一般是对以下部分进行检测：CPU、RAM、轴控制口和 I/O 接口、纸带阅读机等。在进行离线诊断时，原先存放在 RAM 中的系统程序、数据以及零件加工程序会被清除，离线诊断后要重新输入系统程序、数据以及零件加工程序。

（2）功能程序测试法

功能程序测试法是将数控系统 G、M、S、T、F 功能的全部使用指令编成一个试验程序，故障诊断时运行这个试验程序。功能程序测试法常应用于以下场合：

1）在机床加工中出现废品，无法确定是由于加工程序错误、操作不当还是数控系统本身的故障引起。

2）数控系统出现随机故障，难以区别是外来干扰，还是系统稳定性不好引起的。

3）闲置时间较长的数控机床恢复使用时和对数控机床进行定期检修后。

（3）参数检查法

数控系统的参数是经过试验和调整而取得的重要数据，通常存放在由电池保持的 RAM 中，当电池电压不足、数控装置受干扰或数控系统长期不通电，数控系统的参数可能会丢失或出错，影响机床的正常工作。因此，参数检查是故障诊断的重要方法之一。

（4）交换法

交换法是在数控系统中，将相同型号的电路板、模块、集成电路和其他零部件进行交换，观察故障转移情况，确定故障部位。

当数控系统某个坐标轴出现运动不正常，如爬行、抖动、时动时不动、一个方向动另一个方向不动等故障时，可以采用换轴法来确定故障部位。交换法也可以通过改变参数设置或 PLC 程序来实现，这种使用软件交换的方法更为方便。

（5）备板交换法

利用备用电路板、模块、集成电路芯处及其他元器件替换有疑点的部位，是一种快速而简便找出故障的方法。有时若无备板，可借用同型号系统上的电路板来试验。备板置换前，应检查有关部分电路，以免由于短路造成好板损坏，还应检查试验板上的选择开关和跨接线是否与原板一致，有些还应注意板上电位器的调整。在置换计算机的存储板后，往往需要对系统作存储初始化操作，输入机器参数等，否则系统仍不能正常工作。

（6）隔离法

有些故障，如轴抖动、爬行，一时难以区分是数控部分故障，还是伺服系统或机械部分故障造成的。通常可采用隔离法，将机电分离，数控与伺服分离，或将位置闭环分离作开环处理。这样，复杂的问题就简单了，就能较快地找到故障原因。

（7）升降温法

人为地将元器件温度升高（应注意器件的温度参数）或降低，加速一些温度特性较差的元器件产生“病症”或使“病症”消除来寻找故障原因。

例如，CNC 系统因故中断又无报警显示，经分析，故障原因在 CPU 控制系统上的可能性比较大。查位控板（01 GN710），发现该板上的红色 LED 发光警示故障，提示位控环或 CPU 系统存在异常。

经检查连接电路无异常，更换位控板后试机，故障依旧，故确诊 CPU 板已坏。因该故障的特点是系统中断后，断电停机冷却 10 多分钟后又能重新启机工作，估计引起该故障的原因系 CPU 板上的某个元器件温度特性太差。因无备板可供试机，故采用手背触摸 CPU 板上元器件温升情况的方法（采用此方法必须注意安全，虽然弱电不足为患，但仍应站在绝缘垫上，采用单手触摸方法，尤其是在通电状态下检查电源板时更应如此，以防强电窜入）。

经仔细检查，发现 CPU 板上的 ROM 存储器区域有两块 ROM 集成电路块（型号 MB7122E）的温升异常（与同板同型号的其他 12 块集成块相比较）。为进一步确诊芯片好坏，用酒精棉球不断冷却这两块集成块，结果冷却时故障始终没有发生，一旦停止冷却数分钟后，故障即发生，证实上述判断正常，经调换这两块 ROM 集成电路块后故障排除。

（8）敲击法

数控系统由各种电路板和连接插座组成，每块电路板上含有很多焊点，任何虚焊或接触不良都可能引起故障。用绝缘物轻轻敲打有接触不良疑点的电路板、插件或元器件时，若机器出现故障，则故障很可能就在敲击的部位。

（9）对比法

本方法是以正确的电压、电平或波形与异常的相比较来寻找故障部位。有时还可以将正常部分试验性地造成“故障”或报警（如断开连线，拔去组件），看其是否和相同部分产生的故障现象相似，以判断故障原因。

6.3.2　数控系统的日常维护

机床数控系统在运行一段时间之后，难免会出现一些故障，维护状况较好的数控系统的故障率相对较低。系统在运行过程中出现一些不正常现象，应及时维护和维修，如级别较低的报警，虽然不影响系统一时运行，但是如果不及时进行维护和排除，就有可能造成大的事故。例如，电网质量差，电压波动大，如果对此现象不重视，数控系统长期在恶劣的供电环境中运行，会造成主要模块烧毁的严重后果。做好预防性的维护工作是使用好数控机床的一个重要环节，数控维修人员、操作人员及管理人员应共同做好以下工作。

（1）严格遵循操作规程

数控系统编程、操作和维修人员必须经过专门的技术培训，熟悉所用数控机床的数控系统、强电配置、机械、液压、气动等部分的原理和结构，按机床和系统使用说明书的要求，正确合理地操作使用数控系统和机床，避免因使用不当而引起的故障。

（2）防止数控装置过热

定期清理数控装置的通风散热系统。应经常检查数控装置上各冷却风扇工作是否正常，应视车间环境状况，每半年或一个季度检查清扫一次，具体方法如下：

1）拧下螺钉，拆下空气过滤器；

2）在轻轻振动过滤器的同时，用压缩空气由里向外吹掉空气过滤器内的灰尘；

3）过滤器脏时，可用中性清洁剂（清洁剂和水的配方为5∶95）冲洗（但不可揉擦），然后置于阴凉处晾干即可。

环境温度过高造成数控装置内温度超过40℃时，不利于数控系统正常工作，如果数控机床环境温度高，应改善通风散热条件，有条件的要加装空调装置。

（3）经常检测电网电压

数控系统允许的电网电压范围为额定值的 $-15\% \sim +10\%$，如果超出此范围，轻则使数控系统不能稳定工作，重则会造成重要电子部件损坏。因此，要经常注意电网电压的波动。对于电网质量比较恶劣的地区，应及时配置数控系统专用的交流稳压电源装置。

（4）防止灰尘进数控系统

除了进行检修外，应尽量少开电气柜和强电柜门。如果空气中飘浮的灰尘和金属粉末落在印制电路板和电气接插件上，容易造成元件间绝缘电阻下降，甚至使元件损坏。有些数控机床的主轴控制系统安置在强电柜中，就有可能引起主轴控制失灵。当夏天气温过高时，有些使用者干脆打开数控柜门，用风扇往数控柜中吸风，由于数控设备周围金属粉尘大，更应注意防止外部尘埃进入数控柜内部。

一些已受外部尘埃、油雾污染的电路板和接插件可用专用电子清洁剂喷洗。在清洁接插件时可对插孔喷射足够的液雾后，将原插头或插脚插入，再拔出，即可将脏物带出，可反复进行，直至内部清洁为止。接插部位插好后，多余的喷液会自然滴出，将其擦干即可。经过一段时间之后自然干燥的喷液会在非接触表面形成绝缘层，使其绝缘良好。在清洗已污染的电路板时，可用清洁剂对电路板进行喷洗，喷完后将电路板竖放，使尘污随多余的液体一起流出，待晾干后即可使用。

（5）存储器用电池定期检查和更换

数控系统中部分互补金属氧化物半导体（CMOS）存储器中的存储内容在断电时靠电池供电保持。一般采用锂电池或可充电的镍镉电池。当电池电压下降至一定值时就会造成参数丢失。因此，要定期检查电池电压，当该电压下降至限定值或出现电池电压报警时，应及时更换电池。更换电池时一般要在数控系统通电状态下进行，这样才不会造成存储的参数丢失。一旦参数丢失，在调换新电池后，可重新将参数输入。

（6）数控系统长期不用时的维护

当数控机床长期闲置不用时，也应定期对数控系统进行维护和保养。首先，应经常将数控系统通电，在机床锁住不动的情况下，让其空运行。在空气湿度较大的梅雨季节应该天天通电，利用电器元件本身的发热驱走数控柜内的潮气，以保证电子部件的性能稳定可靠。长期停置不用的机床，在梅雨天后开机往往容易发生各种故障。如果数控机床闲置半年以上不用，应将直流伺服电动机的电刷取出来，以免由于化学腐蚀作用，使换向器表面腐蚀，换向性能变坏，甚至损坏电动机。

6.4　数控系统的常见故障诊断与排除

目前数控系统种类繁多，形式各异，组成结构上都有各自的特点。但无论哪种系统，它们的基本原理和构成是十分相似的。

数控系统常见故障及原因见表6－1。

表6－1　　数控系统常见故障及其原因

故障现象	故障原因
系统上电后，系统没有反应，电源不能接通	外部电源没有提供，缺相或外部形成了短路
	电源的保护装置跳闸形成了电源开路
	PLC的地址错误或者互锁装置使电源不能正常接通
	系统上电按钮接触不良或脱落
	元器件的损坏引起的故障（熔断器熔断、浪涌吸收器的短路等）
数控装置电源模块故障导致	整流桥损坏引起电源短路
	续流二极管损坏引起的短路
	电源模块外部电源短路
	滤波电容损坏引起的故障
	供电电源功率不足使电源模块不能正常工作

续表

故障现象	故障原因
数控系统强电部分接通后，马上跳闸	机床设计时选择的空气开关容量过小
	空气开关的电流选择拨码开关选择了一个较小的电流
	机床上使用了较大功率的变频器或伺服驱动，并且在变频器或伺服驱动的电源进线前没有使用隔离变压器或电感器，变频器或伺服驱动在上强电时电流有较大的波动，超过了空气开关的限定电流，引起跳闸
系统上电后无显示或黑屏	显示模块损坏
	显示模块电源不良或没有接通
	显示屏由于电压过高被烧坏
	系统显示屏亮度调节调节过暗
系统上电后花屏或乱码	系统文件被破坏
	系统内存不足
	外部干扰
系统上电后，NC 电源指示灯亮但是屏幕无显示或黑屏	显示模块损坏
	显示模块电源不良或没有接通
	显示屏由于电压过高被烧坏
	系统显示屏亮度调节过暗
运行或操作中出现死机或重新启动	参数设置错误或参数设置不当所引起
	同时运行了系统以外的其他内存驻留程序
	系统文件受到破坏或者感染了病毒
	电源功率不够
	系统元器件受到损害
系统上电后，屏幕显示高亮但没有内容	系统显示屏亮度调节过亮
	系统文件被破坏或者感染了病毒
	显示控制板出现故障
系统上电后，屏幕显示暗淡但是可以正常操作，系统运行正常	系统显示屏亮度调节过暗
	显示器或显示器的灯管损坏
	显示控制板出现故障
主轴有转速，但显示屏上的速度无显示	主轴编码器损坏
	主轴编码器电缆脱落或断线
	系统参数设置不对，编码器反馈的接口不对或者没有选择主轴控制的有关功能

续表

故障现象	故障原因
主轴实际转速与所发指令不符	主轴编码器每转脉冲数设置错误。确认主轴编码器每转脉冲数是否设置正确
	PLC 程序错误。检查 PLC 程序中主轴速度和 D/A 输出部分的程序
	速度控制信号电缆连接错误
不能进入系统，运行系统时，系统界面不出来	系统软件中文件损坏或丢失
	电子盘或硬盘物理损坏
	系统 CMOS 设置不对
运行或操作中出现死机或重新启动	参数设置不当
	同时运行了系统以外的其他内存驻留程序
	正从软盘或网络调用较大的程序
	从已损坏的软盘上调用程序
	系统文件被破坏
系统出现乱码	参数设置不合理
	系统内存不足
	操作不当
	系统发生溢出
操作键盘不能输入或部分不能输入	控制键盘芯片出现问题
	系统文件被破坏
	主板电路出现问题
	CPU 出现故障
输入输出不正常	I/O 单元出现故障
	外部干扰
	I/O 控制板电源没有接通或电压不稳
系统网络连接不正常	系统参数设置或文件配置不正确
	通讯电缆出现问题
	通讯网口出现故障或网卡出现故障，可以用置换法判断出现问题的部位
数据输入输出接口（RS－232）不能够正常工作	系统的外部输入输出设备的设定错误或硬件出现了故障
	参数设置的错误。通讯时需要将外部设备的参数与数控系统的参数相匹配，如波特率、停止位必须设成一致才能够正常通讯。外部通讯端口必须与硬件相对应
	通讯电缆出现问题

续表

故障现象	故障原因
系统外部干扰引起的故障	数控系统、机床、车间等接地不良
	系统的连接电缆屏蔽层接地不良
	电缆的布置、安装不合理
	系统各模块的安装、连接、固定的不可靠
	电缆过长，引起系统信号的衰减
	外部电源不稳定，纹波过大
机床一直处于急停状态，不能复位	急停回路断路、限位开关损坏或急停按钮等电气方面的原因
	系统参数设置错误，使系统信号不能正常输入输出或复位条件不能满足引起的急停故障
	PLC 中规定的系统复位所需要完成的信息未满足要求。如伺服动力电源准备好、主轴驱动准备好等信息
	PLC 程序编写错误
手动运行机床，机床不动作	机床锁住按钮损坏，使机床按钮一直处在机床锁住的状态
	系统参数设置错误
	系统驱动程序没有安装或安装不正确
	软极限超程或硬极限超程
手持操作器（手轮）操作无效	机床锁住按钮损坏，使机床按钮一直处在机床锁住的状态
	脉冲发生器坏
	伺服或主轴部分出现报警
	系统参数设置不对
	手摇使能无效，或使能信号没有接通
手动移动机床超程后无法解除	机床超程信号接反或者是机床运动方向相反
	PLC 的编写错误
	参数设置错误
系统控制乱套，M、S、T 指令有时执行有时不能够执行或者执行的动作不正确	参数设置错误或者是丢失从而引起系统的控制紊乱
	系统受到较强烈的干扰
系统 G00、G01、G02、G03 指令均不能执行	系统选择了每转进给，但是主轴未启动
	PLC 中已经设定了主轴速度到达信号，但该信号没有到达系统
	轴的进给倍率选择了零
数控系统参数丢失	数控系统的后备电池失效
	操作者的误操作使参数丢失或者受到破坏
	机床在 DNA 方式下加工工件或者在进行数据传输时电网突然停电

6.5　数控系统故障诊断与维修实例

例6-1　故障现象：一台进口卧式加工中心，开机时屏幕一片黑，操作面板上的NC电源开关已按下，红、绿灯都亮，查看电柜中开关和主要部分无异常，关机后重开，故障一样。

故障诊断：经查，确定其电源部分无故障，各处电压都正常，仔细检查发现数控系统有多处损坏，在更换了显示器，显示控制板后屏幕出现了显示，使机床能进入其他的故障维修。

例6-2　故障现象：一立式加工中心，开机后屏幕无显示。

故障诊断：该加工中心使用进口数控系统，造成屏幕无显示的原因有很多，经对故障进行了检查，后确认系统提供的外部电源是正确的，但主板上的电压不正常，时有时无，可以确认是因主板故障造成，因此进行了更换，更换主板后系统有显示，由于主板更换后参数需要重新设置，按系统参数设置步骤，对照机床附带的参数表进行了设置调整后机床正常。

例6-3　故障现象：一加工中心，开机后打开急停，系统在复位的过程中，伺服强电上去后系统总空开马上跳闸。

故障诊断：该加工中心使用国产数控系统，经对故障进行了检查分析，首先怀疑是否是空开电流选择过小，经过计算分析后确认所选择的空开有点偏小，但基本符合机床要求，然后用示波器观察机床上电时的电流的变化波形，发现伺服强电在上电时电流冲击比较大，也就是电流波形变化较大，进一步分析发现由于所选伺服功率较大，且伺服内部未加阻抗等装置，在使用时须外接一电抗与制动电阻，电气人员在设计时加了制动电阻，为了节省成本没有使用阻抗。按照要求加上阻抗后，系统上电恢复正常。

例6-4　故障现象：一数控系统，机床送电，CRT无显示，查NC电源+24V、+15V、-15V、+5V均无输出。

故障诊断：此现象可以确定是电源方面出了问题，所以可以根据电气原理图逐步从电源的输入端进行检查，当检查到保险后的电噪声滤波器时发现性能不良，后面的整流、振荡电路均正常，拆开噪声滤波器外壳发现里面烧焦，更换噪声滤波器后，系统故障排除。

例6-5　故障现象：一台数控车床配FANUC0-TD系统，在调试中时常出现CRT闪烁、发亮，没有字符出现的现象。

故障诊断：造成故障的原因主要有：

1）CRT亮度与灰度旋钮在运输过程中出现振动；

2）系统在出厂时没有经过初始化调整；

3）系统的主板和存储板有质量问题。

解决办法可按如下步骤进行：首先，调整 CRT 的亮度和灰度旋钮，如果没有反应，请将系统进行初始化一次，同时按 RST 键和 DEL 键，进行系统启动，如果 CRT 仍没有正常显示，则需要更换系统的主板或存储板。

例 6－6 故障现象：一普通数控教学车床，开机后系统显示白屏，系统的菜单与字迹无法分辨。

故障诊断：首先考虑是否将屏幕亮度调节按钮调节的过于明亮，手动调节其按钮，结果发现屏幕亮度虽然发生变化，但屏幕上的字迹还是无法分辨，排除亮度调节按钮出现问题，进一步检查，发现系统 CMOS 中的屏幕分辨率已被更改，造成系统显示模糊，经调整后，问题得到解决。

思考题

6－1 简述数控系统的硬件控制系统。

6－2 简述数控系统的软件控制系统。

6－3 简述数控系统故障的诊断方法。

技能训练

6－1 数控系统的操作。

数控机床的故障诊断时需要维修人员操作机床来确认故障情况。因此需要操作数控机床的数控系统。具体内容如下：

1）进给轴和主轴的运动情况。

2）手持操作器（手轮）的情况。

3）回零操作。

4）辅助装置的工作情况。

6－2 数控系统参数的查看与修改。

数控机床在维修时需要查看和修改参数。训练的具体内容如下：

1）阅读数控系统的技术资料中的参数部分。

2）查看轴控制/设定单位的参数。

3）查看有关速率参数。

4）查看主轴加减速的参数，并测试修改参数后的效果。

5）查看伺服系统的参数。

第 7 章　数控系统维修技术

数控维修技术是保障系统正常运行的前提，对数控技术的发展和完善也起到了巨大的作用。我国目前的维修状况和水平与国外进口设备设计与制造技术水平还存在很大的差距，造成差距的原因在于：人员素质较差，缺乏数字测试分析手段，数域和数域与频域综合方面的测试分析技术等有待提高等。下面我们就从现代数控系统的基本构成入手，探讨数控系统的故障诊断与维修。

本章将着重介绍 SINUMERIK 810/820 系统和 FANUC0 系统的维修。

7.1　数控系统现场维修要求

数控机床是一种综合应用了计算机技术、自动控制技术、精密测量技术和机床设计等先进技术的典型机电一体化产品，其控制系统复杂、价格昂贵，因此它对维修人员素质、维修资料的准备、维修仪器的使用等方面提出了比普通机床更高的要求，这些要求主要包括以下 3 个方面。

7.1.1　人员素质的要求

维修人员的素质直接决定了维修效率和效果，为了迅速、准确判断故障原因，并进行及时、有效的处理，恢复机床的动作、功能和精度，作为数控机床的维修人员除了应该具备高度的责任心与良好的职业道德外，还应具备以下方面的基本条件。

（1）熟练使用各种维修仪器

掌握各种常用（尤其是现场）的测试仪器、仪表和各种工具的使用方法。不要到了现场才临时抱佛脚去学习相关仪器、仪表、工具的使用方法，这样会大大降低维修效率，甚至会用到不恰当的仪器、仪表、工具，使得维修过程困难。

（2）具有较广的知识面

由于数控机床通常是集机械、电气、液压、气动等于一体的加工设备，组成机床的各部分之间具有密切的联系，其中任何一部分发生故障均会影响其他部分的正常工作。数控机床维修的第一步是要根据故障现象，尽快判别故障的真正原因与故障部位，这一点既是维修人员必须具备的素质，但同时又对维修人员提出了很高的要求，它要求数控机床维修人员不仅仅要掌握机械、电气两个专业的基础知识和基础理论，而且还应该熟悉机床的结构与设计思想，熟悉数控机床的性能，只有这样，才能迅速找出故障原因，判断故障所在，此外，为了维修要对某些电路与零件进行现场测绘，作为维修人员还应当具备一定的工程制图能力。

（3）善于思考

数控机床的结构复杂，各部分之间的联系紧密，故障涉及面广。而且在有些场合，故障所反映出的现象不一定是产生故障的根本原因。作为维修人员必须从机床的故障现象通过分析故障产生的过程，针对各种可能产生的原因由表及里，透过现象看本质，迅速找出发生故障的根本原因并予以排除。

通俗地讲，数控机床的维修人员从某种意义上说应“多动脑，慎动手”，切忌草率下结论，随意更换元器件，特别是数控系统的模块以及印制电路板。

（4）重视经验积累

数控机床的维修速度在很大程度上要依靠平时经验的积累，维修人员遇到过的问题、解决过的故障越多，其维修经验也就越丰富。数控机床虽然种类繁多，系统各异，但其基本的工作过程与原理却是相同的。因此，维修人员在解决了某故障以后，应对维修过程及处理方法进行及时总结、归纳，形成书面记录，以供今后发生同类故障时维修参考。特别是对于一些自己难以解决，最终由同行技术人员或专家维修解决的问题，尤其应该细心观察，认真记录，以便提高。如此日积月累，以达到提高自身水平与素质的目的。

（5）善于学习

作为数控机床维修人员不仅要注重分析与积累，还应当勤于学习，善于学习。数控机床，尤其是数控系统，其说明书内容通常都较多，有操作、编程、连接、安装调试、维修手册、功能说明、P LC 编程等。这些手册、资料少则十数万字，多到上百万字，要全面掌握系统的全部内容绝非一日之功。而在实际维修时，通常也不可能有太多的时间对说明书进行全面、系统的学习。

因此，作为维修人员要想了解机床、系统的结构，应先全面了解系统说明书中有关结构、原理等内容并根据实际需要，精读某些与维修有关的重点章节，理清思路、把握重点、详略得当，切忌大海捞针、盲目下手。

（6）具备外语基础与专业外语基础

虽然目前国内生产数控机床的厂家已经日益增多，但数控机床的关键部分——数控系统还主要依靠进口，其配套的说明书、资料往往使用原文资料，数控系统的报警文本显示亦以外文居多。为了能迅速根据系统的提示与机床说明书中所提供信息，确认故障原因，加快维修进程，作为一个维修人员，最好能具备专业外语的阅读能力，以便快速做出分析、处理问题。

（7）能熟练操作机床

数控机床的维修离不开实际操作，特别是在维修过程中，维修人员通常要进入一般操作者无法进行的特殊操作方式，如进行机床参数的设定与调整，通过计算机以及软件联机调试，利用 PLC 编程器监控等。此外，为了分析判断故障原因，维修过程中往往还需要编制相应的加工程序，对机床进行必要的运行试验与工件的试切削。因此，从某种意义上说，一个高水平的维修人员，其操作机床的水平应比操作人员更高，运用编程指令的能力应比编程人员更强。

（8）具有较强的动手能力

动手是维修人员必须具备的素质。但是，对于维修数控机床这样精密、关键设备，动手必须有明确的目的、完整的思路、细致的操作。动手前应仔细思考、观察，找准入手点，动手过程中更要做好记录，尤其是对于电气元件的安装位置、导线号、机床参数、调整值等都必须做好明显的标记，以便恢复。维修完成后，应做好收尾工作，如将机床、系统的罩壳、紧固件安装到位；将电线、电缆整理整齐等。

在系统维修时应特别注意：数控系统中的某些模块是需要电池保持参数的，对于这些板块和模块切忌随便插拔；更不可以在不了解元器的作用的情况下随意调换数控系统、伺服驱动等部件中的器件、设定端位；也不可以任意调整电位器位，任意改变量程位置，以避免产生更严重的后果。

7.1.2　技术资料的要求

技术资料是维修的指南，它在维修工作中起着至关重要的作用。借助于技术资料可以大大提高维修工作的效率与维修的准确性。一般来说，对于重大的数控机床故障维修，在理想状态下，应具备以下技术资料。

（1）数控机床使用说明书

它是由机床生产厂家编制并随机床提供的随机资料。机床使用说明书通常包括以下与维修有关的内容：

1）机床的操作过程和步骤；

2）机床主要机械传动系统及主要部件的结构原理示意图；

3）机床的液压、气动、润滑系统图；

4）机床安装和调整的方法与步骤；

5）机床电气控制原理图；

6）机床使用的特殊功能及其说明等。

（2）数控系统的操作、编程说明书（或使用手册）

它是由数控系统生产厂家编制的数控系统使用手册，通常包括以下内容：

1）数控系统的面板说明；

2）数控系统的具体操作步骤（包括手动，自动、试运行等方式的操作步骤以及程序、参数等的输入、编辑、设置和显示方法）；

3）加工程序以及输入格式，程序的编制方法，各指令的基本格式以及所代表的意义，在部分系统中它还可能包括系统调试、维修用的大量信息，如“机床参数”的说明、报警的显示及处理方法以及系统的连接图等，它是维修数控系统与操作机床中必须参考的技术资料之一。

（3）PLC 程序清单

它是机床厂家根据机床的具体控制要求设计、编制的机床控制软件，PLC 程序中包含了机床动作的执行过程，以及执行动作所需的条件，它表明了指令信号、检测元件与执行元件之间的全部逻辑关系。借助 PLC 程序，维修人员可以迅速找到故障原因，它是数控机床维修过程中使用最多、最重要的资料。在某些系统（如 FANUC 系统、SIEMENS802D 等）中，利用数控系统的显示器可以直接对 PLC 程序进行动态检测和观察，它为维修提供了极大的便利，因此，在维修中一定要熟练掌握这方面的操作和使用技能。

（4）机床参数清单

它是由机床生产厂家根据机床的实际情况，对数控系统进行的设置与调整。机床参数是系统与机床之间的“桥梁”，它不仅直接决定了系统的配置和功能，而且也关系到机床的动、静态性能和精度，因此也是维修机床的重要依据与参考。在维修时，应随时参考系统机床参数的设置情况来调整、维修机床；特别是在更换数控系统模块时，一定要记录机床的原始设置参数，以便机床功能的恢复。

（5）数控系统的连接说明、功能说明

该资料由数控系统生产厂家编制，通常只提供给机床生产厂家作为设计资料。维修人员可以从机床生产厂家或系统生产、销售部门获得。系统的连接说明、功能说明书不仅包含了比电气原理图更为详细的系统各部分之间连接要求与说明，而且还包括了原理图中未反映的信号功能描述，是维修数控系统，尤其是检查电气接线的重要参考资料。

（6）伺服驱动系统、主轴驱动系统的使用说明书

它是伺服系统及主轴驱动系统的原理与连接说明书，主要包括伺服、主轴的状态显示与报警显示、驱动器的调试、设定要点，信号、电压、电流的测试点，驱动器设置的参数及意义等方面的内容，可供伺服驱动系统、主轴驱动系统维修参考。

（7）PLC 使用与编程说明

它是机床中所使用的外置或内置式 PLC 的使用、编程说明书。通过 PLC 的说明书，维修人员可以通过 PLC 的功能与指令说明，分析、理解 PLC 程序。并由此详细了解、分析机床的动作过程、动作条件、动作顺序以及各信号之间的逻辑关系，必要时还可以对 PLC 程序进行部分修改。

（8）机床主要配套功能部件的说明书与资料

在数控机床上往往会使用较多功能部件如数控转台、自动换刀装置、润滑与冷却系统、排屑器等。这些功能部件，其生产厂家一般都提供了较完整的使用说明书，机床生产厂家应将其提供给用户，以便功能部件发生故障时维修参考。

以上都是在理想情况下应具备的技术资料，但是实际维修时往往难以做到这

一点。因此在必要时，维修人员应通过现场测绘、平时积累等方法完善、整理有关技术资料。这是维修人员对机床维修过程的记录与维修的总结。最理想的情况是，维修人员应对自己所进行的每一步维修都进行详细的记录，不管当时判断是否正确。这样不仅有助于今后进一步维修，而且也有助于维修人员的经验交流与水平的提高。

7.1.3　工具及备件的要求

合格的维修工具是进行数控机床维修的必备条件，数控机床是精密设备，它对各方面的要求较普通机床高，不同的故障，所需要的维修工具亦不尽相同。作为常用的工具主要有以下几类。

7.1.3.1　常用仪表类

（1）数字万用表

数字万用表可用于大部分电气参数的准确测量，判别电气元件的性能好坏。

数控机床维修对数字万用表的基本测量范围以及精度要求一般如下：

1）交流电压：200mV ~ 700V，200mV 挡的分辨率应不低于 100μV；

2）直流电压：200mV ~ 1000V 200mV 挡的分辨率应不低于 100μV；

3）交流电流：200μA ~ 20A，200μA 挡的分辨率应不低于 0.1μA；

4）直流电流：20μA ~ 20A，20μA 挡的分辨率应不低于 0.01μA；

5）电阻：200Ω ~ 200MΩ，200Ω 挡的分辨率应不低于 0.1Ω；

6）电容：2nF ~ 20μF，2nF 挡的分辨率一股应不低于 1pF；

7）晶体管：hfe：0 ~ 1000；

8）具有二极管测试与蜂鸣器功能。

（2）数字转速表

转速表用于测量与调整主轴的转速，通过测量主轴实际转速，以及调整系统及驱动器的参数可以使编程的主轴转速理论值与实际主轴转速值相符，它是主轴维修与调整的测量工具之一。

（3）示波器

示波器用于检测信号的动态波形如脉冲编码器、测速机、光栅的输出波形，伺服驱动、主轴驱动单元的各级输入、输出波形等，其次还可以用于检测开关电源显示器的垂直、水平振荡与扫描电路的波形等。

数控机床维修用的示波器通常选用频带宽为 10 ~ 100MHz 的双通道示波器。

（4）相序表

相序表主要用于测量三相电源的相序，它是直流伺服驱动、主轴驱动维修的必要测量工具之一。

（5）常用的长度测量工具

长度测量工具用于测量机床移动距离、反向间隙值等。通过测量，可以大致判断机床的定位精度、重复定位精度、加工精度等。根据测量值可以调整数控系统的电子齿轮比、反向间隙等主要参数，以恢复机床精度。这是机械部件维修测量的主要检测工具之一。

7.1.3.2　常用工具类

1）电烙铁。它是最常用的焊接工具，一般应采用30W左右的尖头、带接地保护线的内铁式电烙铁，最好使用恒温式电烙铁。

2）吸锡器。常用的是便携式手动吸锡器，也可采用电动吸锡器。

3）旋具类。规格齐全的一字与十字旋具各一套。旋具以采用树脂或塑料手柄为宜。为了进行伺服驱动器的调整与装卸，还应配备无感螺旋刀与梅花形六角旋具各一套。

4）钳类工具。各种规格的斜口钳、尖嘴钳、剥线钳、镊子、压线钳等。

5）扳手类。各种规格的米制、英制内、外六角扳手各一套等。

6）其他。剪刀、吹尘器、卷尺、焊锡丝、松香、酒精、刷子等。

7.1.3.3　常用的元器件

数控机床的维修所涉及的元器件、零件众多，备用的元器件不可能全部准备充分、齐全，但是，若维修人员能准备一些最为常见的易损元器件，可以给维修带来很大的方便，有助于迅速处理解决问题，这些元器件包括：

1）常用的二极管类，如IN4007、IN1004、IN4148、IS953 。

2）各种规格的电阻（规格应齐全）：常用的电位器（1kΩ、2kΩ、10kΩ、47kΩ等）。

3）常用的晶体三极管类，如2S719、2SC1983、2SA6395、2SC1152、BCY59等。

4）常用的集成电路，主要有：

①运放类，如：LM319、LM339、LM311、LM248、LM301、LM308、LM158、LM324、LM393、RC455、RC747、μA747、LF353、4858、1458、NE5514、NE5512、TLC374等；

②集成稳压源类：如：7805、7812、7815、7915、LM317、LM337、14315、17815等；

③光耦器件类，如：TLP521、TLP500、TLP512、SFH6001、SFH610、4N26、4N37、PC601、PC401等；

④线驱动放大器/接收器类，如：75113、75115、75116、55114、54125、74125、74125、54265、MC3487等；

⑤D/A转换器类，如：AD767、BA17008、=DAC0800、DAC707DAC767、DAC1020等；

⑥输出驱动类，如：ULN2803、ULN2003、ULN2002、FT5461、DIA050000等；

⑦模拟开关类，如：DG200、DG201、DG211等。

由于以上元器件与系统的外部输入/输出电路、电源等易损部件有关，在连接不当、外部短路等情况下，比较容易引起损坏。对于专业维修人员一般均应准备一部分，以便随时进行更换。

5）常用规格的熔断器及熔芯。

7.2　SINUMERIK810/820系统维修

7.2.1　SIEMENS系统概述

SIEMENS系统的硬件特点是模块少、整体结构简单，用户一般无需调整，硬件的可靠性较高。系统硬件故障时，通常情况下，需要对模块进行检测与维修，且应具备一定的测试条件、工装和相应的维修器件。因此，现场维修时，一般只要求能够根据模块的功能结合故障现象，判断、查找出发生故障的模块，进行备件替换。当CPU或存储器等模块更换后，还需要重新进行数据的输入和系统的初始化调整，使系统恢复正常工作。

7.2.2　SINUMERIK810/820系统主要特点

SINUMERIK 810/820是西门子公司20世纪80年代中期开发的CNC、PLC一体型控制系统，它适合于普通车、铣、磨床的控制，系统结构简单、体积小、可靠性高，在80年代末、90年代初的数控机床上使用较广。

810与820的区别仅在于显示器，810为9in单色显示，系统电源为直流24V，NC键盘是复合键；820为12in单色或彩色显示，系统电源为交流220V、50/60Hz，NC键盘是单键符键盘。其余硬件、软件部分完全一致。

810/820最大可控制6轴（其中允许有2个作为主轴控制），3轴联动。系统由电源、显示器、CPU板、存储器（MEM/EPROM/RAM）板、I/O板、接口板、显示控制板、位控板、机箱等硬件组成。硬件采用了较多的大规模集成电路和专用集成电路，系统的模块少、整体结构简单，通常无需进行硬件调整和设定。

SINUMERIK810/820系统分为M、T、G型。M型用于镗床、铣床和加工中心；T型用于车床；G型用于磨床。该数控系统一般适用于小型机床。

SINUMERIK810/820系统的主要特点：

1）采用模块化结构设计，模块由多层印制线路板制成，经济性好，在一种标准硬件上，配置多种软件，使它具有多种工艺类型，满足多种机床的需要，并成为系列产品。每一个系统都有适应不同加工的型号。

2）优良的机床使用性。具有与上级计算机通信的功能，易于进入F M S。

3）编程简单，操作方便。

4）调整时间短，调试方便。

5）数据传输采用 RS232C 串行接口或 20mA 电流环接口。

6）对位移测量系统、驱动装置、主轴、温度、电压、微处理器，数据传送系统以及用系统以及用户程序存储器实行监控，其次 PCB 数量少，结构紧凑，运行可靠。

随着技术发展及用户对 CNC 功能和性能要求的不断提高，目前 CNC 硬件已广泛采用各种 CPU 结构。

7.2.3 SINUMERIK810/820 数控系统的结构

系统由 CPU 模块、位置控制模块、系统程序存储器模块、文字处理器模块、接口模块、电源模块、CRT 显示器及从操作面板等组成。

（1）硬件结构

1）CPU 模块：主要功能为运算和控制功能。

2）位置控制模块：又称测量模块，该模块是数据系统对机床的进给轴与主轴实现位置反馈闭环控制的接口。它对每个控制轴的位置反馈进行拾取、监控、计算与缓冲，通过总线送到 CFU 模块的实际值寄存器，同时将数控系统对各轴的模拟量控制指令（-10V ~ +10V）及使能信号送到相应轴的驱动装置。

3）系统程序存储器模块：该模块的主要功能是插接系统程序存储器子模块，同时还可带 32K 静态 RAM 存储器，作为零件加工程序存储器的扩展。

4）接口模块：该模块的主要功能是实现与系统操作面板和机床操作面板的接口。

5）文字、图形处理器模块：该模块的主要功能是进行文字和图形的处理，输出高分辨率的隔行扫描信号给显示器的适配单元。

6）电源模块：该模块包括电源启动逻辑控制、输入滤波、开关式稳压电源及风扇监控等。

（2）内装型可编程控制器（PLC），用于实现与机床的接口和电气控制。

（3）软件组成。

7.2.4 SINUMERIK810/820 数控系统的性能特点

1）主 CYU 采用 Inter80816 通道式结构的 CNC 装置，有主、辅两个通道以同一方式工作，通道由 PLC 同步。

2）可控制 2 ~4 个坐标轴，基本插补有：任二坐标直线插补、圆弧插补，任三坐标螺旋线插补，二坐标直线插补，插补范围为 ±99mm。

3）可用屏幕对话、图形功能。

4）诊断功能完善，有内部安全监控，主轴监控和接口诊断等。

5）PLC 最大 128 点输入/64 点输出，用户程序容量为 12KB。

6）在加工同时可以输入程序以缩短停机时间。

7.2.5 SINUMERIK810/820数控系统的维修

数控系统包括数控装置、输入输出装置、外围设备、伺服系统、检测系统、执行机构、机床各种机构、加工中心的刀库、换刀机构、主轴变速机构装置等全部在内。系统的维修分为软件故障维修和硬件故障维修。

7.2.5.1 软件故障

软件故障是指由于参数设定的毛病，或者通过调整各种参数，或者送入参数或者在编程中存在一些语法问题，而产生的停机等故障。软件故障只要把相应的软件内容恢复正常之后，就可排除，所以软件故障也称为可恢复性故障。

软件故障是由于软件变化或丢失而形成的。机床软件一般存储在RAM中。软件故障形成的可能原因如下。

（1）误操作引起

在调试用户程序或修改机床参数时，操作者删除或更改了软件内容或参数，从而造成软件故障。

（2）供电电池电压不足

为RAM供电的电池电压经过长时间的使用后，电池电压降低到额定值以下，或在停电情况下拔下为RAM供电的电池或其他电路断路或短路、接触不良等都会造成RAM得不到维持电压，从而使系统丢失软件或参数。

这里应特别注意：

1）应对长期闲置不用的数控机床经常定期开机，以防电池长期得不到充电，造成机床软件的丢失。实际上，数控机床开机也是对电池充电的过程。

2）为RAM供电的电池当出现电量不足报警时，应及时更换新的电池，以防连报警都无法提供，出现数据和软件的丢失。

（3）一些干扰信号引起

有时电源的波动及干扰脉冲会串入数控系统总线，引起时序错误或造成数控装置等停止运行。

（4）软件死循环

运行复杂程序或进行大量计算时，有时会造成系统死循环引起系统中断，造成软件故障。

（5）操作不规范

这里指操作者违反了机床的操作规程，从而造成机床报警或停机现象。如数控机床开机后没有进行回参考点，就进行加工零件的操作。

（6）用户程序出错

由于用户程序中出现语法错误、非法数据、运行或输入中出现故障报警等现象。

对于上面所列到的一些软件故障，排除方法如下：

对于软件丢失或者参数变化造成的运行异常，程序中断，停机故障，可采取对数据、程序更改或清除重新再输入来恢复系统的正常工作。

对于程序运行或者数据处理中发生中断而造成的停机故障，可采取硬件复位法或关掉数控机床总电源开关，然后重新开机的方法来排除故障。

NC 复位、PLC 复位能使后续操作重新开始，而不会破坏有关软件和正常处理的结果，以消除报警。亦可采用清除法，对 NC，PLC 采用清除法时，可能会使数据全部丢失，应注意保护不想清除的数据。

开关系统电源是清除软件故障常用的方法，但是应注意，在出现故障报警或者开关机之前一定要将报警信息的内容记录下来，以便于排除故障。

7.2.5.2　硬件故障

硬件故障的含义是由于具体的东西损坏，或者是安装不好而造成的故障。

硬件故障的一般检查方法如下，其他系统的故障诊断方法与此类似。

（1）电源模块的故障诊断

SIEMENS 810 与 820 系统电源模块的区别仅在于输入电压不同，模块的输出电压及外部接口一致。810 系统电源模块采用的是直流 24V 输入，显示器电源为直流 15V；820 采用交流 220V 输入，显示器为交流 220V。电源模块的输出直流电压有 +5V，-5V，+12V，-12V，+15V 等，具有过电流、短路等保护功能。测量、控制端有 +5V 电压测量孔、电源正常（POWERSUPPLY OK）信号输出端子、系统启动（NC-ON）信号输入端子及复位按钮（RESET）等。

电源模块的工作过程如下：

1）外部直流 24V 或交流 220V 电压加入；

2）通过短时接通系统启动（NC-ON）信号，接通系统电源；

3）若控制电路正常，直流输出线路中无过电流，“电源正常”输出触点信号闭合；否则输出信号断开。

电源模块的故障通常可以通过对 +5V 测量孔的电压测量进行判断，若接通 NC-ON 信号后，+5V 测量孔有 +5V 电压输出，则表明电源模块工作正常。若无 +5V 电压输出，则表明电源模块可能损坏。维修时可取下电源模块，检查各电子元器件的外观与电源输入熔丝是否熔断；在此基础上，再根据原理图逐一检查各元器件。

当系统出现开机时有 +5V 电压输出，但几秒钟后 +5V 电压又断开的故障时，一般情况下，电源模块本身无损坏，故障是由于系统内部电源过载引起的。维修时可以将电源模块拔出，使其与负载断开，再通过接通 NC-ON 正常上电，若这种情况下 +5V 电压输出正常且电源正常信号输出触点闭合，则证明电源模块本身工作正常，故障原因属于系统内部电源过载。这时可以逐一取下系统各组成模块，进一步检查判断故障范围。若电源模块取下后，无 +5V 输出或仍然只有几秒的 +5V 电压输出，可能是电源模块本身存在过载或内部元器件损坏，可根据原理图进行进一步的检查。

（2）显示系统的故障诊断

810/820 系统显示控制主要由 CRT、视频板等部件组成。CRT 的作用是将视频信号转换为图像进行显示；视频板的作用是将字符及图像点阵转换为视频信号进行输出。

CRT 故障时一般有以下几种现象：

1）屏幕无任何显示，系统无法启动。当按住系统面板上的诊断键（带有“眼睛”标记的键）接通系统电源启动，在系统启动时，面板上方的 4 个指示灯闪烁；

2）屏幕显示一条水平或垂直的亮线；

3）屏幕左右图像变形；

4）屏幕上下线性不一致，或被压缩，或被扩展；

5）屏幕图像发生倾斜或抖动。

以上故障一般为显示驱动线路的不良引起的，维修时应重点针对显示驱动线路进行检查。

视频板故障时一般有以下几种现象：

1）屏幕无任何显示，系统无法启动。当按住系统面板上的诊断键（带有“眼睛”标记的键）接通系统电源启动，在系统启动时，面板上方的 4 个指示灯闪烁；

2）屏幕图像不完整；

3）显示器有光栅，但屏幕无图像。

（3）CPU 板的故障诊断

CPU 板是整个系统的核心，它包括了 PLC、CNC 的控制、处理线路。CPU 板上主要安装有 80186 处理器、插补器、RAM、EPROM、通信接口、总线等部件。系统软件固化在 EPROM 中。PLC 程序、NC 程序、机床数据可通过两个 V. 24 口用编程器或计算机进行编辑、传输；同时，NC 程序、机床数据亦可通过 V. 24 接口进行输入/输出操作。在系统内部，CPU 板通过系统总线与存储板、接口板、视频板、位置控制板进行数据传输，实现对这些部件的控制。

当 CPU 板故障时，一般有如下现象：

1）屏幕无任何显示，系统无法启动，CPU 板上的报警指示红灯亮；

2）系统不能通过自检，屏幕有图像显示，但不能进入 CNC 正常画面；

3）屏幕有图像显示，能进入 CNC 画面，但不响应键盘的任何按键；

4）通信不能进行。

当 CPU 板故障时，一般情况下只能更换新的 CPU 备件板。

（4）接口板的故障诊断

810/820 接口板上主要安装有系统软件子程序模块、两个数字测头的信号输入端、PLC 输入/输出模块的接口部件等。

接口板故障时，一般有如下几种现象：

1）系统死机，无法启动；

2）接口板上系统软件与 CPU 板上系统软件不匹配，导致系统死机或报警；

3）PLC 输入/输出无效；

4）电子手轮无法正常工作。

此板发生故障时，通常应更换一块新的备件板。

（5）存储器板的故障诊断

810/820 存储器板上安装有 UMS 用户存储子模块、系统存储器子模块等，其中 UMS 可以是固化用户 WS800A 开发软件的用户程序子模块，或是西门子提供的固定循环子模块，或是 RAM 子模块。

存储器板故障时，一般有如下几种现象：

1）系统死机，无法启动；

2）存储器上的软件与 CPU 板上系统软件不匹配，导致系统死机或报警。

存储器板发生故障时，若通过更换软件仍然不能排除故障，一般应更换一块新的备件板。

（6）位置控制板的故障诊断

位置控制板是 CNC 的重要组成部分，它由位置控制、编码器接口、光栅尺的前置放大（EXE）等部件组成。

位置测量系统板故障时，一般有如下现象：

1）CNC 不能执行回参考点动作，或每次回参考点位置不一致；

2）坐标轴、主轴的运动速度不稳定或不可调；

3）加工尺寸不稳定；

4）出现测量系统或接口电路硬件故障报警；

5）在驱动器正常的情况下，坐标轴不运动或定位不正确。

位置控制板发生故障时，一般应先检查测量系统的接口电路，包括编码器输入信号的接口电路、位置给定输出的 D/A 转换器回路等，在现场不能修理的情况下，一般应更换一块新的备件板。

由上面 6 点可以看出，硬件现场维修要求是，能够根据模块的功能和故障现象，判断查找出发生故障的模块，以事先准备好的备件替换，之后根据情况，决定是否需要重新加载数据和进行初始化调整，使系统恢复正常工作。

（7）自诊断功能及报警处理

CPU 监控　CPU 模块上的红色发光二极管（LED）指示控制系统的状态。正常情况下，按下系统启动按钮的最初 6 ~ 7s 内，这个 LED 频繁闪亮，然后熄灭，这时系统启动完成。

EPROM 存储器的自诊断基本系统软件全部存储于 EPROM 存储器中，它们的正确无误是系统正常工作的基本前提。

报警的处理方法如下：

1）1 - 15 号报警为指示系统自身的一些故障，提示的含义很明确，但其中一些报警的处理方法需要加以注意。

1 号报警：反应工件存储器的电源即将用完。

3 号报警：表明 PLC 处于停止状态。

6 号报警：指示的是数据存储器子模块电池用尽。

2）16 - 48 号报警为系统的 RS - 232C 接口的报警。

3）100 * - 196 * 进给轴专用报警（其中 * 表示轴号 0、1、2、3）这类报警，反应机床的位置控制闭环中各个环节可能出现的故障，是实际使用当中比较容易出现的一类报警。常用的有：

104 * 报警：到达数模转换极限。

132 * 报警：位置反馈回路硬件故障。

168 * 报警：对运动中的进给轴拒发调节器释放信号。

4）2000 - 2999 号报警一般是在运行程序时出现。

注意：上述 3）、4）两类报警是排除故障后，用机床控制面板上的复位键消除。

5）3000 - 3050 号报警，指示的内容和方式与第 4）类相似，不同之处是，这类报警是程序编辑的模拟功能中即可指出错误，而不必等到程序运行的时候。在程序编辑的时候就给编辑的操作人员提供一些程序进行运行前检查的手段，对安全操作和节约程序调试时间有很大的帮助。

注意：这类报警在排除原因后用报警应答键消除。

6）6000 - 6031 号报警，这些报警是机床电气控制设计者在编制 PLC 程序时结合编程的逻辑关系，提取出一些能够反映机床的接口及电气控制方面的故障的信息，赋予特定的一部分标志位获得的。

注意：这类报警在排除原因后用报警应答键消除。

7）6032 - 6039 号报警是系统为 PLC 设置的报警，主要是给 PLC 的使用设计者的提示，在通常使用中一般不会出现。

8）7000 - 7031 号报警不反映故障，而是机床电气控制设计者从他所编制的 PLC 程序中提取一些能够提示机床操作者进行某种操作的信息，赋予特定标志位取得的。

注意：这类报警不需要清除，当相应状态消失、特定的标志复位后，报警显示会自行消除。

7.3 FANUC0 系统维修

7.3.1 FANUC0 系统概述

日本 FANUC 公司是世界从事数控产品生产最早、产品市场占有率最大、最有影响的数控类产品开发、制造厂家之一，该公司自 20 世纪 50 年开始生产数控产品以来，至今已开发、生产了数十个系列的控制系统。FANUC 系统是数控机床上使用最广、维修中遇到问题最多的系统之一。FANUC 系统进入中国市场有非常悠久的历史，有多种型号的产品在使用，使用较为广泛的产品有 FANUC 0、FANUC16、FANUC18、FANUC21 等。在这些型号中，使用最为广泛的是 FANUC0 系列。

1956 年，开发日本第 1 台点位控制的 NC。

1959 年，开发日本第 1 台连续控制的 NC。

1960 年，开发了日本第 1 台开环步进电机直接驱动的 NC。

1966 年，采用集成电路的 NC 开发成功。

1968 年，全世界首台计算机群控数控系统（DNC）开发成功。

1977 年，开发了第一代闭环控制的 CNC 系列产品 FANUC5/7 与直流伺服电机。

1979 年，开发了第二代闭环数控系统系列产品 FANUC6 系统。

1982 年，开发了第二代闭环功能精简型数控系统 FANUC3 系统与交流伺服电机。

1984 年，开发了第三代闭环数控系统 FANUC10/11/12，采用了光缆通信技术。

1985 年，开发了第三代闭环功能精简型数控系统 FANUC 0 系统。

1987 年，开发了 FANUC15 系列的 CNC。

1995 - 1998 年，开始在 CNC 中应用 IT 网络与总线技术。

2000 年，开发了 FANUC 0i MODEL A 数控系统。

2002 年，开发了 FANUC 0i MODEL B 数控系统。

2003 - 2005 年，相继开发了 FANUC 30i/31i/32i 系统与 FANUC 0i MODEL C 数控系统

2008 年，在中国市场推出 FANUC 0i MODEL D 数控系统

FANUC 0i MODEL C 数控系统，可以满足绝大多数 5 轴以内数控机床的控制要求，产品的生产与销售量最大，在国内市场使用最广泛。

最新的系统 FANUC 0i MODEL D 是 FANUC 32i 系统的简化版本。

7.3.2　FANUC0 系统特点

（1）FANUC 数控产品特点

1）系统在设计中大量采用模块化结构。这种结构易于拆装，各个控制板高度集成，使可靠性有很大提高，而且便于维修、更换。

2）具有很强的抵抗恶劣环境影响的能力。其工作环境温度为 0 ~ 45℃，相对湿度为 75%。

3）有较完善的保护措施。FANUC 对自身的系统采用比较好的保护电路。

4）FANUC 系统所配置的系统软件具有比较齐全的基本功能和选项功能。对于一般的机床来说，基本功能完全能满足使用要求。

5）提供大量丰富的 PMC 信号和 PMC 功能指令。这些丰富的信号和编程指令便于用户编制机床侧 PMC 控制程序，而且增加了编程的灵活性。

6）具有很强的 DNC 功能。系统提供串行 RS232C 传输接口，使通用计算机 PC 和机床之间的数据传输能方便、可靠地进行，从而实现高速的 DNC 操作。

7）提供丰富的维修报警和诊断功能。FANUC 维修手册为用户提供了大量的报警信息，并且以不同的类别进行分类。

（2）FANUC0 系统特点

1）刚性攻丝：主轴控制回路为位置闭环控制，主轴电机的旋转与攻丝轴（Z 轴）进给完全同步，从而实现高速高精度攻丝。

2）复合加工循环：复合加工循环可用简单指令生成一系列的切削路径。比如定义了工件的最终轮廓，可以自动生成多次粗车的刀具路径，简化了车床编程。

3）圆柱插补：适用于切削圆柱上的槽，能够按照圆柱表面的展开图进行编程。

4）直接尺寸编程：可直接指定诸如直线的倾角、倒角值、转角半径值等尺寸，这些尺寸在零件图上指定，这样能简化部件加工程序的编程。

5）记忆型螺距误差补偿：可对丝杠螺距误差等机械系统中的误差进行补偿，补偿数据以参数的形式存储在 CNC 的存储器中。

6）CNC 内装 PMC 编程功能：PMC 对机床和外部设备进行程序控制。

7）随机存储模块：MTB（机床厂）可在 CNC 上直接改变 PMC 程序和宏执行器程序。由于使用的是闪存芯片，故无需专用的 RAM 写入器或 PMC 的调试 RAM。

8）显示装置：CRT 显示器。

FANUC 系统的 0 系列型号划分：

0D 系列：　　0—TD　　用于车床

	0—MD	用于铣床及小型加工中心
	0—GCD	用于圆柱磨床
	0—GSD	用于平面磨床
	0—PD	用于冲床
0C 系统：	0—TC	用于普通车床、自动车床
	0—MC	用于铣床、钻床、加工中心
	0—GCC	用于内、外磨床
	0—GSC	用于平面磨床
	0—TTC	用于双刀架、4 轴车床

POWER MATE 0：用于 2 轴小型车床

7.3.3 FANUC0 系统基本构成

FANUC0 系统由数控单元本体，主轴和进给伺服单元以及相应的主轴电机和进给电机，CRT 显示器、系统操作面板、机床操作面板，附加的输入/输出接口板（B2），电池盒，手摇脉冲发生器等部件组成。

FANUC0 系统的 CNC 单元为大板结构。

基本配置有主印制电路板（PCB）、存储器板、图形显示板、可编程机床控制器板（PMC－M）、伺服轴控制板、输入/输出接口板、子 CPU（中央处理器）板、扩展的轴控制板、数控单元电源和 DNC 控制板。各板插在主印制电路板上，与 CPU 的总线相连。图 7－1 是 FANUC0 系统数控单元的结构图。

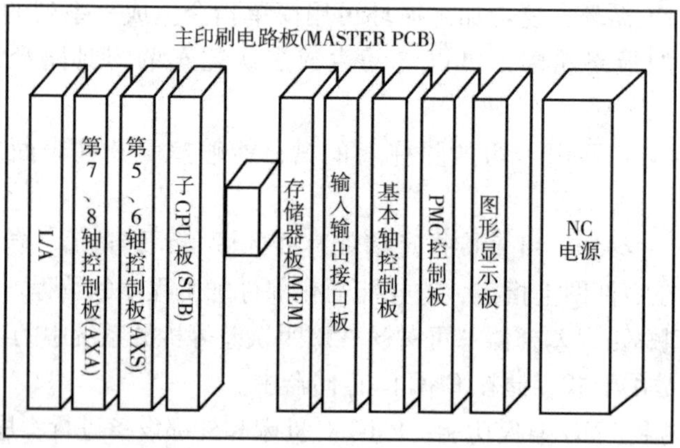

图 7－1　FANUC0 系统数控单元的结构图

结构图各部分的功能如下。

1）主印制电路板（PCB）。连接各功能板、故障报警等。主 CPU 在该板上，用于系统主控。

2）数控单元电源（图 7－2）。主要提供＋5V、＋15V、－15V、＋24V、－24V

直流电源，用于各板的供电。24V 直流电源，用于单元内继电器控制。

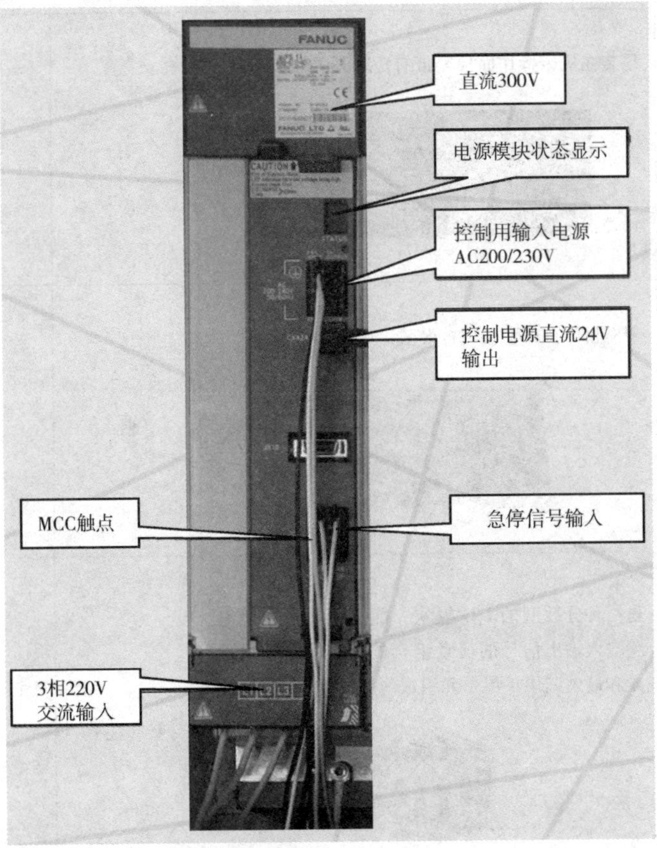

图 7－2　数控单元电源板

3）图形显示板。提供图形显示功能，第 2、3 手摇脉冲发生器接口等。

4）PMC 板（PMC－M）。PMC－M 型可编程机床控制器，提供扩展的输入/输出板的接口（表 7－1）。

表 7－1　　常用的 PMC 模块

装置名	说明	手轮连接	信号点数输入/输出
Oi 用 I/O 单位模块	是最常用的 I/O 模块 	有	96/54

续表

装置名	说明	手轮连接	信号点数输入/输出
机床操作面板模块	是装在机床操作面板上带有矩阵开关和 LED 	有	96/54
操作盘 I/O 模块	带有机床操作盘接口的装置，0i 系统上常见 	有	48/32
分线盘 I/O 模块	是一种分散型的 I/O 模块，能适应机床强电电路输入输出信号的任意组合的要求，由基本单元和最大三块扩展单元组成 	有（注）	96/54
FANUC I/O UNIT A/B	是一种模块结构的 I/O 装置，能适应机床强电输入输出任意组合的要求 	无	最大 256/256

5）基本轴控制板（AXE）。提供 X、Y、Z 和第 4 轴进给指令，接收从 X、Y、Z 和第 4 轴位置编码器反馈的位置信号（图 7－3）。

6）输入/输出接口（图 7－4）。通过插座 M1、M18 和 M20 提供输入点，通过插座 M2、M19 和 M20 提供输出点，为 PMC 提供输入/输出信号。

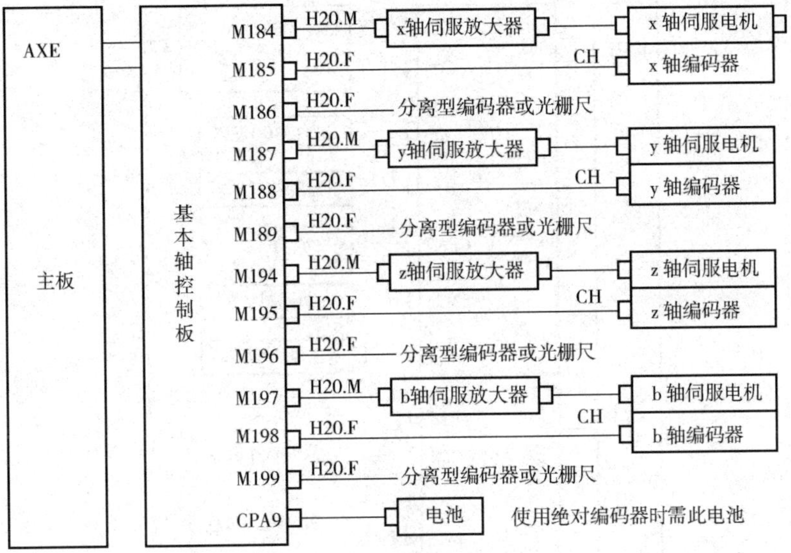

图7－3　FANUC0 系统轴控制板连接图

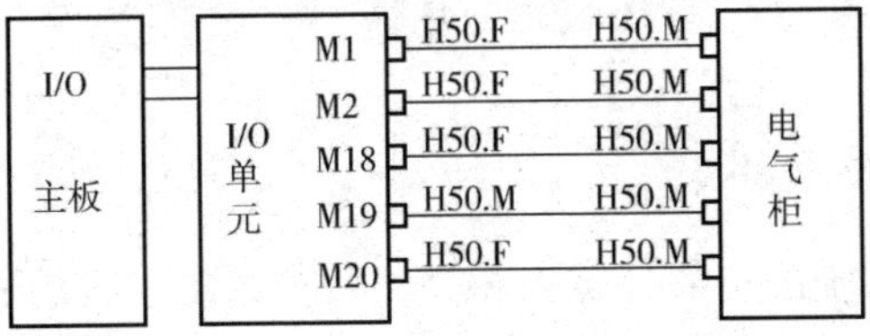

图7－4　FANUC0 系统输入/输出连接图

7）存储器板。接收系统操作面板的键盘输入信号，提供串行数据传送接口，第1手摇脉冲发生器接口，主轴模拟量和位置编码器接口，存储系统参数、刀具参数和零件加工程序等（图7－5）。

8）子 CPU 板。用于管理第5、6、7、8 轴的数据分配，提供 RS232C 和 RS422 串行数据接口等。

9）扩展轴控制板（AXS）。提供第5、6 轴的进给指令，接收从第5、6 轴位置编码器反馈的位置信号。

10）扩展轴控制板（AXA）。提供第7、8 轴的进给指令，接收从第7、8 轴位置编码器反馈的位置信号。

11）扩展的输入输出接口。通过插座 M61，M78 和 M80 提供输入点，通过插座 M62，M79 和 M80 提供输出点，为 PMC 提供输入/输出信号。

12）通信板（DNC2）。提供数据通信接口。

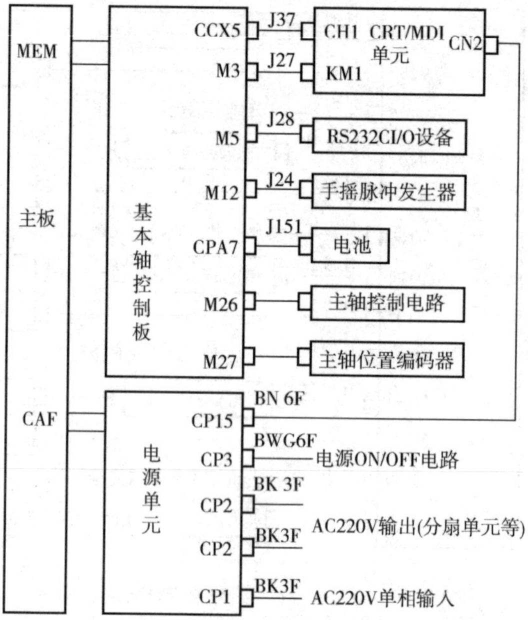

图 7-5　FANUC0 系统存储器板·电源单元连接

7.3.4　FANUC0 系统维修

由于现代数控系统的可靠性越来越高，数控系统本身的故障越来越低，而大部分故障主要是由系统参数的设置，伺服电机和驱动单元的本身质量，以及强电元件、机械防护等出现问题而引起的。

FANUC0 系统有很丰富的机床参数，为数控机床的安装调试及日常维护带来了方便条件。下面针对 FANUC0 系统常见的故障，对常用的机床参数在维修中的应用做一简单介绍。

（1）手摇脉冲发生器损坏。一台 FANUC 0TD 数控车床，手摇脉冲发生器出现故障，使对刀不能进行微调，需要更换或修理故障件。当时没有合适的备件，可以先将参数 900#3 置“0”，暂时将手摇脉冲发生器不用，改为用点动按钮单脉冲发生器操作来进行刀具微调工作。等手摇脉冲发生器修好后再将该参数置“1”。

（2）当机床开机后返回参考点时出现超行程报警。上述机床在返回参考点过程中，出现 510 或 511 超程报警，处理方法有两种：

1）若 X 轴在返回参考点过程中，出现 510 或是 511 超程报警，可将参数 0700LT1X1 数值改为 +99999999（或将 0704LT1X2 数值修改为 -99999999）后，再一次返回参考点。若没有问题，则将参数 0700 或 0704 数值改为原来数值。

2）同时按P和CAN键后开机，即可消除超程报警。

（3）一台FANUC 0i数控车床，开机后不久出现ALM701报警。从维修说明书解释内容为控制部上部的风扇过热，打开机床电气柜，检查风扇电机不动作，检查风扇电源正常，可判定风扇损坏，因一时购买不到同类型风扇，即先将参数RRM8901#0改为“1”先释放ALM701报警，然后再强制冷风冷却，待风扇购到后，再将PRM8901改为“0”。

（4）一台FANUC 0M数控系统加工中心，主轴在换刀过程中，当主轴与换刀臂接触的一瞬间，发生接触碰撞异响故障。分析故障原因是因为主轴定位不准，造成主轴头与换刀臂吻合不好，无疑会引起机械撞击声，两处均有明显的撞伤痕迹。经查，换刀臂与主轴头均无机械松动，且换刀臂定位动作准确，故采用修改N6577参数值解决，即将原数据1525改为1524后，故障排除。

（5）密级型参数0900～0939维修法。按FANUC 0MC操作说明书的方法进行参数传输时，密级型参数0900～0939必须用MDI方式输入很不方便。现介绍一种可以传输包含密级型参数0900～0939在内的传输方法，步骤如下：

1）将方式开关设定在EDIT位置；

2）按PARAM键，选择显示参数的画面；

3）将外部接收设备设定在STAND BY（准备）状态；

4）先按EOB键不放开，再按OUTPOT键即将全部参数输出。

（6）一台FANUC 0MC立式加工中心，由于绝对位置编码电池失效，导致X、Y、Z丢失参考点，必须重新设置参考点。

1）将PWE“0”改为“1”，更改参数NO. 76. 1 = 1，NO. 22改为00000000，此时CRT显示“300”报警即X、Y、Z轴必须手动返回参考点。

2）关机再开机，利用手轮将X、Y移至参考点位置，改变参数NO. 22为00000011，则表示X、Y已建立了参考点。

3）将Z轴移至参考点附近，在主轴上安装一刀柄，然后手动机械手臂，使其完全夹紧刀柄。此时将参数NO. 22改为00000111，即Z轴建立参考点。将NO76. 1设“00”，PWE改为0。

4）关机再开机，用G28 X0，Y0，Z0核对机械参考点。

（7）由机床参数引起的无报警故障。一台FANUC 18i－W慢走丝，开机后CRT显示X、Y、U、V坐标轴位置显示不准确，即原正常显示小数点后三位数字，而且前显示小数点后四位数字，且CRT没有报警信息。首先应该怀疑是参数变化引起上述故障。检查参数发现NO. 0000#2 INI发生变化，原正常显示“0”（表示公制输入），而有故障时显示“1”（英制输入），将该参数改为“0”后，数字显示正常。

（8）机床风扇报警，一时找不到，要买也来不及，可以修改一下参数8901，将风扇报警取消，暂时先开机加工。等买到风扇再更换。（FANUC 18 OR

FANUC16 OR FANUC 0I SYSTEM)

（9）保护参数不被人乱修改的参数有 PAR3208#1 可以锁 SYSTEM KEY，PAR3292#7 可以使参数锁打不开。

（10）零件加工程序不能输入。在成功地重装 FANUC0 系统后，在机床编辑状态下，我们发现零件的加工程序无论如何也不能被编辑和输入。根据该故障现象，我们对照 FANUC0 系统的使用维护手册中的每一个参数及其意义进行检查，发现 0018#参数的第 7 位为编辑操作，当其为“1”时，为编辑 B 方式，当前为“0”时，为标准方式。而 CRT 上的机床参数该位为“1”。采用上述修改参数的方法和步骤，将其值由“1”改为“0 后”，零件加工程序便能顺利地输入了。

（11）手动刀塔不能回转。扳动机床上的 TOOL SELECT（刀具选择）开关刀塔不能回转。根据该机床的技术资料，PLC 梯形图上的 X16. 0、X16. 1、X17. 0 和 X20. 7 分别为刀具选择开关的四把刀的位置，在线状态下观察 PLC 梯形图的对应部分无异常。观察机床面板发现面板上的 *X*、*Z* 轴原点指示灯不亮，说明 *X*、*Z* 轴均不在机床原点。手动将 *X*、*Z* 轴调整至机床原点，并使机床面板上的原点位置指示灯亮，故障排除。

（12）尾座顶针不能伸缩。手动尾座顶针开关，尾座顶针不能伸缩。从机床技术资料可知：PLC 梯形图上的输入点 X20. 1 和 X20. 3 为尾座顶针向前和向后的两个按钮。从 CRT 中调出 PLC 梯形图可知，在线状态下按下 X20. 1 按钮，R531. 7 导通，而 D464. 6 不通。因此 Y80. 2 没有输出。查阅机床技术资料可知，D464. 6 为机床尾座的设定参数。根据 FANUC0 系统的原理，我们在 MDI 方式下，按上面调出机床参数的方法，将机床 D 参数中的 D464. 6 修改为“1”，故障排除。

以上都只是故障维修的一小部分例子，要熟练掌握 FANUC0 系统维修各项技能还需要多查看资料，如《FANUC0 系统维修说明》；多积累经验，要养成每次维修都做记录，维修完成后要善于总结，勤于积累，这样才能有进步，对于各项维修技术才能更加熟练，做到举一反三。

思考题

7－1 数控系统现场维修对人员素质的要求有哪些？

7－2 数控系统现场维修对技术资料的要求有哪些？

7－3 数控系统现场维修对工具及备件的要求有哪些？

7－4 SINUMERIK810/820 系统主要特点有哪些？810 和 820 的主要区别是什么？

7－5 SINUMERIK810/820 数控系统的软件结构和硬件结构都有哪些？

7－6 坐标轴、主轴的运动速度不稳定或不可调属于软件故障还是硬件故障？

应该如何维修？

7－7 FANUC0 系统特点有哪些？

7－8 FANUC0 系统有哪些基本构成？

7－9 FANUC0 系统中造成手动刀塔不能回转的主要原因是什么？如何维修？

技能训练

维修一个 SINUMERIK810/820 系统或 FANUC0 系统故障，并进行详细分析和记录。

第 8 章　数控机床维修实例

由于现代数控系统的可靠性越来越高，数控系统本身的故障越来越低，数控设备的外部故障可以分为软件故障和外部硬件损坏引起的硬故障。软件故障是指由于操作、调整处理不当引起的，这类故障多发生在设备使用前期或设备使用人员调整时期。外部硬件操作引起的故障是数控修理中的常见故障，一般都是由于检测开关、液压系统、气动系统、电气执行元件、机械装置出现问题引起的，这类故障有些可以通过报警信息查找故障原因。对一般的数控系统来讲都有故障诊断功能或信息报警，维修人员可利用这些信息手段缩小诊断范围，而有些故障虽有报警信息显示，但并不能反映故障的真实原因，这时需根据报警信息和故障现象来分析解决。

本章将着重介绍数控机床常见故障分析与维修实例。

8.1　数控机床常见故障分析与维修

数控机床的修理，重要的是发现问题。特别是数控机床的外部故障。有时诊断过程比较复杂，但一旦发现问题所在，解决起来比较简单。对外部故障诊断应遵从以下两条原则。首先要熟练掌握机床的工作原理和动作顺序。其次，要会利用 PLC 梯形图及 NC 系统的状态显示功能监测 PLC 的运行状态，只要遵从以上原则，小心谨慎，一般的数控故障都会及时排除。

8.1.1　电源类故障分析与维修

电源是电路板的能源供应部分，电源不正常，电路板的工作必然异常。而且，电源部分故障率较高，修理时应足够重视，在外观法检查后，可先对电源部分进行检查。电路板的工作电源，有的是由外部电源系统供给；有的由板上本身的稳压电路产生，电源检查包括输出电压稳定性检查和输出纹波检查。输出纹波过大，会引起系统不稳定，用示波器交流输入挡可检查纹波幅值，纹波大一般是由集成稳压器损坏或滤波电容不良引起。运算放大器、比较器，有些用单电源供电，有些用双电源供电，用双电源的运放，要求正负供电对称，其差值一般不能大于 0.2V（具有调零功能的运放除外）。

系统中对各电路板供电的系统电源大多数采用开关型稳压电源。这类电源种类繁多，故障率也较高，但大部分都是分立元件，用万用表、示波器即可进行检查，机修开关电源时，最好在电源输入端接一只 1∶1 的隔离变压器，以防触电。

关于电源类常见的几种故障现象，现总结了几点见表8－1所示。

表8－1　　电源类故障及维修

故障现象	故障原因	排除方法
系统上电后系统没有反应，电源不能接通；电源指示灯不亮	1. 外部电源没有提供、电源电压过低、缺相或外部形成了短路 2. 电源的保护装置跳闸或熔断形成了电源开路 3. PLC的地址错误或者互锁装置使电源不能正常接通 4. 系统上电按钮接触不良或脱落 5. 电源模块不良、元器件的损坏引起的故障（熔断器熔断、浪涌吸收器的短路等）	1. 检查外部电源 2. 合上开关、更换熔断器 3. 更改PLC的地址或接线 4. 更换按钮重新安装 5. 更换元器件或更换电源模块
电源指示灯亮，系统无反应	1. 接通电源的条件未满足 2. 系统黑屏 3. 系统文件被破坏，没有进入系统	1. 检查电源的接通条件是否满足 2. 见“显示类故障”排除方法 3. 修复系统
强电部分接通后，马上跳闸	1. 机床设计时选择的空气开关容量过小，或空气开关的电流选择拨码开关选择了一个较小的电流 2. 机床上使用了较大功率的变频器或伺服驱动，并且在变频器或伺服驱动的电源进线前没有使用隔离变压器或电感器，变频器或伺服驱动在上强电时电流有较大的波动，超过了空气开关的限定电流，引起跳闸。 3. 系统强电电源接通条件未满足	1. 更换空气开关，或重新选择使用电流 2. 在使用时须外接一电抗 3. 逐步检查电源上强电所需要的各种条件，排除故障
电源模块故障	1. 整流桥损坏引起电源短路 2. 续流二极管损坏引起的短路 3. 电源模块外部电源短路 4. 滤波电容损坏引起的故障 5. 供电电源功率不足使电源模块不能正常工作	更换 更换 调整线路 更换 增大供电电源的功率
系统在工作过程中，突然断电	1. 切削力太大，使机床过载引起空开跳闸 2. 机床设计时选择的空气开关容量过小，引起空开跳闸 3. 机床出现漏电	调整切削参数 更换空气开关 检查线路

8.1.2 系统显示类故障分析与维修

数控系统不能正常显示的原因很多，当系统的软件出错，在多数情况下会导致系统显示的混乱、不正常或无法显示，当电源出现故障、系统主板出现故障是都有可能导致系统的不正常显示。显示系统本身的故障是造成系统显示不正常的主要原因，因此，系统在不能正常显示的时候，首先要分清造成系统不能正常显示的主要原因，不能简单地认为系统不能正常显示就是显示系统的故障。

数控系统显示的不正常，可以分为完全无显示和显示不正常两种情况。当系统电源、系统的其他部分工作正常时，系统无显示的原因，在大多数的情况下是由于硬件原因引起，而显示混乱或显示不正常，一般来说是由于系统软件引起的。当然，系统不同，引起的原因也不同，要根据实际情况进行分析研究。关于电系统显示类常见的几种故障现象，现总结了下面几点，见表 8－2 所示。

表 8－2　　系统显示类故障及维修

故障现象	故障原因	排除方法
运行或操作中出现死机或重新启动	1. 参数设置错误或参数设置不当所引起 2. 同时运行了系统以外的其他内存驻留程序正从软盘或网络调用较大的程序或者从已损坏的软盘上调用程序，都有可能造成系统的死机。这时应该中断零件程序的调用。 3. 系统文件受到破坏或者感染了病毒 4. 电源功率不够 5. 系统元器件受到损害	1. 正确设置参数 2. 停止部分正在运行或调用的程序 3. 用杀毒软件检查软件系统清除病毒或者重新安装系统软件进行修复 4. 确认电源的负载能力是否符合系统要求 5. 更换元器件
通电后画屏或乱码	1. 系统文件被破坏 2. 系统内存不足 3. 外部干扰	1. 修复系统文件或重装系统 2. 对系统进行整理，删除一些不必要的垃圾 3. 增加一些防干扰的措施
系统上电后，NC 电源指示灯亮但是屏幕无显示或黑屏	1. 显示模块损坏 2. 显示模块电源不良或没有接通 3. 显示屏由于电压过高被烧坏 4. 系统显示屏亮度调节过暗	1. 更换显示模块 2. 对电源进行修复 3. 更换显示屏 4. 对亮度进行重新调整

续表

故障现象	故障原因	排除方法
主轴有转速但 CRT 速度无显示	1. 主轴编码器损坏 2. 主轴编码器电缆脱落或断线 3. 系统参数设置不对，编码器反馈的接口不对或者没有选择主轴控制的有关功能	1. 更换主轴编码器 2. 重新焊接电缆 3. 正确设置系统参数
主轴实际转速与所发指令不符	1. 主轴编码器每转脉冲数设置错误，确认主轴编码器每转脉冲数是否设置正确 2. PLC 程序错误。检查 PLC 程序中主轴速度和 D/A 输出部分的程序 3. 速度控制信号电缆连接错误	1. 正确设置主轴编码器的每转脉冲数 2. 改写 PLC 的程序，重新调试 3. 重新焊接电缆
系统上电后，屏幕显示高亮但没有内容	1. 系统显示屏亮度调节过亮 2. 系统文件被破坏或者感染了病毒 3. 显示控制板出现故障	1. 对亮度进行重新调整 2. 用杀毒软件检查软件系统清除病毒或者重新安装系统软件进行修复 3. 更换显示控制板
系统上电后，屏幕显示暗淡但是可以正常操作，系统运行正常	1. 系统显示屏亮度调节过暗 2. 显示控制板出现故障	1. 对亮度进行重新调整 2. 更换显示器或显示器的灯管 3. 更换显示控制板
主轴转动时显示屏上没有主轴转速显示或转进给时主轴转动但进给轴不动	1. 主轴位置编码器与主轴连接的齿形带断裂 2. 主轴位置编码器连接电缆断线 3. 主轴位置编码器的连接插头接触不良 4. 主轴位置编码器损坏	1. 更换齿形带 2. 找出断线点，重新焊接或更换电缆 3. 重新将连接插头插紧 4. 更换损坏的主轴位置编码器

屏幕上无显示的故障原因很多，首先必须找出原因排除，如还有其他故障，根据机床的报警和其他故障信息做出处理。

8.1.3　CNC 单元故障系统软件故障分析与维修

CNC 系统软件由管理软件和控制软件组成。管理软件包括输入、I/O 处理、显示、诊断等。控制软件包括译码、刀具补偿、速度处理、插补计算、位置控制等。数控系统的软件结构和数控系统的硬件结构两者相互配合，共同完成数控系统的具体功能。早期的 CNC 装置，数控功能全部由硬件实现，而现在的数控功能则由软件和硬件共同完成。

目前数控系统的软件一般有两种结构：前后台型结构和中断型结构。所谓前后台型是指在一个定时采样周期中，前台任务开销一部分时间，后台任务开销剩余部分的时间，共同完成数控加工任务。前台任务一般设计成中断服务程序。

下面以西门子系统为例说明系统软件的配置。系统软件包括三部分：

1）数控系统的生产厂家研制的启动芯片、基本系统程序、加工循环、测量循环等。

2）由机床厂家编制的针对具体机床所用的 NC 机床数据、PLC 机床程序、PLC 机床数据、PLC 报警文本、R 参数等组成。

3）由机床用户编制的加工主程序、加工子程序、刀具补偿参数、零点偏置等组成。

软件故障一般是由软件中文件的变化或丢失而形成的。机床软件一般存储于 RAM 中，软件故障可能形成的原因如下。

（1）误操作引起

在调试用户程序或者修改参数时，操作者删除或更改了软件内容，从而造成了软件故障

（2）供电电池电压不足

为 RAM 供电的电池或电池电路短路或断路、接触不良等都会造成 RAM 得不到维持电压，从而使系统丢失软件及参数。

（3）干扰信号引起

有时电源的波动或干扰脉冲会串入数控系统总线，引起时序错误或数控装置停止运行。

（4）软件死循环

运行比较复杂程序或进行大量计算时，有时会造成系统死循环引起系统中断，造成软件故障。

（5）系统内存不足或软件的溢出引起

在系统进行大量计算时，或者是误操作，引起系统的内存不足，从而引起系统的死机。

（6）软件的溢出引起

调试程序时，调试者修改参数不合理，或进行了大量错误的操作，引起了软件的溢出。CNC 单元系统软件故障维修见表 8－3 所示。

表 8－3　　　　CNC 单元故障系统软件故障分析与维修

故障现象	故障原因	排除方法
不能进入系统，运行系统时，系统界面无显示	1. 可能是系统文件被病毒破坏或丢失，可能是计算机被病毒破坏，也可能是系统软件中有文件损坏了或丢失了 2. 电子盘或硬盘物理损坏 3. 系统 CMOS 设置不对	1. 重新安装数控系统，将计算机的 CMOS 设为 A 盘启动；插入干净的软盘启动系统后，重新安装数控系统 2. 电子盘或硬盘在频繁的读写中有可能损坏，修复或更换电子盘或硬盘 3. 更改计算机的 CMOS
运行或操作中出现死机或重新启动	1. 参数设置不当 2. 同时运行了系统以外的其他内存驻留程序 3. 正从软盘或网络调用较大的程序 4. 从已损坏的软盘上调用程序 5. 系统文件被破坏 （系统在通信时或用磁盘进行拷贝文件时，有可能感染病毒）	1. 正确设置系统参数 2. 3. 4. 停止正在运行或调用的程序 5. 用杀毒软件检查软件系统，清除病毒或者重新安装系统软件进行修复
系统出现乱码	1. 参数设置不合理 2. 系统内存不足或操作不当	1. 正确设置系统参数 2. 对系统文件进行整理，删除系统产生的垃圾
操作键盘不能输入或部分不能输入	1. 控制键盘芯片出现问题 2. 系统文件被破坏 3. 主板电路或连接电缆出现问题 4. CPU 出现故障	1. 更换控制芯片 2. 重新安装数控系统 3. 修复或更换 4. 更换 CPU
I/O 单元出现故障，输入输出开关量工作不正常	1. I/O 控制板电源没有接通或电压不稳 2. 电流电磁阀、抱闸连接续流二极管损坏 各个直流电磁阀、抱闸一定要连接续流二极管，否则，在电磁阀断开时，因电流冲击使得 DC24V 电源输出品质下降，而造成数控装置或伺服驱动器随机故障报警	1. 检查线路，改善电源 2. 更换续流二极管

续表

故障现象	故障原因	排除方法
数据输入输出接口（RS－232）不能够正常工作	1. 系统的外部输入输出设备的设定错误或硬件出现了故障在进行通信时，操作者首先确认外部的通信设备是否完好，电源是否正常 2. 参数设置的错误 通信时需要将外部设备的参数与数控系统的参数相匹配，如波特率、停止位必须设成一致才能够正常通信。外部通信端口必须于硬件相对应 3. 通信电缆出现问题 不同的数控系统，通信电缆的管角定义可能不一致，如果管角焊接错误或者是虚焊等，通信将不能正常完成。另外通信电缆不能够过长，以免因信号的衰减引起故障	1. 对设备重新设定，对损坏的硬件进行更换 2. 按照系统的要求正确设置参数 3. 对通信电缆进行重新焊接或更换
系统网络连接不正常	1. 系统参数设置或文件配置不正确 2. 通信电缆出现问题通信电缆不能够过长，以免因信号的衰减引起故障 3. 硬件故障通信网口出现故障或网卡出现故障，可以用置换法判断出现问题的部位	1. 按照系统的要求正确设置参数 2. 对通信电缆进行重新焊接或更换 3. 对损坏的硬件进行更换

8.1.4 急停报警类故障分析与维修

数控装置操作面板和手持单元上，均设有急停按钮，用于当数控系统或数控机床出现紧急情况，需要使数控机床立即停止运动或切断动力装置（如伺服驱动器等）的主电源；当数控系统出现自动报警信息后，须按下急停按钮。待查看报警信息并排除故障后，再松开急停按钮，使系统复位并恢复正常。该急停按钮及相关电路所控制的中间继电器（KA）的一个常开触点应该接入数控装置的开关量输入接口，以便为系统提供复位信号。

机床一直处于急停状态，不能复位：系统急停不能复位是一个常见的故障现象，引起此故障的原因大致可以分为如下几种。

1）电气方面的原因　图 8－1 为一普通数控机床的整个电气回路的接线图，从图 8－1 上可以清晰地看出可以引起急停回路不闭和的原因有：①急停回路断路；②限位开关损坏；③急停按钮损坏。

如果机床一直处于急停状态，首先检查急停回路中 KA 继电器是否吸合，继

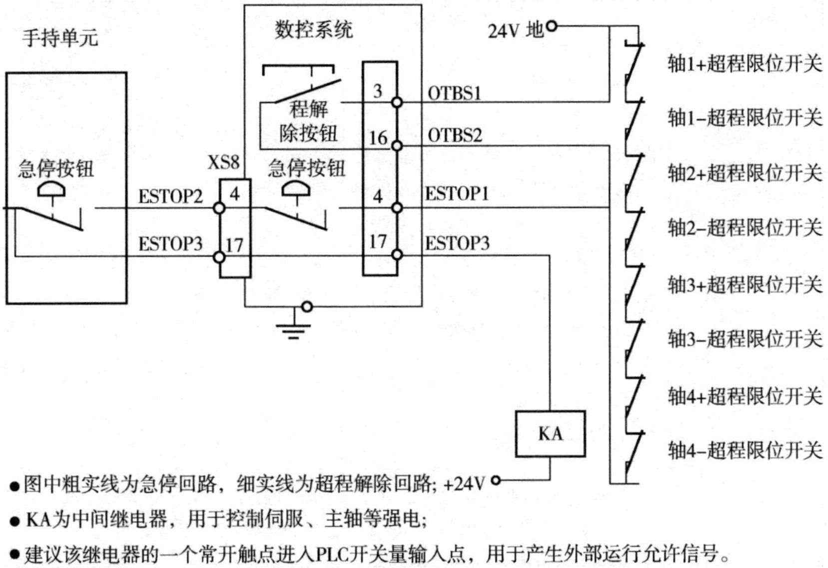

图 8－1　电气回路的接线图

电器如果吸合而系统仍然处于急停状态，可以判断出故障不是出自电气回路方面，这时可以从别的原因查找，如果继电器没有吸合，可以判断出故障是因为急停回路断路引起，这时可以利用万用表对整个急停回路逐步进行检查，检查急停按钮的常闭触点，并确认急停按钮或者行程开关是否损坏。急停按钮是急停回路中的一部分，急停按钮的损坏，可以造成整个急停回路的断路，检查超程限位开关的常闭触点，若未装手持单元或手持单元上无急停按钮，XS8 接口中的 4、17 脚应短接，逐步测量，最终确认故障的出处。

2）系统参数设置错误，使系统信号不能正常输入输出或复位条件不能满足引起的急停故障。

PLC 软件未向系统发送复位信息。检查 KA 中间继电器；检查 PLC 程序。

3）松开急停按钮，PLC 中规定的系统复位所需要完成的信息未满足要求。如伺服动力电源准备好、主轴驱动准备好等信息。

若使用伺服，伺服动力电源是否未准备好：检查电源模块；检查电源模块接线；检查伺服动力电源空气开关。

4）PLC 程序编写错误，检查逻辑电路。

另外，急停回路是为了保证机床的安全运行而设计的，所以整个系统的各个部分出现故障均有可能引起急停，其常见故障现象和排除方法如表 8－4 所示。

表 8－4　　急停报警类故障分析与维修

故障现象	故障原因	排除方法
机床一直处于急停状态，不能复位	1. 电气方面的原因 2. 系统参数设置错误，使系统信号不能正常输入输出或复位条件不能满足引起的急停故障；PLC 软件未向系统发送复位信息。检查 KA 中间继电器；检查 PLC 程序 3. PLC 中规定的系统复位所需要完成的 条件未满足要求，如伺服动力电源准备好、主轴驱动准备好等信息未到达 4. PLC 程序编写错误 5. 防护门没有关紧	1. 检查急停回路，排除线路方面的原因 2. 按照系统的要求正确地设置参数 3. 根据电气原理图，再根据系统的检测功能，判断什么条件未满足，并进行排除 4. 重新调试 PLC 5. 关紧防护门
数控系统在自动运行的过程中，报跟踪误差过大引起的急停故障	1. 负载过大，如负载过大，或者夹具夹偏造成的摩擦力或阻力过大，从而造成加在伺服电动机的扭矩过大，使电动机造成了丢步形成了跟踪误差过大 2. 编码器的反馈出现问题，如编码器的电缆出现了松动 3. 伺服驱动器报警或损坏 4. 进给伺服驱动系统强电电压不稳或者是电源缺相引起 5. 打开急停系统在复位的过程中，带抱闸的电机由于打开抱闸时间过早，引起电机的实际位置发生了变动，产生了跟踪误差过大的报警	1. 减小负载，改变切削条件或装夹条件 2. 检查编码器的接线是否正确，接口是否松动或者用示波器检查编码其所反馈回来的脉冲是否正常 3. 对伺服驱动器进行更换或维修 4. 改善供电电压 5. 适当延长抱闸电机打开抱闸的时间，当伺服电机完全准备好以后再打开抱闸
伺服单元报警引起的急停	伺服单元如果报警或者出现故障，PLC 检测到后可以使整个系统处在急停状态，如过载、过流、欠压、反馈断线等；如果是因为伺服驱动器报警而出现的急停，有些系统可以通过急停对整个系统进行复位，包括伺服驱动器，可以消除一般的报警	找出引起伺服驱动器报警的原因，将伺服部分的故障排除，令系统重新复位
主轴单元报警引起的急停	1. 主轴空开跳闸 2. 负载过大 3. 主轴过压、过流或干扰 4. 主轴单元报警或主轴驱动器出错	1. 减小负载或增大空开的限定电流 2. 改变切削参数减小负载 3、4. 清除主轴单元或驱动器的报警

8.1.5 操作类故障分析与维修

操作类故障分析与维修见表 8－5。

表 8－5　　　　操作类故障分析与维修

故障现象	故障原因		排除方法
手动运行机床，机床不动作	坐标无变化	1. 机床锁住按钮损坏，使机床按钮一直处在机床锁住的状态 数控机床如果机床锁住按钮被按下或者因为损坏而一直处于导通的状态，机床各轴是不能够运动的，在自动状态下，系统可以向各个轴发运动指令，但轴不执行 2. 系统参数设置错误 数控系统如果与轴相关的一些参数设置不当，可以造成轴运动不正常或不能够运行 3. 硬极限超程 4. 倍率选择开关选择 0 5. 手动按钮损坏或接触不良	1. 更换按钮 2. 重新设置系统参数 3. 手动将超程解除 4. 正确选择运动倍率 5. 更换按钮
	坐标有变化但轴不动作	1. 系统驱动程序没有安装或安装不正确，某些数控系统在调试时必须安装相应的驱动程序才能够运行，如果驱动程序没有安装或者安装的不正确，机床轴是不能够正常运行的 2. 伺服驱动器报警或使能信号未到达 3. 系统参数设置错误 数控系统如果与轴相关的一些参数设置不当，可以造成轴运动不正常或不能够运行。	1. 重新安装系统的驱动程序 2. 清除伺服驱动器的报警，检查使能信号是否到达 3. 重新设置系统参数
手摇无效	坐标无变化	1. 脉冲发生器坏 2. 系统参数设置不对 3. 手摇使能无效，或使能信号没有接通。为了安全考虑，一些手摇设置了一个使能按钮，当使能按钮被按下，系统检测到这个信号以后，手摇所发的脉冲才能够被系统接受，当使能信号没有接通或系统没有检测到，手摇即无效	1. 更换或维修脉冲发生器 2. 正确设置系统参数 3. 检查线路，判断使能信号是否给出
	坐标有变化但轴不动作	1. 机床锁住按钮损坏，使机床按钮一直处在机床锁住的状态 2. 伺服或主轴部分出现报警	1. 更换机床锁住按钮 2. 清除报警

续表

故障现象	故障原因	排除方法
手动移动机床超程后无法解除	1. 机床超程信号接反或者是机床运动方向相反。机床在运行时超程是经常遇到的现象，在进行超程解除的时候有可能因为操作者的不熟练，将超程解除的方向弄反，某些数控系统厂家为了机床运行的安全性，在机床超程的时候设置了一些输入信号，用来检测数控机床的超程方向，如果检测到数控机床超程后，机床只能够向超程的相反方向运动，这样能够防止机床继续向超程的方向运动。但是如果机床的超程信号接反或者是机床的运动方向相反，机床超程就不能够正常解除 2. PLC 的编写错误 3. 参数设置错误	1. 将轴的运动方向更改，或者将超程信号进行互换，此故障现象即可排除 2. 更改 PLC 程序 3. 正确设置系统参数
M、S、T 指令有时执行有时不执行或者执行的动作不正确	1. 参数设置错误或者是丢失从而引起系统的控制紊乱 2. 系统受到较强烈的干扰	1. 重新设置参数 2. 增加防干扰的措施，排除干扰源
系统 G00G01 G02G03 指令均不能执行	1. 系统选择了每转进给，但是主轴未启动 2. PLC 中已经设定了主轴速度到达信号，但该信号没有到达系统 3. 轴的进给倍率选择了零	1. 在轴动作前先运转主轴 2. 找出主轴信号未到达的原因或将主轴速度到达的限定范围加大 3. 选择正确的进给倍率
机床油泵、冷却泵没有启动或启动后没有油、冷却液输出	1. 输入/输出板或回路出现故障 2. 电机电源相序不正确。如果油泵、冷却泵直接使用的是普通三相交流电机，有可能是因为电机电源进线相序搞反，造成电机的反转，致使油或冷却液不能够正常输出 3. 冷却箱过脏，引起电泵堵塞，冷却管堵塞或变形	1. 维修或更换输入/输出板 2. 调整三相电源的相序 3. 清洗冷却箱，更换过脏的冷却液，更换变形的冷却管
系统发出主轴旋转的指令后，主轴不转动或只能向一个方向转动	1. 系统的控制主轴的模拟电压没有输出 2. 系统的主轴模拟量的输出接口与变频器的连接电缆断线或者短路 3. 连接器接触不良 4. 主轴的正转或反转控制接触器损坏或触点接触不良 5. 主轴控制电路接触不良或有断线	1. 测量是否有电压输出，是否随主轴转速的变化而变化 2. 重新焊接电缆或更换 3. 重新将连接器接牢 4. 更换损坏的继电器 5. 根据电气原理图找出故障点

续表

故障现象	故障原因	排除方法
机床工作台运行时抖动，有时有卡滞现象	1. 导轨拉伤产生爬行 2. 丝杠轴承损坏 3. 传动链松动	1. 清洗导轨或用油石修磨导轨表面 2. 更换损坏的轴承 3. 检查传动系统，紧固松动的地方
气动卡盘工件夹不紧	1. 气压不足 2. 电磁阀损坏 3. 压力继电器损坏	1. 增大气压力 2. 更换电磁阀 3. 更换压力继电器

8.1.6　参考点、编码器类故障分析与维修

按机床检测元件检测原点信号方式的不同，返回机床参考点的方法有两种，即栅点法和磁开关法。在栅点法中，检测器随着电机一转信号同时产生一个栅点或一个零位脉冲，在机械本体上安装一个减速挡块及一个减速开关，当减速挡块压下减速开关时，伺服电机减速到接近原点速度运行。当减速挡块离开减速开关时，即释放开关后，数控系统检测到的第一个栅点或零位信号即为原点。在磁开关法中，在机械本体上安装磁铁及磁感应原点开关或者接近开关，当磁感应开关或接近开关检测到原点信号后，伺服电机立即停止运行，该停止点被认作原点。

栅点法的特点是如果接近原点速度小于某一特定值，则伺服电机总是停止于同一点，也就是说，在进行回原点操作后，机床原点的保持性好。磁开关法的特点是软件及硬件简单，但原点位置随着伺服电机速度的变化而成比例的漂移，即原点不确定，目前，大多数机床采用栅点法。

栅点法中，按照检测元件的不同分为以绝对脉冲编码器方式归零和以增量脉冲编码器方式归零。在使用绝对脉冲编码器作为测量反馈元器件的系统中，机床调试时第一次开机后，通过参数设置配合机床回零操作调整到合适的参考点后，只要绝对编码器的后备电池有效，此后每次开机，不必进行回参考点操作。在使用增量脉冲编码器的系统中，回参考点有两种方式，一种是开机后在参考点回零模式下直接回零，另一种在存储器模式下，第一次开机手动回原点，以后均可用 G 代码方式回零。

回参考点的方式一般可以分为如下几种：

1）手动回原点时，回原点轴先以参数设置的快速移动的速度向原点方向移动，当减速挡块压下原点减速开关时，回零轴减速到系统参数设置较慢的参考点定位速度，继续向前移动，当减速开关被释放后，数控系统开始检测编码器的栅点或零脉冲，当系统检测到第一个栅点或零脉冲后，电机马上停止转动，当前位

置即为机床零点

2）回原点轴先以参数设置的快速移动的速度向原点方向移动，当减速挡块压下原点减速开关时，回零轴减速到系统参数设置较慢的参考点定位速度，轴向相反方向移动，当减速开关被释放后，数控系统开始检测编码器的栅点或零脉冲，当系统检测到第一个栅点或零脉冲后，电机马上停止转动，当前位置即为机床零点。

3）回原点轴先以参数设置的快速移动的速度向原点方向移动，当减速挡块压下原点减速开关时，回零轴减速到系统参数设置较慢的参考点定位速度，轴向相反方向移动，当减速开关被释放后，回零轴再次反向，当减速开关再次被压下后，数控系统开始检测编码器的栅点或零脉冲，当系统检测到第一个栅点或零脉冲后，电机马上停止转动，当前位置即为机床零点。

4）回原点轴接到回零信号后，就在当前位置以一个较慢的速度向固定的方向进行移动，同时数控系统开始检测编码器的栅点或零脉冲，当系统检测到第一个栅点或零脉冲后，电机马上停止转动，当前位置即为机床零点。

使用增量式检测反馈元件的机床，开机第一次各伺服轴手动回原点大多采用挡块式复归，其后各次的原点复归可以用 G 代码指令，以快速进给速度复归至开机第一次回原点的位置。

使用绝对式检测反馈元件的机床第一次回原点时，首先，数控系统与绝对式检测反馈元件进行数据通信以建立当前的位置，并计算当前的位置到机床原点的距离及当前位置到距离最近栅点的距离，系统将所得数值计算后，赋给计数器，栅点即被确立。

当数控机床回参考点出现故障时，先检查原点减速挡快是否松动，减速开关固定是否牢靠或被损坏。用百分表或激光干涉仪进行测量，确定机械相对位置是否漂移；检查减速挡快的长度，安装的位置是否合理；检查回原点的起始位置，原点位置和减速开关的位置三者之间的关系；确定回原点的模式是否正确；确定回原点所采用的反馈元器件的类型；检查有关回原点的参数设置是否正确；确认系统是全闭环还是半闭环的控制；用示波器检查是否脉冲编码器或光栅尺的零点脉冲出现了问题；检查 PLC 的回零信号的输入点是否正确。

参考点、编码器类常见故障现象及分析见表 8-6 所示。

表 8-6　　参考点、编码器类故障分析与维修

故障现象	故障原因		排除方法
机床回原点后原点漂移或参考点发生整螺距偏移的故障	参考点发生单个螺距偏移	1. 是因为减速开关与减速挡块安装不合理，使减速信号与零脉冲信号相隔距离过近 2. 机械安装不到位	1. 调整减速开关或者是挡块的位置使机床轴开始减速的位置大概处在一个栅距或一个螺距的中间位置 2. 调整机械部分

续表

故障现象	故障原因		排除方法
机床回原点后原点漂移或参考点发生整螺距偏移的故障	参考点发生多个螺距偏移	1. 参考点减速信号不良引起的故障 2. 减速挡块固定不良引起寻找零脉冲的初始点发生了漂移 3. 零脉冲不良引起	1. 检查减速信号是否有效，接触是否良好 2. 重新固定减速挡块 3. 对码盘进行清洗
系统开机回不了参考点、回参考点不到位	1. 系统参数设置错误 2. 零脉冲不良引起的故障，回零时找不到零脉冲 3. 减速开关损坏或者短路 4. 数控系统控制检测放大的线路板出错 5. 导轨平行/导轨与压板面平行/导轨与丝杠的平行度超差 6. 当采用全闭环控制时光栅尺进了油污		1. 重新设置系统参数 2. 对编码器进行清洗或者更换 3. 维修或更换 4. 更换线路板 5. 重新调整平行度 6. 清洗光栅尺
找不到零点或回参考点时超程	1. 回参考点位置调整不当引起的故障，减速挡块距离限位开关行程过短 2. 零脉冲不良引起的故障，回零时找不到零脉冲 3. 减速开关损坏或者短路 4. 数控系统控制检测放大的线路板出错 5. 导轨平行/导轨与压板面平行/导轨与丝杠的平行度超差 6. 当采用全闭环控制时光栅尺进了油污		1. 调整减速挡块的位置 2. 对编码器进行清洗或者更换 3. 更换减速开关 4. 维修或更换线路板 5. 重新调整平行度 6. 清洗光栅尺
回参考点的位置随机性变化	1. 干扰 2. 编码器的供电电压过低 3. 电机与丝杠的联轴器松动 4. 电动机扭矩过低或由于伺服调节不良，引起跟踪误差过大 5. 零脉冲不良引起的故障 6. 滚珠丝杠间隙增大		1. 找到并消除干扰 2. 改善供电电源 3. 紧固联轴器 4. 调节伺服参数，改变其运动特性 5. 对编码器进行清洗或者更换 6. 修磨滚珠丝杆螺母调整垫片，重调间隙
攻丝时或车螺纹时出现乱扣	1. 零脉冲不良引起的故障 2. 时钟不同步出现的故障 3. 主轴部分没有调试好，如主轴转速不稳，跳动过大或因为主轴过载能力太差，加工时因受力使主轴转速发生太大的变化		1. 对编码器进行清洗或者更换 2. 更换主板或更改程序 3. 重新调试主轴
主轴定向不能够完成，不能够进行镗孔、换刀等动作	1. 脉冲编码器出现问题 2. 机械部分出现问题 3. PLC 调试不良，定向过程没有处理好		1. 维修或更换编码器 2. 调整机械部分 3. 重新调试 PLC

8.1.7 参数设定错误引起的故障分析与维修

数控机床在出厂前，已将所用的系统参数进行了调试优化，但有的数控系统还有一部分参数需要到用户那里去调试，如果参数设置不对或者没有调试好，就有可能引起各种各样的故障现象，直接影响到机床的正常工作和性能的充分发挥。在数控维修的过程中，有时也利用参数来调试机床的某些功能，而且有些参数需要根据机床的运动状态来进行调整。有的系统参数很多，如果要维修人员逐步去查找不现实，数控机床的参数一般分为：状态型参数、比率型参数、真实值参数；如果按照机床参数所具有的性质又可以分为普通型参数和秘密级参数。普通型参数是数控厂家在各类公开发行的资料中公开的参数，对参数都有详细的说明及规定，有些允许用户进行更改调试。秘密级参数是数控厂家在各类公开发行的资料中不公开的参数，或者是系统文件中进行隐藏的参数，此类参数只有数控厂家进行更改与调试，用户没有权限去更改。

（1）数控系统参数丢失

1）数控系统的后备电池失效。后备电池的失效将导致全部参数的丢失，机床长时间停用最容易出现后备电池失效的现象，机床长时间停用时应定期为机床通电，使机床空运行一段时间，这样不但有利于后备电池的使用时间延长和及时发现后备电池是否无效，更重要的是可以延长整个数控系统包括机械部分的使用寿命。

2）操作者的误操作使参数丢失或者受到破坏。这种现象在初次接触数控机床的操作者中经常遇到，由于误操作，有的将全部参数进行清除，有的将个别参数更改，有的将系统中处理参数的一些文件不小心进行了删除，从而造成了系统参数的丢失。

3）机床在 DNA 方式下加工工件或者在进行数据传输时电网突然停电。

（2）参数设定错误引起的部分故障现象

1）系统不能正常启动；

2）机床不能正常运行；

3）机床运行时经常报跟踪误差；

4）机床轴运动方向或回零方向相反；

5）运行程序不正常；

6）螺纹加工不能够进行；

7）系统显示不正常；

8）死机。

参数是整个数控系统中很重要的一部分，如果参数出现了问题可以引起各种各样的问题，所以在维修调试的时候一定要注意检查参数，首先排除是因为参数的设置而引起的故障，再从别的位置查找问题的根源。

8.1.8　刀架、刀库及换刀常见故障分析与维修

数控系统在换刀时，换刀信号已经发出，控制刀架电机的接触器也已经闭合，如果现在刀架电机不运转，有可能是因为刀架电机电源缺相，另一个原因有可能是因为刀架电机正反转信号接反，因为普通经济型车床所使用的刀架是通过刀架电机的正反转来进行选刀，并进行锁紧等动作，一般的工作顺序是刀架首先正转进行选择刀具，刀具选择到位后，电机再进行反转，把所选择的刀具进行锁紧。整个换刀过程才结束，如果刀架电机电源的相序接反或者是所发出的正反转信号相反，那么数控系统选择刀具时所发出的刀架电机正转信号，刀架电机此时的运动状态恰好是反转锁紧，所以刀架电机就会静止不动，一直处在锁紧状态。此时将刀架电机的电源线任换两相，或者是将 PLC 的刀架输出信号相互调节一下，故障即可以消除。刀架、刀库及换刀常见故障分析与维修见表 8－7 所示。

表 8－7　　刀架、刀库及换刀常见故障分析与维修

故障现象	故障原因	排除方法
换刀时刀架不转	1. 电源相序接反（使电机正反转相反）或电源缺相（适用普通车床刀架） 2. PLC 程序出错，换刀信号没有发出	1. 将电源相序调换 2. 重新调试 PLC
换刀时刀架/刀库一直旋转	1. 刀位信号没有到达 2. I/O 输入输出板出错 3. 检测信号的开关损坏	1. 检查线路是否有误 2. 维修或更换 3. 维修或更换
普通刀架不能锁紧	1. 刀架反转信号没有输出 2. 刀架锁紧时间过短 3. 机械故障	1. 检查线路是否有误 2. 增加锁紧时间 3. 重新调整机械部分
刀库换刀动作不能够完成	1. 松刀感应开关或电磁阀损坏或失灵 2. 压力不足，液压系统出现问题，液压缸因液压系统压力不足或漏油而不动作，或行程不到位 3. PLC 调试出错，换刀条件不能满足 4. 主轴系统出错	1. 更换松刀感应开关或电磁阀 2. 检查液压系统 3. 重新调试 PLC，观察 PLC 的输入输出状态 4. 主轴驱动器是否报错

续表

故障现象	故障原因	排除方法
自动换刀时刀链运转不到位	1. 液压系统出现问题，油路不畅通或液压阀出现问题 2. 液压马达出现故障 3. 刀库负载过重，或者有阻滞的现象 4. 润滑不良	1. 检查液压系统 2. 检查液压马达是否正常工作 3. 检查刀库装刀是否合理 4. 检查润滑油路是否畅通，并重新润滑
刀具夹紧后不能松开，主轴刀柄取不下	1. 松刀力不够 2. 气液压阀或松拉力气缸损坏 3. 拉杆行程不够或拉杆位置变动 4. 锥为自锁与非自锁的临界点 5. 刀具松夹弹簧压合过紧 6. 液压缸压力和行程不够	1. 调整机械部分 2. 维修或更换 3. 调整机械部分 4. 重新调整 5. 调整刀具松夹弹簧 6. 对液压缸进行检查
刀具不能夹紧，主轴不能拉上刀柄	1. 拉杆行程不够 2. 松刀接近开关位置变动 3. 拉杆头部损坏 4. 阀未动作、卡死或者未上电 5. 拉钉未拧紧或者型号选择不正确 6. 碟形弹簧位移量太小 7. 刀具松夹弹簧上螺母松动	1. 对拉杆进行调整 2. 调整接近开关的位置 3. 更换拉杆 4. 检查阀是否有动作或检查是否有电输出 5. 检查拉钉并更换 6. 调整碟形弹簧 7. 紧固螺母

8.1.9 数控加工类故障分析与维修

误差故障的现象较多，在各种设备上出现时的表现不一。如数控车床在直径方向出现时大时小的现象较多；在加工中心上垂直轴出现误差的情况较多，常见的是尺寸向下逐渐增大，但也有尺寸向上增大的现象，在水平轴上也经常会有一些较小误差的故障出现，有些经常变化，时好时坏使零件的尺寸难以控制。造成数控机床中误差故障但又无报警的情况，数控机床中的无报警故障大都是一些较难处理的故障。在这些故障中，以机械原因引起的较多，其次是一些综合因素引起的故障，对这些故障的修理一般具有一定的难度，特别是对故障的现象判断尤其重要。在数控机床的修理中，对这方面故障的判断经验只有在实践中进行摸索，不断总结，不断提高。

数控加工类故障分析与维修，见表 8－8 所示。

表 8 -8　　数控加工类故障分析与维修

故障现象	故障原因		排除方法
加工尺寸或精度误差过大	系统方面	1. 机床的数控系统较简单，在系统中对误差没有设置检测，因此在机床出现故障时不能有报警显示	1. 提高加工精度，尽量减小误差发生的可能性
		2. 机床中出现的误差情况不在设计时预测的范围内，因此当出现误差时检测不到，由于大多数的数控机床使用的是半闭环系统，因此不能检测到机床的实际位置	2. 适当减小允差范围，调整参数，提高加工精度
		3. 机床的电气系统中回零不当，回零点不能保证一致，该种故障出现的误差一般较小。除了一般的因减速开关不良造成故障外，回零时的减速距离太短也会使零点偏离。在有些系统中的监控页面中有“删格量”一项，记录并经常核对可及时发现问题	3. 调整减速开关或适当减小回零速度
		4. 机床运动时由于超调引起加工精度和加工尺寸误差过大，如果加减速时间常数调节得过小，电机电流已经形成饱和，引起伺服运动的超调，可能引起系统的加工精度与加工尺寸变化，这时可以通过调节伺服驱动器的参数改善轴的运动性能，来消除加工误差	4. 适当调整伺服参数的增益，改善电机的运转性能
	操作方面	1. 在利用刀尖半径补偿时，G41、G42 使用不正确或者在走刀换向时没有相应修改 G41、G42	1. 正确使用 G41、G42 加工指令
		2. 刀具与工件的相对位置方位号设定错误	2. 更改方位号
		3. 对刀不正确，或者加工时没有考虑刀尖半径尺寸	3. 更改操作方法
	机械方面	1. 机床几何误差太大，机床机械精度达不到要求	1. 重新调整机床几何精度
		2. 丝杠与电机的联轴器的影响 丝杠与电机的联轴器结构对故障发生的频率和可能性不同，出现故障后现象也不同，有些尺寸只会向负方向增加，但也有正负方向变化的可能。弹性联接的基本上是负向增加的多，而中间使用键联接的两种故障均会发生	2. 调整丝杠与电机的联轴器或更换联轴器消除弹性形变
		3. 滚珠丝杠的支承轴承或钢珠损坏	3. 更换轴承螺母或钢珠
		4. 滚轴丝杠的反向器磨损	4. 更换反向器
		5. 传动链松动	5. 检查传动系统，并排除松动
		6. 滚珠丝杠的预紧力调整不适当	6. 调整滚珠丝杠的预紧力，使窜动不超过 0.0015mm

续表

故障现象	故障原因	排除方法
两轴联动铣削圆周时圆度超差	1. 圆度超差一般出现两种情况：一种是圆的轴向变形；另一种情况是出现斜椭圆，即在45°方向上的椭圆 2. 圆的轴向变形，其原因是由于机床的机械未调整好而造成轴的定位精度不好，或者是机床的丝杠间隙补偿不当，从而导致每当机床在过象限时，就产生圆度误差 3. 产生斜椭圆误差时，一般是由各轴的位置偏差过大造成，可以通过调整各轴的增益来改善各轴的运动性能，使每个轴的运动特性比较接近。另外，如果机械传动副之间的间隙过大或者间隙补偿不合适的话，也可能引起该故障	1. 调整机械安装，减小机床的机械误差 2. 调整各轴的伺服驱动器，改善各轴的运动性能，调整机械安装，消除反向间隙
两轴联动铣削圆周时圆弧上有突起现象	圆弧切削在特定的角度（0、90°、180°、270°）过象限时，由于电机需要反转，由于机械的摩擦力、反向间隙等原因使速度无法连续，造成圆弧上有突起现象	调整机械安装，减小机床的反向间隙误差
车床加工时，G02、G03加工轨迹不是圆或报圆弧数据错误	1. 参数设置错误，如加工平面选择不对 2. X轴编程时半径编程输入的是直径值，直径编程时输入的是半径值	1. 正确设置参数 2. 改正所编的程序或者更改参数
自动运行时报程序指令错	1. 程序中有非法地址字 2. 固定循环参数设置错误	1. 改正所编的程序 2. 正确编写固定循环
机床加工工件时，噪声过大	1. 棒料的不直度过大，使机床加工时产生过大的噪声 2. 机床使用过久，丝杠的间隙过大 3. 运动轴轴承座润滑不良，轴承磨损或已经损坏 4. 工装夹具、刀具或切削参数选择不当 5. 伺服电机，主轴电机的轴承润滑不良或损坏	1. 对棒料进行校直 2. 修磨滚珠丝杠的螺母调整垫片，重调间隙 3. 加长效润滑脂，更换已损坏的轴承 4. 改善工装夹具，并根据工件重新选择刀具或切削参数 5. 加润滑脂，更换已经损坏的轴承

数控机床一般分为三类，即数控车床、数控铣床和加工中心。下面分别说明这三类机床的故障维修实例。

8.2　数控车床

当数控设备出现故障时，发现问题是解决问题的第一步，而且是最重要的一步。首先要搞清故障现象，向操作人员了解第一次出现故障时的情况，在可能的情况下观察故障发生的过程，观察故障是在什么情况下发生的，怎么发生的，引起怎样的后果。只有了解到第一手情况，才有利于故障的排除，把故障过程搞清了，问题就解决一半了。搞清了故障现象，然后根据机床和数控系统的工作原理，就可以很快地确诊问题所在并将故障排除，使设备恢复正常使用。

8.2.1　电源类故障分析与维修实例

例 8－1

故障现象：一普通数控车床，NC 启动就断电，且 CRT 无显示

维修过程及分析：初步分析可能是某处接地不良，经过对各个接地点的检测处理，故障未排除。之后检查了一下 CNC 各个板的电压，用示波器测量发现数字接口板上集成电路的工作电压有较强的纹波，经检查电源低频滤波电容正常。在电源两端并接一小容量滤波电容，启动机床正常，本故障属于 CNC 系统电源抗干扰能力不强所致。

例 8－2

故障现象：一台 SSCK－20 数控车床，机床工作指示灯亮而系统显示装置不亮，电源单元无法接通。

维修过程及分析：图 8－2 为 SSCK－20 数控车床电源单元连接图。当按下 NC 准备 SB2 时，CRT 无任何显示且 CRT 的灯丝不亮。测量 CRT 的 CP15 无 24V 输出，说明电源单元没工作，即电源无法接通。

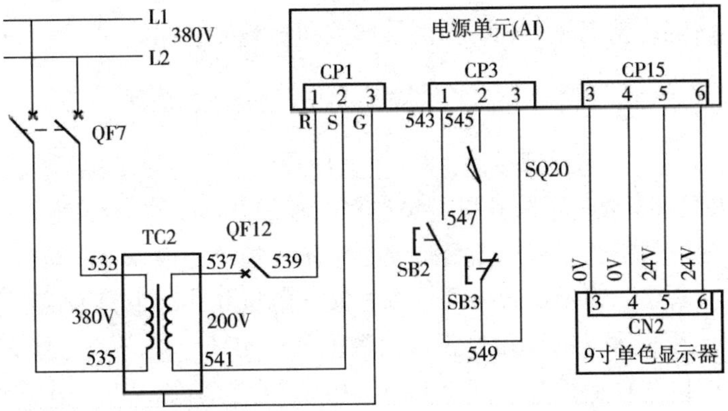

图 8－2　SSCK－20 数控车床电源单元的连接

当电源状态指示灯 LED（绿色 PIL）不亮时，则故障原因可能是外部 AC 输入电路（CP1 输入端）故障、熔断器 F11、F12 故障或辅助电路熔断器 F1 故障。

当电源单元状态指示灯 LED 亮时（此时 ALM 故障状态指示灯不亮），故障原因可能是 CP3 外部连接开关 SB2、SB3、SQ21 及接线故障，也可能是内部电路 RY2、RY3、RY4 继电器控制电路故障。

当电源单元指示灯和故障状态指示灯都亮时，如果机床断电再送电故障解除，则为电源单元受到外界的干扰导致。如果不能解除，则可能是电源单元输出电压 +5V、+15V、-15、+24V 直流电压异常或内部电路故障。

8.2.2 系统显示类故障分析与维修实例

例 8-3

故障现象：一台数控车床配 FANUC0-TD 系统，在调试中时常出现 CRT 闪烁、发亮，没有字符出现的现象。

维修过程及分析：经分析，造成故障的原因主要有：

1）CRT 亮度与灰度旋钮在运输过程中因振动而复位。

2）系统在出厂时没有经过初始化调整。

3）系统的主板和存储板有质量问题。

解决办法可按如下步骤进行：首先，调整 CRT 的亮度和灰度旋钮，如果没有反应，将系统进行初始化一次，同时按 RST 键和 DEL 键，进行系统启动，如果 CRT 仍没有正常显示，则需要更换系统的主板或存储板。

例 8-4

故障现象：一台 FANUC 0TD 数控车床，在经过假期后，开机时发现系统无显示。

维修过程及分析：由于本机床在放假前工作正常，并正常关机，初步认为系统与机床不应有零部件的损坏，维修时重点检查了系统与显示器的连接电缆。经检查发现，该电缆被老鼠咬断，重新连接后机床恢复正常。

8.2.3 CNC 单元故障系统软件故障分析与维修实例

例 8-5

安阳 CKA6163 数控车床开机报警灯亮，冷却泵不受系统控制。

维修过程及分析：该机床报警灯受三个条件控制：液压电机断路器断路、冷却电机断路器断路、刀架信号混乱。查看液压电机和冷却电机断路器均正常，常闭端有 24V 电压输入，刀架信号正常，系统可检测到刀位信号。再仔细查看机床接线，冷却电机断路器信号检测端口为 X6.6，观看系统 PMC X6.6 地址显示为 0，即系统检测认为冷却电机断路器断路，故输出机床报警。回想到此前该机床曾换过 IO 扩展板，遂重新更换回原来的 IO 板，开机机床报警灯灭，冷却泵也受机床控制，故障消失。

例 8－6

故障现象：一台南京 N－084 型数控车床（30 系列），该数控车床采用 FANUC 0－TD 系统。在自动加工模式中工作台突然停止工作。

维修过程及分析：

1）现场查看 CRT 显示 521 报警号，为 Z 轴负方向限位超程报警（超程报警分软件超程和硬件超程。硬件超程即限位行程开关被压动作时，给数控系统发超程报警信号，使数控车床停止运行，以确保人机安全；软件超程即指在 CNC 数控系统内设置相应参数．用来防止工作台上刀具超出有效工作区域，避免机床夹具被刀具撞坏。）

2）根据－Z 轴超程故障报警，在手动 JOG 模式下，用手轮（脉冲发生器）配合进给倍率，将工作台向报警的反方向移动，即＋Z 轴方向移动，切记不可弄错方向。（如遇手动不能向报警的反方向移动时，可能是电源脱开，按 CRT/MDI 操作面板上的 P 键及 CAN 键同时接通电源，这时特别注意在按 RESET 复位键及 DELETE 删除键时不可接通电源，一直等到工作台退出机床超程禁区，返回机床参考点后，方可操作按 RESET 复位键及 DELETE 删除键。）

3）处理该超程故障时，只将数控车床工作台退出机床禁区后，更换损坏的 x18 限位开关，按 RESET 复位键解除报警，把工作台返回数控机床参考点，重新试车正常，至此故障得以排除。

8.2.4　急停报警类故障分析与维修实例

例 8－7

故障现象：一数控车床在工作时突然停机。系统显示急停状态，并显示主轴温度报警。

维修过程及分析：经过实际测量检查，发现主轴温度并没有超出允许范围，故判断故障出现在温度仪表上，调整外围线路后报警消失。随即更换新仪表后恢复正常。

例 8－8

故障现象：一车削单元采用的是 SINUMERIK840C 系统。机床在工作时突然停机，显示主轴温度报警。

维修过程及分析：经过对比检查，故障出现在温度仪表上，调整外围线路后报警消失，随即更换新仪表后恢复正常。

8.2.5　操作类故障分析与维修实例

例 8－9

故障现象：数控车床在使用中出现手动移动正常，自动回零时移动一段距离后不动，重开手动移动又正常。

维修过程及分析：该车床使用经济数控、步进电机，手动移动时由于速度稍慢移动正常，自动回零时快速移动距离较长，出现机械卡住现象。根据故障进行分析，主要是机械原因，后经询问，才得知该机床因发现加工时尺寸不准，将另一台机床上的电机拆来使用，后出现了该故障，经仔细检查是因变速箱中的齿轮间隙太小引起，重新调整后正常。这是一例人为因素造成的故障，在修理中如不加注意经常会发生，因此在工作中应引起重视，避免这种现象的发生。

例 8－10

数控车床配备 FANUC－0T 系统，当脚踏尾座开关使套筒顶尖顶紧工件时，系统产生故障报警。

维修过程及分析：在系统诊断状态下，调出 PLC 输入信号，发现脚踏开关输入 X04.2 为“1”，尾座套筒转换开关 X17.3 为“1”，润滑油液面开关 X17.6 为“1”。调出 PLC 输出信号，当脚踏向前开关时，输出 Y49.0 为“1”，同时电磁阀也得电。这说明系统 PLC 输入输出状态均正常。分析尾座套筒液压系统，当电磁阀 YV4.1 得电后，液压油经溢流阀、流量控制阀和单向阀进入尾座套筒液压缸，使其向前顶紧工件。松开脚踏开关后，电磁换向阀处于中间位置，油路停止供油，由于单向阀的作用，尾座套筒向前时的油压得到保持，该油压使压力继电器常开触点接通，在系统 PLC 输入信号中 X00.2 为“1”，但检查系统 PLC 输入信号 X00.2 为“0”，说明压力继电器有问题，经进一步检查发现其触点损坏。

8.2.6 参考点、编码器类故障分析与维修实例

例 8－11

故障现象：安阳 CKA6163 数控车床不定时出现 X 轴 410，416 报警。

维修过程及分析：该报警意思是 X 轴由停止状态启动时位置偏差过大，大于设定值。因为该机床是重新连线，连线时发现 X 轴编码器的插头有腐蚀现象，所以怀疑是编码器接头处松动接触不良所至，但手头的连接线型号不一致，接上去出现 368 串行口通信故障，只好换回原来的连接线。后发现该轴电机三相线有一根接触不牢，是工人直接用手拧在一起的，没有锡焊。遂进行锡焊处理，并重新包扎，开机后加工正常。

例 8－12

故障现象：安阳 CKA6163 数控车床不执行车削动作 G92，程序执行到该指令后停止。

维修过程及分析：用系统诊断功能发现 00－16 号全部为 0，维修技术人员解释为主轴编码器没有信号返回，更换同型号主轴编码器后故障消失。该编码器功能为系统提供主轴转动角度信号，为车削指令提供必要条件。

例 8 – 13

故障现象：某机床在回零时，发现机床回零的实际位置出现每次都不一样，漂移一个栅点或者是一个螺距的位置，并且是时好时坏 。

维修过程及分析：如果每次漂移只限于一个栅点或螺距，这种情况有可能是因为减速开关与减速撞块安装不合理，机床轴开始减速时的位置距离光栅尺或脉冲编码器的零点太近，由于机床的加减速或惯量不同，机床轴在运行时过冲的距离不同从而使机床轴所找的零点位置发生了变化。

解决办法：

（1）改变减速开关与减速撞块的相对位置，使机床轴开始减速的位置大概处在一个栅距或一个螺距的中间位置。

（2）设置机床零点的偏移量，并适当减小机床的回零速度或减小机床的快移速度的加减速时间常数。

例 8 – 14

故障现象：一台数控车床，X、Z 轴使用半闭环控制，在用户中运行半年后发现 Z 轴每次回参考点总有 2 ~ 3mm 的误差，而且误差没有规律。

维修过程及分析：调整控制系统参数后现象仍没消失，更换伺服电机后现象依然存在，后来仔细检查发现是丝杠末端没有锁紧，经过螺母锁紧后现象消失。

例 8 – 15

故障现象：某配套 FANUC 0 系统的数控车床，回参考点动作正常，但参考点位置随机性大，每次定位都有不同的值。

维修过程及分析：由于机床回参考点动作正常，证明机床回参考点功能有效。进一步检查发现，参考点位置虽然每次都在变化，但却总是处在参考点减速挡块放开后的位置上。因此，可以初步判定故障的原因是由于脉冲编码器“零脉冲”不良或丝杠与电动机间的连接不良引起的故障。

为确认问题的原因，鉴于故障机床伺服系统为半闭环结构，维修时脱开了电动机与丝杆间的联轴器，并通过手动压参考点减速挡块，进行回参考点试验；多次试验发现，每次回参考点完成后，电动机总是停在某一固定的角度上。

以上证明，脉冲编码器“零脉冲”无故障，问题的原因应在电动机与丝杠的连接上。仔细检查发现，该故障是由于丝杆与联轴器间的弹性胀套配合间隙过大，产生连接松动。修整胀套，重新安装后机床恢复正常。

8.2.7　参数设定错误引起的故障分析与维修实例

例 8 – 16

故障现象：CK6140 加工圆弧过程中 *X* 轴出现加工误差过大。

维修过程及分析：在自动加工过程中，从直线到圆弧时接刀处出现明显的加工痕迹。用千分表分别对车床的 *Z*、*X* 轴的反向间隙进行检测，发现 *Z* 轴为

0.008mm，而 X 轴有 0.08mm。可以确定该现象是由 X 轴间隙过大引起的。分别对电动机连接的同步带、带轮等检查无误后，将 X 轴分别移动至正、负极限处，将千分表压在 X 轴侧面，用手左右推拉 X 轴中拖板，发现有 0.06mm 的移动值。可以判断是 X 轴导轨镶条引起的间隙。松开镶条止退螺钉，调整镶条调整螺母，移动 X 轴，X 轴移动灵活，间隙测试值还有 0.01mm，锁紧止退螺钉，在系统参数里将“反向间隙补偿”值设为 10，重新启动系统运行程序，上述故障现象消失。

例 8－17

故障现象：一台 CAK50135nj，系统为 GSK980TD，快移倍率 100% 的情况下，在自动运行 G00 时，Z 轴出现一冲一冲的现象，快移倍率 50% 的情况下，则无此现象；快移倍率 100% 的情况下，手动快移也无一冲一冲的现象。

维修过程及分析：初步分析是 Z 轴的快移加减速时间参数不合适造成，原 Z 轴加减速时间参数 25# = 80，由于不同机床有不同的机械性能，故根据现场情况试把参数减小为 60，下电后再上电，故障排除。

例 8－18

故障现象：CAK3665di（出厂日期 2010.9），CNC：FANUC 0i MATE TD。机床在加工中主轴忽然停止，电柜上面很烫（变频器制动电阻位置），打开电柜，看 QF1 是否跳闸，确认跳闸。

维修过程及分析：检查电源电压正常，检查变频器（沈阳天宇 TY6000－3 5R5GB）知道电阻已损坏，在变频器端子 B1，B2 拆下制动电阻接线，测量 RST，UVW，没有发现接地短路现象，合上 QF1，变频器液晶操纵面板不亮，确定变频器内部损坏，只能更换。

在拆损坏变频器时与随机电路图对照，发现说明书目录第 14 页有 TY6000 接线图，结果 14 页是北晨变频器，不一样，记下原接线位置，换上新的变频器及制动电阻，检查无误后上电，设置参数（通常变频器参数为默认值，只需要设置极少部分参数），设置完成后启动主轴，结果主轴不转，还以为变频器设置不对，又把变频器控制方式改为键盘控制，运行正常，说明变频器正常。检查系统输出到变频器的 AI1，GND 端子模拟电压为 0V，检查该电缆又是好的，判定系统模拟输出也损坏，只好通知 FANUC 维修。过了几天 FANUC 服务人员到现场换了主板，启动主轴，发现实际速度值与指令值不符，指令值 100 转，实际值约 70 转，测量模拟输出电压正常，逐步修改 P0.07 最大输出频率，P0.08 上限频率，当修改到 155 时，实际值与指令值基本相同，至此机床运行正常。

8.2.8　刀架、刀库及换刀常见故障分析与维修实例

例 8－19

故障现象：安阳 CKA6163 数控车床换刀时刀塔转不停，后边配电柜中控制

刀塔正反转的继电器循环跳动。

维修过程及分析：该现象比较奇怪，到现场后先查看电机好坏，结果发现有一相不通。查看前边电机连线，发现工人接线时仅包了一圈胶带，长时间使用已老化，接头处三相电似连非连。重新接线故障消失。

此故障说明电机三相电如果少一相的话，可能会出现自己转动或启动故障，需用外力先转动电机后电机才能转动，并且发热量明显大于正常状态，此故障均为电机缺相所致。

例 8－20

故障现象：安阳 CKA6163 数控车床换刀时系统刀架在指定刀位和下个刀位之间循环动作，不能正常换刀。

维修过程及分析：该机床所用刀架信号盘是霍尔元件式，该信号盘对位置要求比较严格，出现该现象是信号盘位置相对磁铁不正所致。

解决办法：让机床执行换刀动作，当刀架到达指定刀位时，迅速适当调整信号盘位置，直到刀架停止转动，再顺序换刀调整，直至刀架所有刀位换刀正常。

例 8－21

故障现象：宝鸡数控车床（FANUC 0 TD）无 1 号 2 号刀位。

维修过程及分析：该车床因需更换刀架电机线和编码盘线缆，工人误将系统电池拔掉，导致数据丢失系统无法开机。将旁边同型号机床数据拷贝过来后发现没有 1 号和 2 号刀位，只有 3 号 4 号刀位，测试各霍尔元件，均正常。根据机床图纸找到系统刀架信号地址 X20.0－X20.5，依次转动该霍尔型刀架编码盘，发现 X20.2－X20.5 相应变为 0 即 3 号，4 号，5 号，6 号刀位。输入 T50，T60 指令，刀架相应换到 5 号，6 号刀位，将电柜 1 号 2 号刀位信号线和 5 号 6 号对调，再输入 T10，T20 指令，刀架换 1 号 2 号刀故障消失。

例 8－22

故障现象：一台韩国 PUMA 230 数控车床在刀位自动模式下加工时刀位突然不动。

维修过程及分析：

1）现场查看：CRT 上报警号为 2023，资料所示故障，为刀库换刀方面有故障。

2）经试车观察实际故障现象，用手动模式调整该刀位时，刀塔乱动；不定位或刀号与 CRT 上显示程序刀号不符。

3）按维修手册改动相应参数由“0”改为“1”后报警解除，故障排除。

8.2.9　数控加工类故障分析与维修实例

例 8－23

故障现象：某数控机床出现防护门关不上，自动加工不能进行的故障，而且无故障显示。

维修过程及分析：该防护门是由气缸来完成开关的，关闭防护门是由 PLC 输出 Q2.0 控制电磁阀 YV2.0 来实现。检查 Q2.0 的状态为“1”，但电磁阀 YV2.0 却没有得电，由于 PLC 输出 Q2.0 是通过中间继电器 KA2.0 来控制 YV2.0 的，检查发现，中间继电器损坏引起故障，更换继电器后故障排除。

例 8－24

故障现象：CK6136 车床车削工件表面粗糙度不合格。

维修过程及分析：该机床在车削外圆时，车削纹路不清晰，精车后粗糙度达不到 1.6μm。在排除工艺方面的因素后（如刀具、转速、材质、进给量、吃刀量等），将主轴挡位挂到空挡，用手旋转主轴，感觉主轴较松。打开主轴防护罩，松开主轴止退螺钉，拧紧主轴锁紧螺母用手旋转主轴，感觉主轴合适后，锁紧主轴止退螺钉，重新精车削，问题得到解决。

例 8－25

故障现象：CJK6136 运动过程中 Z 轴出现跟踪误差过大报警。

维修过程及分析：该机床采用半闭环控制系统，在 Z 轴移动时产生跟踪误差报警，在参数检查无误后，对电动机与丝杠的连接等部位进行检查，结果正常。将系统的显示方式设为负载电流显示，在空载时发现电流为额定电流的 40% 左右，在快速移动时就出现跟踪误差过大报警。用手触摸 Z 轴电动机，明显感到电动机发热。检查 Z 轴导轨上的压板，发现压板与导轨间隙不到 0.01mm。可以判断是由于压板压得太紧而导致摩擦力太大，使得 Z 轴移动受阻，导致电动机电流过大而发热，快速移动时产生丢步而造成跟踪误差过大报警。松开压板，使得压板与导轨间的间隙在 0.02～0.04mm 之间，锁紧紧定螺母，重新运行，机床故障排除。

维修实例证明数控机床是机电一体化的技术密集型设备，维修机电故障需检修技术人员具备相应的机械传动、液压控制、气动控制等相关维修知识与经验。维修经验关键在于掌握如何及时变通检修思路，少走弯路，维修技术才能得以提高。

8.3 数控铣床

要本着先外围后内部、先机械后电气、先简单后复杂、先静后动、先公用后专用、先查软件后查硬件的原则检查故障。

8.3.1 电源类故障分析与维修实例

例 8－26

故障现象：一进口数控铣床系统，机床送电，CRT 无显示，查 NC 电源＋24V、

+15V、-15V、+5V 无输出。

维修过程及分析：此现象可以确定是电源方面出了问题，所以可以根据电气原理图逐步从电源的输入端进行检查，当检查到电噪声滤波器时发现性能不良，后面的整流、振荡电路均正常，拆开噪声滤波器外壳发现里面烧焦，更换噪声滤波器后，系统故障排除。当遇到无法修复的电源时，可采用市面上出售的开关电源，但是一定要保证电压等级、容量一定要符合要求。

对这种故障的排除首先是使屏幕正常工作，有时也会是显示部分的原因。但在许多时候可能并存着多种故障。

例 8-27

故障现象：一台配套 FAGOR 8025MG 型号为 XK50381 的数控机床，机床频繁出现进给轴报警，但停机断电半小时后开机又正常。

维修过程及分析：根据故障现象，判断电气接触有问题。查供电及控制线路，CNC 到 PLC、X 轴伺服单元电缆接触良好，X 轴伺服到 X 轴电动机电缆正常；测电动机亦无断路、短路及发热现象，故确认电气无异常。再查机械传动，用手拧 X 轴丝杠轻松、灵活，则判断机械没问题。当测量一控制变压器进线为 380V 电压时发现只有 290V，且不稳定。跟踪查到电柜总空气开关，测开关进线电压正常，开关出线有两线线压偏低且波动较大，机床各轴停下时，电压又上升至 380V 左右。停电后拆下总空气开关，发现有一触点烧蚀。机床不加工时，电流小，空气开关不良触点压降小，看上去供电正常；机床切削加工时，总电流大，不良触点压降相应增大，造成伺服单元电源不正常而报警停机。

8.3.2　系统显示类故障分析与维修实例

例 8-28

故障现象：一台汉川 714 数控铣床，配备西门子 802S 系统，开机屏幕花屏，且进不去系统，停留在开机检测画面。

维修过程及分析：

1）开机屏幕花屏，怀疑是屏幕坏。换一台屏幕后花屏消失，出现从侧面看显示正常，正面几乎看不到显示的内容，是屏幕太亮所致。点右边扩展按键，再点诊断，找到屏幕显示，调整显示亮度，屏幕恢复正常。

2）开机进不去系统，仔细观察后边 ENC，发现 ERR 报警灯亮，且开机后屏幕停留在系统自检画面，遂应重新刷新系统。关机状态下将 ENC 后的旋转波段开关拨至 3，开机启动系统，系统可以正常进入，然后关机将波段开关重新拨至 0，开机系统正常。

例 8-29

故障现象：一数控铣床系统，工作后系统经常死机，停电后经常丢失机床参数和程序。

维修过程及分析：经分析和诊断，出现该故障的原因一般有如下几点：

1）电池不良；

2）系统存储器出错；

3）软件本身不稳定。

根据如上分析，逐条进行检查：首先用万用表直接测量系统断电存储用电池，发现电池没有问题；测量主板上的电池电压，发现时有时无，进一步检查发现当用手按着主板一侧测量时电压正确，松开手时电压不正确，因此初步诊断为接触不良所致。拆下该主板，仔细检查发现该主板已经弯曲变形，校正后重新试验，故障排除。

8.3.3 CNC 单元故障系统软件故障分析与维修实例

例 8-30

故障现象：机床由西门子 S5 的 PLC 控制，且输入、输出部分采用 ET200 来控制（图 8-3）。故障的表现为，在机床运转中输出点 Q72.0 会出现突然掉电现象，同时 PLC 的 BF（bus fault）灯亮，ET200 处出现 IM fault 灯亮。

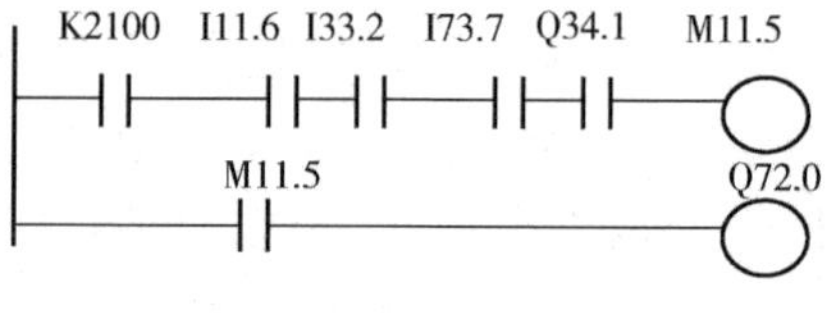

图 8-3 PLC 接线图

维修过程及分析：首先查找外部线路问题，由于 ET200 处出现 IM fault 灯亮，所以首先查找了 ET200 处的 I/O 模块。在更换 I/O 模块时发现，连接线缆有部分破损现象，更换后 IM fault 灯熄灭，但输出点 Q72.0 仍然出现不固定的断电故障。在进行 PLC 联机测试时发现 M11.5 断续出现断电现象的原因是 K2100 有断电现象，而输入点 I33.0 对应 K2100，由于已经更换了输入输出模块，所以只能通过变更输入点来进行解决，在将输入点改变后，故障消除。改变输入点时，应注意此输入点在其他功能模块中的引用，应全部变更。

例 8-31

故障现象：一台专用数控铣床，NC 系统采用西门子的 SINUMERIK SYSTEM 3，在批量加工中 NC 系统显示 2 号报警“LIMIT SWITCH”。

维修过程及分析：这种故障是因为 Y 轴行程超出软件设定的极限值，检查程序数值并无变化，经仔细观察故障现象，当出现故障时，CRT 上显示的 Y 轴坐标确定达到软件极限，仔细研究发现是补偿值输入变大引起的，适当调整软件限位设置后，故障被排除。这个故障就是软件限位设置不当造成的。

例 8-32

故障现象：一台采用西门子 SINUMERIK 810 的数控机床，每次开机系统都进入 AUTOMATIC 状态，不能进行任何操作，系统出现死机状态。

维修过程及分析：经强制启动后，系统恢复正常工作。这个故障就是因操作人员操作失误或其他原因使 NC 系统处于死循环状态。

8.3.4　急停报警类故障分析与维修实例

例 8－33

故障现象：FANUC 18M 数控铣床开机出现以下报警：

1002　SPINDLE DRIVER ALARM

401　SERVO 报警　*X* 轴 VRDY OFF

Y 轴 VRDY OFF

Z 轴 VRDY OFF

751 第一主轴 报警信号检测 AL－01

配电柜中主轴驱动 LED 显示报警号 01。

维修过程及分析：仔细观察，发现 *X/Y/Z* 轴伺服共用一个变压器提供的 220V 电源，而该电源通过一个接触器控制，该接触器线圈是有伺服引出的 MCC 继电器控制，在开机时，该接触器会吸合两次，每次吸合一秒时间，好像是因为电流大发生保护又断开一样。怀疑是由于主轴伺服报警引起的其他报警。查维修手册发现，产生该 751 报警的原因为主轴过热。而导致主轴电机过热的原因如下：

1）风扇不转；

2）电机长时间大负载；

3）电机内部温度控制开关断开（FANUC 主轴电机内部温度开关状态为常闭，当主轴温度过高才断开）。考虑到报警开机即出现，首先应该查风扇，检测风扇无故障，转动方向与机壳标示一致。又测量温度开关，也是常闭状态，当检测到主轴伺服与温控开关连线时发现伺服端（JY2）时通时断，而单根线一致导通，怀疑是电机端连接端子接触不良，将导线直接连接后开机一切正常，报警消失。

例 8－34

故障现象：数控铣床 *X* 轴、*Z* 轴回零正常，*Y* 轴回零即超程。

仔细观察该机床回零过程，回零时相撞到减速开关，速度减慢并保持进给，当减速挡块离开减速开关后，回零完成。但 *Y* 轴无减速过程，查看 PMC 地址状态，即使当 *Y* 轴已经行驶到减速挡块位置时，＊DECY 也无变化，即一直为 0。查看行程开关与挡块位置不在一条直线，调整挡块位置，使其与行程开关对直后回零正常。

例 8－35

故障现象：数控铣床无松刀动作。

维修过程及分析：检测 PMC 状态，系统能检测到松刀按钮动作，但控制松刀继电器的还有一个条件没有满足，根据说明书确认为机床工作方式的手动方式。将波段开关选在手动方式，该开关亮，即导通。按松刀按键继电器吸合，出现松刀动作。但当连续按松刀按钮，出现 1007 SPINDLE CLAMP LS 报警，为主轴夹具故障。同时继电器吸合，但气缸无动作。怀疑是气压不足所致，等待 4 秒后该报警消失，再按松刀按钮，气缸动作。检测气缸气管，发现有漏气现象，更换气管后报警消失。

例 8－36

故障现象：数控铣床换过 *X* 轴轴承后，开机各轴执行回零动作，*X* 轴出现 501 号报警，显示 *X* 轴回零超程。

维修过程及分析：查看参数，发现 1320 号参数为各轴正方向行程极限 1 坐标值，1321 号参数为各轴负方向行程极限 1 坐标值。

考虑到 X 轴回零时是朝负方向移动，所以应该更改 1321 号值。查看原值为 －4999 可能是太小，改为 －10000，故障依旧。求助 fanuc，得知按住 P＋CAN 键开机，可消除此次超程报警，执行后果然 *X* 轴可以正常回零，以后也没有再出现超程报警。

例 8－37

故障现象：一数控龙门铣床，采用 TOSNUC600M 数控系统和 DSR — 83 型直流主轴调速单元，出现如图 8－4 的报警。

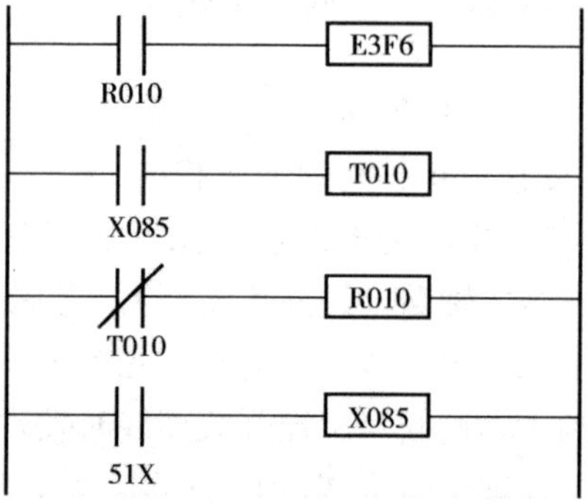

图 8－4　PC4－00 报警有关梯形图

维修过程及分析：PC4－00 号报警为主轴单元故障。当主轴调速单元出故障后，将故障信号送至 PLC，再由 PLC 将此信息送至 NC 装置，从而在 CRT 上显示相应的报警号。在 PLC 到 NC 的信号中，地址为 E3F6 输出口发送主轴故障信号，只要通过 PLC 梯形图监控画面，可方便地查出该信号的产生原因。调用如图 8－4 所示的有关部分梯形图，当发生故障时有关触点和继电器的监控状态为：51X、X085，T010、E3F6 等吸合，R010 断开。从中不难分析出是由于主轴调速单元送来的 51X 主电机过热信号触点闭合，导致 X085、T010 吸合，R010 断电，其常闭触点闭合，使 E3F6 输出继电器通电，从而产主 PC4－00 号报警。主电机的过热原因往往是由于机床主轴铣头切削深度过大或切削速度过快，导致主电机工作电流超过限定值。但是检查主轴铣头切削正常，电机工作电流也未超过。手摸电机外壳，温升异常。从而判断可能是主电机强迫风冷不良所造成，检查风冷电机及风道，风道内积满尘埃。打开风道盖，清除内部尘埃后故障消除。

例 8 –38

故障现象：北京第一机床厂生产的 XK5040 数控立铣，数控系统为 FANUC –3MA，驱动 *Z* 轴时就产生 31 号报警。

维修过程及分析：查维修手册，31 号报警为误差寄存器的内容大于规定值。根据 31 号报警指示，将 31 号机床参数的内容由 2000 改为 5000，与 *X*、*Y* 轴的机床参数相同，然后用手轮驱动 *Z* 轴，31 号报警消除，但又产生了 32 号报警。查维修手册知，32 号报警为 *Z* 轴误差寄存器的内容超过了 ±32767 或数模变换器的命令值超出了 –8192 ~ +8191 的范围。将参数改为 3333 后，32 号报警消除，31 号报警又出现。反复修改机床参数，故障均不能排除。为了诊断 Z 轴位置控制单元是否出了故障，将 800、801、802 诊断号调出，发现 800 在 –1 与 –2 间变化，801 在 +1 与 –1 间变化，802 却为 0，没有任何变化，这说明 *Z* 轴位置控制单元出现了故障。为了准确定位控制单元故障，将 *Z* 轴与 *Y* 轴的位置信号进行变换，即用 *Y* 轴控制信号去控制 *Z* 轴，用 *Z* 轴控制信号去控制 *Y* 轴，*Y* 轴就发生 31 号报警（实际是 *Z* 轴报警），同时，诊断号 801 也变为“0”，802 有了变化。通过这样交换，再一次证明 *Z* 轴位置控制单元有问题。

交换 Z 轴、*Y* 轴伺服驱动系统，仍不能排除故障。交换伺服驱动控制信号及位置控制信号，*Z* 信号能驱动 *Y* 轴，*Y* 信号不能驱动 *Z* 轴。这样就将故障定点在 *Z* 轴伺服电机上，打开 *Z* 轴伺服电机，发现位置编码器与电机之间的十字联接块脱落，位置编码器上的螺丝断致使电机在工作中无反馈信号而产生上述故障报警。将十字联接块与伺服电机、位置编码器重新联接好，故障排除。

例 8 –39

故障现象：配 TOSNUC –600M 系统的 MPA –45120 型数控龙门铣床在运行中突然紧急停止，CRT 屏幕上出现 NC8 –018 报警号，指示伺服马达电流过大。

维修过程及分析：检查 X、Y、Z、W 伺服单元，发现 X 轴伺服驱动电路板上 LED 指示故障信号。断电后对该驱动箱进行检查。通常，该主回路中功率驱动晶体管模块 CTR 击穿可能性较大。用静态电阻测量法逐一检查各 GTR 模块，发现 GTR2 模块中的一个功率晶体管已被击穿。该模块型号为 MG200H2CK1，内部电路图，如图 8 –5 所示。当用 MF64 型万用表 ×100 欧姆挡测量时，B1 – C1 结正向电阻 1K，反向电阻∞，B1 – E1 结正反向都为 0. 4K，B2 – C2 结与 B2 – E2 结正反向电阻值皆为 0，可见该晶体已击穿。调换 GTR2 模块后，伺服驱动系统恢复正常。

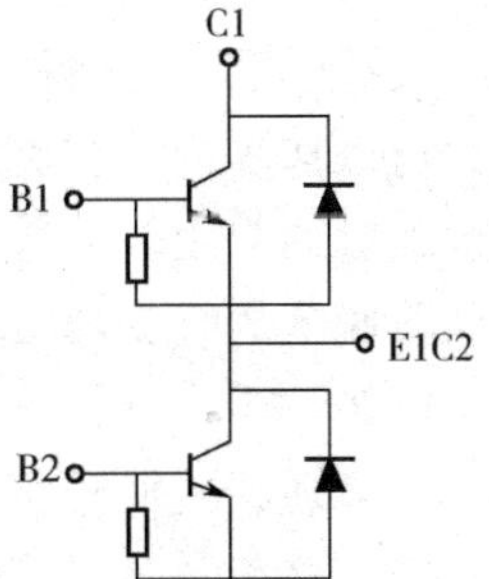

图 8 –5　GTR 内部电路图

8.3.5　操作类故障分析与维修实例

例 8－40

故障现象：FANUC－7CM 系统的 XK715F 型数控立铣床，其旋转工作台（B 轴）低速时转动正常，中、高速时出现抖动。

维修过程及分析：采用隔离法将电机从转盘上拆下后再运转，仍有抖动现象。再将位置环脱开，外加 VCMD 给定信号给速度单元，再运转，还是抖动。可见故障在电机或速度单元上。先打开电机，发现大量冷却油进入内部。经洗刷电机内部后再装好，运转时电机不再抖动。

8.3.6　参考点、编码器类故障分析与维修实例

例 8－41

故障现象：某铣床在回零时，有减速过程，但是找不到零点。

维修过程及分析：机床轴回零时有减速过程，说明减速信号已经到达系统，证明减速开关及其相关电器没有问题，问题可能出在了编码器上，用示波器测量编码器的波形，的确找不到零脉冲，可以确定是编码器出现了问题。

将编码器拆开，观察里面是否有灰尘或者油污，将编码器擦拭干净，再次用示波器测量，如发现零脉冲，则问题解决，否则可以更换编码器或进行修理。

此类问题较多，如全闭环中使用的光栅尺，如果长时间不进行清洗，光栅尺的零点标记被灰尘或者油污遮住，就有可能出现类似的问题。

例 8－42

故障现象：某铣床在回零时，*Y* 轴回零不成功，报超程错误。

维修过程及分析：首先观察轴回零的状态，选择回零方式，让 *X* 轴先回零，结果能够正确回零，再选 *Y* 轴回零，观察到 *Y* 轴在回零时，压到减速开关后 *Y* 轴并不进行减速动作，而是越过减速开关，直至压到限位开关机床超程，直接将限位开关按下后，观察机床 PLC 的输入状态，发现 *Y* 轴的减速信号并没有到达系统，可以初步判断有可能是机床的减速开关或者时 *Y* 轴的回零输入线路出现了问题，然后用万用表进行逐步测量，最终确定为减速开关的焊接点出现了脱落。用烙铁将脱落的线头焊接好，故障即排除。

例 8－43

故障现象：一台普通的数控铣床，开机回零，*X* 轴正常，*Y* 轴回零不成功。

维修过程及分析：机床轴回零时有减速过程，说明减速信号已经到达系统，证明减速开关及其相关电器没有问题，问题可能出在了编码器上，用示波器测量编码器的波形，但是零脉冲正常，可以确定编码器没有问题，问题可能出现在了接受零脉冲反馈信号的线路板上。

解决办法：更换线路板。有的系统可能每个轴的检测线路板是分开的，可以

将 X、Y 两轴的板子进行互换，确认问题的所在，然后更换板子，有的系统可能把检测的板子与 NC 板集成了一块，则可以直接更换整个板子。

例 8－44

故障现象：配西门子 SINUMERIK 810 系统的数控铣床有时回不了参考点。用 X 轴置回参考点方式，启动刀架向 X 参考点移动，碰到减速开关之后，X 轴反向移动，找不到参考点。

维修过程及分析：为了证实 X 位置编码器是否有零位脉冲发至数控系统，暂时修改 810T 系统 MD2001 和 MD4000 参数值，将 X 轴设成 S 轴，再观察主轴伺服数据显示画面，在 X 轴转动时其实际旋转值是否从零逐渐变大。经观察，其值不变，总为零。从而判定 X 轴编码器有故障。调换一个 2500 脉冲/转的编码器（原为 2000 脉冲/转），并将机床参数 MD3640 从 8000 改为 10000 后，X 轴回参考点，不可靠故障解决。

8.3.7　参数设定错误引起的故障分析与维修实例

例 8－45

故障现象：FANUC－9 数控系统的立式铣床在自动加工某一曲线零件时出现爬行现象，工件表面粗糙度极差。

维修过程及分析：在运行测试程序时，直线、圆弧插补时皆无爬行，由此确定原因在编程方面。对加工程序仔细检查后发现该加工曲线由众多小段圆弧组成，而编程时又使用了正确定位检查 G61 指令之故。将程序中的 G61 取消，改用 G64 后，爬行现象消除。

例 8－46

故障现象：某配套 SIEMENS 802C 的数控铣床，执行某零件加工程序时出现 12180 号报警。

维修过程及分析：报警显示通道 1 段 N60 算术变量 R1 未定义。切换至编辑状态，找到 N60 句：, , , , N60 R1 = R2 － －5, , , ,

仔细分析 N60 句，发现 R1 赋值错误，将程序修改为："N60 R1 = R2 － （－R3）"。按复位键消除报警，重新启动程序，工作正常。

例 8－47

故障现象：某配套 SIEMENS 802C 的数控铣床，执行零件加工程序时出现 14011 号报警。

维修过程及分析：14011 号报警的含义为"调用的程序不存在，或者没有供执行"。检查零件加工程序段并没有发现明显的错误，但程序中使用 M98 指令调用了子程序，程序如下：N20 M98 P0010；

于是，检查子程序，但发现找不到该子程序。从正在运行的零件程序中（主程序或子程序）调用所要调用的程序，但是它在 NC 存储器中不存在，因此产生此报警。

消除方法：正确修改零件程序，并检查：

1）在调用的程序中检查子程序名称是否正确无误。

2）检查被调用程序的名称是否正确无误。

3）检查程序是否已经传送到 NC 存储器。

按复位键消除报警，修改程序，重新启动零件程序，故障消除。

例 8－48

故障现象：某配套 SIEMENS 802C 系统的数控铣床，执行某零件加工程序时出现 14910 号报警。

维修过程及分析：编程者用张角编程圆弧时编程了一个负的张角，或者编程了一个大于或等于 360°的张角，而允许的张角编程的数值范围是 0.0001 ~ 359.9999 度。N20X50.0Y35.0AR＝720。

消除方法：修改零件程序，写入合适的张角角度。用复位键删除报警；重新启动零件加工程序。

8.3.8　刀架、刀库及换刀常见故障分析与维修实例

例 8－49

故障现象：一台数控铣床发生打刀事故，按急停按钮后，换上新刀，但工作台不旋转。

维修过程及分析：通过 PLC 梯形图分析，发现其换刀过程不正确，计算机认为换刀过程没有结束，不能进行其他操作，按正确程序重新换刀后，机床恢复正常。

例 8－50

故障现象：一台配套 FANUC 0MC 系统，型号为 XH754 的数控机床，刀库在换刀过程中不停转动。

维修过程及分析：拿螺钉旋具将刀库伸缩电磁阀手动钮拧到刀库伸出位置，保证刀库一直处于伸出状态，复位，手动将刀库当前刀取下，停机断电，用扳手拧刀库齿轮箱方头轴，让空刀爪转到主轴位置，对正后再用螺钉旋具将电磁阀手动钮关掉，让刀库回位。再查刀库回零开关和刀库电动机电缆正常，重新开机回零正常，MDI 方式下换刀正常。怀疑系干扰所致，将接地线处理后，故障再未出现。

例 8－51

故障现象：一台配套 FANUC 0MC 系统，型号为 XH754 的数控机床，在换刀过程中，主轴上移至刀爪时，刀库刀爪有错动，拔插刀时，有明显声响，似乎卡滞。

维修过程及分析：主轴上移至刀爪时，刀库刀爪有错动，说明刀库零点可能

偏移，或是由于刀库传动存在间隙，或者刀库上刀具重量不平衡而偏向一边。因为插拔刀别劲，估计是刀库零点偏移；将刀库刀具全部卸下将主轴手摇至 *Y* 轴第二参考点附近，用塞尺测刀库刀爪与主轴传动键之间间隙，证实偏移；用手推拉刀库，也不能利用间隙使其回正；调整参数 7508 直至刀库刀爪与主轴传动键之间间隙基本相等。开机后执行换刀正常。

例 8 –52

故障现象：一台配套 FANUC 0MC 系统，型号为 XH754 的数控机床，换刀过程中刀库旋转时突遇停电，刀库停在随机位置。

维修过程及分析：刀库停在随机位置，会影响开机刀库回零。故障发生后尽快用螺钉旋具打开刀库伸缩电磁阀手动钮让刀库伸出，用扳手拧刀库齿轮箱方头轴，将刀库转到与主轴正对，同时手动取下当前刀爪上的刀具，再将刀库电磁阀手动钮关掉，让刀库退回。经以上处理，来电后，正常回零恢复正常。

例 8 –53

故障现象：一台配套 FANUC 0MC 系统，型号为 XH754 的数控机床，换刀过程中，刀时有卡滞，同时声响大。

维修过程及分析：观察刀库无偏移错动，故怀疑主轴定向有问题，主轴定向偏移会影响换刀。将磁性表吸在工作台上，将百分表头压在主轴传动键上平面，用手摇脉冲发生器，移动 X 轴，看两键是否等高。通过调整参数 6531，将两键调平；再换刀，故障排除。

例 8 –54

故障现象：一台配套 FANUC 0MC 系统，型号为 XH754 的数控机床，换刀过程快结束，主轴换刀后从换刀位置下移时，机床显示 1001 “spindle alarm 408 servoalarm （serialerr）” 报警。

维修过程及分析：现场观察，主轴处于非定向状态，可以断定换刀过程中，定向偏移，卡住；而根据报警号分析，说明主轴试图恢复到定向位置，但因卡住而报警关机。手动操作电磁阀分别将主轴刀具松开，刀库伸出，手工将刀爪上的刀卸下，再手动将主轴夹紧，刀库退回；开机，报警消除。为查找原因，检查刀库刀爪与主轴相对位置，发现刀库刀爪偏左，主轴换刀后下移时刀爪右指刮擦刀柄，造成主轴顺时针转动偏离定向，而主轴默认定向为 M19，恢复定向旋转方向与偏离方向一致，更加大了这一偏离，因而偏离很多造成卡死；而主轴上移时，刀爪右指刮擦使刀柄逆转，而 M19 定向为正转正好将其消除，不存在这一问题。调整刀库回零位置参数 7508，使刀爪与主轴对齐后，故障消除。

8.3.9　数控加工类故障分析与维修实例

例 8 –55

故障现象：FANUC –9 数控系统的立式铣床在自动加工某一曲线零件时出现

爬行现象，零件表面粗糙度极差。

维修过程及分析：在运行测试程序时，直线、圆弧插补皆无爬行，由此确定原因在编程方面。对加工程序仔细检查后发现该加工曲线由众多小段圆弧组成，而编程时又使用了正确定位检查 G61 指令之故。将程序中的 G61 取消，改用 G64 后，爬行现象消除。

例 8－56

故障现象：XK713 加工过程中 X 轴出现跟踪误差过大报警。

维修过程及分析：该机床采用闭环控制系统，伺服电动机与丝杠采用直联的连接方式。在检查系统控制参数无误后，拆开电动机防护罩，在电动机伺服带电的情况下，用手拧动丝杠，发现丝杠与电动机有相对位移，可以判断是由于电动机与丝杠连接的胀紧套松动所致，紧定紧固螺钉后，故障消除。

8.4　加工中心

8.4.1　电源类故障分析与维修实例

例 8－57

故障现象：一台进口卧式加工中心，开机时屏幕一片黑，操作面板上的 NC 电源开关已按下，红、绿灯都亮，查看电柜中开关和主要部分无异常，关机后重开，故障一样。

维修过程及分析：经查，确定其电源部分无故障，各处电压都正常，仔细检查发现数控系统有多处损坏，在更换了显示器、显示控制板后屏幕出现了显示，使机床能进入其他的故障维修。

例 8－58

故障现象：一加工中心，开机后打开急停，系统在复位的过程中，伺服强电上去后系统总空开马上跳闸。

维修过程及分析：该加工中心使用国产数控系统，经对故障进行了检查分析，首先怀疑是否是空开电流选择过小，经过计算分析后确认所选择的空开有点偏小，但基本符合机床要求，然后用示波器观察机床上电时的电流的变化波形，发现伺服强电在上电时电流冲击比较大，也就是电流波形变化较大，进一步分析发现由于所选伺服功率较大，且伺服内部未加阻抗等装置，在使用时须外接一电抗与制动电阻，电气人员在设计时加了制动电阻，为了节省成本没有使用阻抗。按照要求加上阻抗后，系统上电恢复正常。

例 8－59

故障现象：一立式加工中心，开机后屏幕无显示。

维修过程及分析：该加工中心使用进口数控系统，造成屏幕无显示的原因有很多，经对故障进行检查后确认系统提供的外部电源是正确的，但主板上的电压不正常，时有时无，可以确认是因主板故障造成，因此进行了更换，更换主板后系统有显示，由于主板更换后参数需要重新设置，按系统参数设置步骤，对照机床附带的参数表进行了设置调整后机床正常。

8.4.2　系统显示类故障分析与维修实例

例 8－60

故障现象：XHK716 立式加工中心，在安装调试时，CRT 显示器突然出现无显示故障，而机床还可继续运转。停机后再开，又一切正常。

维修过程及分析：在设备运转过程中经常出现这种故障。采用直观法进行检查，发现每当车间上方的门式起重机经过时，往往就会出现此故障，由此初步判断是元件连接不良。检查显示板，用手触动板上元件，当触动某一集成块管脚时，CRT 上显示就会消失。经观察发现该脚没有完全插入插座中。另外，发现此集成块旁边的晶振有一个引脚没有锡焊。将这两种原因排除后，故障消除。

8.4.3　CNC 单元故障系统软件分析与维修实例

例 8－61

故障现象：某配套 ASKAWA J50M 的加工中心，换刀时出现主轴定位不准。

维修过程及分析：检查机床定位动作，主轴转速小于 10r/min 时，定位正确，转速大于 10r/min，且不同速度时其定位点均不一致。通过系统的信号诊断参数，检查主轴编码器信号输入，发现机床的主轴零位脉冲输入信号有多个，从而引起了定位点的混乱；检查 CNC 与主轴编码器的连接，发现主轴编码器的连接电缆未按规定要求使用双绞屏蔽线，线路干扰引起主轴零位脉冲的混乱。重新使用双绞屏蔽线连接后，故障消除。

8.4.4　急停报警类故障分析与维修实例

例 8－62

故障现象：一台加工中心，在调试中 C 轴精度有很大偏差，机械精度经过检查没有发现问题。

维修过程及分析：经过技术人员的调试发现直线轴与旋转轴的伺服参数的计算有很大区别，经过重新计算伺服参数后，C 轴回参考点，运行精度一切正常。

对于数控机床的调试和维修，重要的是吃透控制系统的 PLC 梯形图和系统参数的设置，出现问题后，应首先判断是强电问题还是系统问题，是系统参数问题还是 PLC 梯形图问题，要善于利用系统自身的报警信息和诊断画面，一般只要遵从以上原则，小心谨慎，一般的数控故障都可以及时排除。

例8－63

故障现象：一台立式加工中心采用进口控制系统。机床在自动方式下执行到X轴快速移动时就出现伺服单元报警。此报警是速度控制OFF和X轴伺服驱动异常。

维修过程及分析：由于此故障出现后能通过重新启动消除，但每执行到X轴快速移动时就报警。经查该伺服电机电源线插头因电弧爬行而引起相间短路，经修整后此故障排除。

例8－64

故障现象：配西门子820数控系统的加工中心，产生7035号报警，查阅报警信息为工作台分度盘不回落。

维修过程及分析：针对故障的信息，调出PLCI/O状态与拷贝清单对照。SQ28检测分度盘旋转到位，对应PLC I/10.6，SQ26检测分度盘旋转到位，对应PLC I/10.0，工作台分度盘回落由PLC/O Q4.7通过KA32驱动电磁阀YV06动作来完成（在PLC状态中观察到I10.0 Q4.7均为0，KA32 YV06均不动作），手动YV06再观察工作台分度盘是否回落，以确定故障部位。

例8－65

故障现象：配备SIN820系统的加工中心，产生“工作台分度盘不回落”报警。

在该数控系统中7字头的报警为操作信息或机床厂家设定的报警，指示CNC系统外的机床侧状态不正常。处理方法是，针对故障信息，调出PLC输入输出状态与拷贝清单对照。工作台分度盘的回落是由工作台下面的接近开关SQ25、SQ28来检测的，其中SQ28检测工作台分度盘旋转到位，对应PLC输入接口I10.6，SQ25检测工作台分度盘回落到位，对应PLC输入点I10.0。工作台的回落是由输出接口Q4.7通过继电器KA32驱动电磁阀YV06动作来完成。从PLC STATUS中观察，I10.6为“1”，表明工作台分度盘旋转到位，I10.0为“0”表明工作台分度盘未落下。再观察Q4.7为“0”，KA32继电器不得电，YV06电磁阀不动作，因而工作台分度盘不回落产生报警。处理方法：手动YV06电磁阀，观察工作台分度盘是否回落，如果能够回落，再次自动执行该动作，通过PLC程序，检查是什么条件没满足。

例8－66

故障现象：一卧式加工中心，采用SINUMERIK8系统，带EXE光栅测量装置。运行中出现“ 号电缆断线或与地短路”报警，同时伴有“信号丢失”报警。

维修过程及分析：外观检查和测量；（信号漏读）检查信号源和传输系统（光源和光学系统）实际：灯泡表面呈毛玻璃状、指示光栅表面也有一层雾状物，经过清洗后，故障现象消失。

8.4.5 操作类故障分析与维修实例

例8-67

故障现象：一卧式加工中心，由于Z轴（立柱移动向）位置环发生故障，机床在移动Z轴时立柱突然以很快的速度向相反方向冲去。位置检测回路修复后Z轴只能以很慢的速度移动（倍率开关置20%以下），稍加快点Z轴就抖动，移动越快抖动越严重，严重时整个立柱几乎跳起来。

维修过程及分析：更换伺服后，故障现象没有消除，由于驱动电机有许多保护环节，所以暂不考虑起有故障，而怀疑机械部分有问题，通过检查润滑、轴承、导轨导向块等各项均良好，用手转动滚珠丝杠，立柱移动也很轻松；滚珠丝杠螺母与立柱连接良好；滚珠丝杠螺母副也无轴向间隙，预紧力适度，进而怀疑滚珠丝杠有问题，换上备件后，故障现象消失，经过检查发现滚珠丝杠的弯曲度超过了0.15mm/m。

由于撞车时速度很快，滚珠丝杠承受的轴向力很大，结果引起滚珠丝杠弯曲，低速时由于扭矩和轴向力都不大，所以影响不大，而高速时扭矩和轴向力都很大，加剧了滚珠丝杠的弯曲，使阻力增大，以至Z轴不稳定，引起抖动。

例8-68

故障现象：某加工中心，在JOG方式下，进给平稳，但自动则不正常。

维修过程及分析：首先要确定是NC故障还是伺服系统故障，先断开伺服速度给定信号，用电池电压作信号，故障依旧。说明NC系统没有问题。进一步检查是Y轴夹紧装置的故障。

例8-69

故障现象：某加工中心采用直流主轴电动机、逻辑无环可逆调速系统。当用M03指令启动时有“咔、咔”的冲击声，电动机换向片上有轻微的火花，启动后无明显的异常现象；用M05指令使主轴停止时，换向片上出现强烈的火花，同时伴有“叭、叭”的放电声，随即交流回路的保险丝熔断。火花的强烈程度和电动机的转速成正比。但若用急停方式停止主轴，换向片上没有任何火花。

维修过程及分析：急停（电阻能耗制动）；正常停机（回馈制动）。在任何时候不允许正、反两组同时工作，有火花说明逆变电路有故障。

8.4.6 参考点、编码器类故障分析与维修实例

例8-70

故障现象：加工中心主轴定向不准或错位。

维修过程及分析：加工中心主轴的定向通常采用三种方式：磁传感器，编码器和机械定向。使用磁传感器和编码器时，除了通过调整元件的位置外，还可通

过对机床参数调整。发生定向错误时大都无报警，只能在换刀过程中发生中断时才会被发现。某次在一台改装过的加工中心上出现了定向不准的故障，开始时机床在工作中出现中断，但出现的次数不很多，重新开机又能工作，故障反复出现。经在故障出现后对机床进行了仔细观察，才发现故障的真正原因是主轴在定向后发生位置偏移，奇怪的是主轴在定向后如用手碰一下（和工作中在换刀时当刀具插入主轴时的情况相近）主轴会产生向相反方向漂移，检查电气部分无任何报警，机械部分又很简单。该机床的定向使用编码器，所以从故障的现象和可能发生的部位来看，电气部分的可能性比较小，机械上最主要的是连接。所以决定检查机械连接部分，在检查到编码器的连接时发现编码器上连接套的紧定螺钉松动，使连接套后退造成与主轴的连接部分间隙过大使旋转不同步。将紧定螺钉按要求固定好后故障消除。发生主轴定向方面的故障应根据机床的具体结构进行分析处理，先检查电气部分，如确认正常后再考虑机械部分。

例 8－71

故障现象：某配套 FANUC llM 的加工中心，在回参考点过程中，发生超程报警。

维修过程及分析：经检查，发现该机床在“回参考点减速”挡块压上后，坐标轴无减速动作，由此判断故障原因应在减速信号上。通过系统的诊断显示，发现该信号的状态在“回参考点减速”挡块压上/松开后，均无变化。对照原理图检查线路，最终确认该轴的“回参考点减速”开关由于切削液的侵入而损坏，更换开关后，机床恢复正常。

例 8－72

故障现象：某配套 FANUC 6M 的卧式加工中心，在回参考点时发生 ALM091 报警。

维修过程及分析：FANUC 6M 发生“ALM091”的含义是“脉冲编码器同步出错”，在 FANUC 6M 中可能的原因有以下两个方面：

1）编码器“零脉冲”不良。

2）回参考点时位置跟随误差值小于 128μm。

维修时对回参考点的跟随误差（诊断参数 DGN800）进行了检查，检查发现此值约为 200μm，达到了规定的值。进一步检查该机床的位置环增益为 16.67 S－1，回参考点速度设置为 200mm/min，属于正常范围，因此初步排除了参数设定的原因。可能的原因是脉冲编码器“零脉冲”不良。

例 8－73

故障现象：某配套 FANUC llM 的卧式加工中心，在回参考点时发生 PS200 报警。

维修过程及分析：FANUC llM 的 PS200 报警的含义与 FANUC 6M 的 ALM091 报警相似，因此分析过程同前述。检查诊断参数（DGN3000），发现回参考点时，位置偏差值为 20μm 左右，系统的 Kv 设置为 16.67S－1，属于正常范围。但进一步检查发现，参数 FL（PRM1425）的设定为 20mm/in，此值显然太小。对照其余轴，该参数为 200，查明故障原因是操作者在恢复参数时输入错误而引起的，更改为 200 后，机床恢复正常。

8.4.7　参数设定错误引起的故障分析与维修实例

例 8－74

一台 DM4500 加工中心机床采用 FANUC Oi 系统，*Z* 轴自行锁定不能运行加工并报警。

维修过程及分析：

1）询问操纵者得知，该机床在自动模式加工换刀程序中动作突然中断，*Z* 轴出现自行锁定故障。

2）在系统 CRT/MDI 操作面板上调阅诊断信息，CRT 显示为 2027 的报警号，内容为英文缩写（RESORE MAG STEP B YSTER PEARFFUL）指示了此项操作慎重的事项。

3）要小心操作，逐步恢复刀库各项功能，特别注意此时 *Z* 轴已进入自动锁定状态，在各种（包括 AUTO 自动模式，HANDLE 手动模式，EDIT 编程模式，JOG 慢跑模式，TEACH 教导模式，HOME 归原模式）模式下都不准移动 *Z* 轴，才能避免刀臂撞坏主轴刀具，造成设备事故。

4）此时要检查如果刀臂没在主轴刀具位置卡住，可执行主轴定位。选择 HANDLE 手动模式，按下主轴定位按钮即可。如果此时刀臂在主轴刀具位置卡住，不能执行主轴定位，直接进行下一步操作。

5）将 MODE SELEECT 模式选择开关转换到 HANDLE 手动模式位置，打开刀库盘操作盒钥匙开关。此时操作盒上 RELEASE 的 LED 黄灯亮。

6）打开 PM 开关使其闭合（RSETMAG）（ON）操作步骤为按以下键（OFF-SET SETTIN G）/（↓）/（操作 PN）（PAGE↓）/（→）/（RET/VA G）/（■ON）（ON）按下操作面板的刀库正转（■）按键，从发生故障程序中断处，一步一步地执行换刀动作，直至完成一个循环。

7）当恢复完换刀功能后，这时 CRT 显示提示信息（TURN OFF SOFFSW8），断开 PM 开关（RSETMAG OFF）。

8）*Z* 轴出现自行锁定故障，经修正 FANUC Oi 系统相应参数 KO“1”清零，再全部置“0”后，该机床 FANUC Oi 系统的刀库选刀正常，故障排除。

例 8－75

故障现象：一台 XB408 加工中心在加工主轴箱体过程中，B 轴（工作台）回转落位时出现超差报警，使电控系统掉电关机。

维修过程及分析：原因是 B 轴参考点开关或脉冲编码器联轴器松动，致使工作台回转后上、下鼠牙盘无法对正，落位时超过机床参数界定的偏差值而报警。经检查发现参考开关及撞块均正常、脉冲编码器连接可靠。检查机床参数原设定值没变化，千分表配检测仪器测量工作台，与要求回转的角度比较有2°~3°的偏差。重新修改B轴单脉冲偏值参数的设定值，调整B轴回参考点的准确位置，反复几次，定位均很准确，但继续加工工件过程中又出现了同样的报警现象。

在CRT上观察B轴伺服调整坐标值，发现回转B轴时一切正常，但移动Z轴，则B轴工作台尽管被锁紧不动，可CRT上的伺服调整坐标值却随之累加。而这些累加的数值，则在工作台再次抬起回转时，却被优先执行了。这就是加工工件时工作台反复回转出现超差报警的原因所在。

进一步用示滤器观察B轴脉冲编码器的脉冲波形，开动Z轴时发现有杂波，证实Z轴对B轴确实形成了干扰。再进一步检查编码器发现它的屏蔽线焊点断开。将其重新焊接后，故障排除。

8.4.8 刀架、刀库及换刀常见故障分析与维修实例

例8-76

故障现象：协鸿VMC-850立式加工中心换刀故障，自动换刀时出现报警4002 AIR PESSURE LEVEL DOWN，解释为：没接气压或气压不足。

维修过程及分析：

1）自动换刀时，发生气压不足报警，从而引发急停报警。检查后边气压，发现在松刀或上刀时气压表变动很大，从7、8个气压迅速波动到4个气压以下，从而引发压力检测开关导通，系统进入4002气压低报警以及急停报警状态。怀疑是气路有跑气的地方。尝试手动换刀，依然有4002报警。查看后边气阀，发现有一个气阀泄气口有气压泄出，怀疑气压低是因此导致，查看电气图发现旁边的主轴外吹气阀不用，将两个同型号气阀进行更换，并将跑气的气阀泄气口用胶堵上，使其不再漏气，进一步尝试，故障依旧。故怀疑是松紧刀气缸故障，将气缸换成旁边可正常工作机床的气缸，故障依旧。排故进入困难阶段。后观察旁边加工中心换刀动作，发现动作很慢，且后边气压表掉气很平稳且缓慢，基本只有1个气压的压降。于是调整故障机器的各个阀门，均将进气阀调小，包括换刀阀、刀库移动气阀、主轴吹气阀。换刀气缸和刀库移动气缸移动速度明显下降，且后边气压表气压波动明显变小，后查看该厂气压泵，发现没有储气罐，遂怀疑气压不足所致，建议其加上储气罐。至此，该故障排除。

2）4002报警排除后进行自动空换刀动作，当主轴向上移动时出现M01操作错误报警。每次故障都一样，后操作人员说该床子 Z 轴移动高度明显低于旁边机床高度。遂仔细观察该加工中心 Z 轴移动高度，回原点后，每次移动到坐标变为100.000时报警。怀疑是参数设置不当，Z 轴发生软限位。手头没有三菱系统参

数表，只能与旁边机床对比，对比轴参数发现 2014 的第三位即 Z 轴软限位不一致。问题加工中心为 100mm，而另一台机器为 130，这正好印证了旁边机器可以移动到 130.000 的问题，于是将该加工中心参数改为 130，再次移动 Z 轴，故障消失，Z 轴可以移动到 130 的位置。进行自动换刀指令正常。

例 8－77

故障现象：一加工中心换刀臂平移到位后，无拔刀动作，ATC 的动作起始状态是：主轴保持要交换的旧刀，换刀臂在 B 位置，换刀臂在上部位置，刀库已将要交换的新刀具定位。

维修过程及分析：

自动换刀的顺序为：

换刀臂左移（B→A）→换刀臂下降（从刀库拔刀）→换刀臂右移（A→B）→换刀臂上升→换刀臂右移（B→C，抓住主轴中刀具）→主轴液压缸下降（松刀）→换刀臂下降（从主轴拔刀）→换刀臂旋转 180°（两刀具交换位置）→换刀臂上升（装刀）→主轴液压缸上升（抓刀）→换刀臂左移（C→B）→刀库转动（找出旧刀具位置）→换刀臂左移（B→A 返回刀具给刀库）→换刀臂右移（A→B）→刀库转动（找下一把刀）。

换刀臂平移至 C 位置时，无拔刀动作，分析原因，有几种可能：

1）SQ2 无信号，所以未输出松刀电磁阀 YV2 的电压，主轴仍处于抓刀状态，换刀臂不能下移。

2）松刀接近开关 SQ4 无信号，则换刀臂升降电磁阀 YV1 状态不变，换刀臂不下降。

3）电磁阀有故障，给予信号也不动作。逐步检查，发现 SQ4 未发出信号，进一步对 SQ4 进行检查，发现感应间隙过大导致接近开关无信号输出，产生动作障碍。

例 8－78

故障现象：一台车削中心，工作时 CRT 显示“未抓起工件”报警。但实际上抓工件的机械手已将工件抓起。

维修过程及分析：查阅 PLC 图，此故障是测量感应开关发出的。经查机械手部位，机械手工作行程不到位，未完全压下感应开关。随后调整机械手的夹紧力，此故障排除。

例 8－79

故障现象：一加工中心使用一段时间后出现换刀故障，刀插入主轴刀孔时，发生了错位，机床上无任何报警。

维修过程及分析：在对机床进行了仔细的观察后，发现造成刀具插入错位是因为主轴定向后又偏移了原来的位置，在使用手动方式检查主轴定向发现：主轴在定向完成后位置是正确的，当用手动一下主轴后，主轴会慢慢地向使力的相反方向转动一小段距离，逆时针旋转时在定向完成后只转一点，再向顺时针旋转后能返回到原来的位置，为了确认电气部分是否正常，在主轴定向后检查了有关的信号均正常，由于定向控制是通过编码器进行检测的，因此对编码器产生了怀疑，对该部分的电气和机械连接进行了检查，当将主轴的编码器拆开后即发现编码器上的联轴器止退螺钉松动且已经向后移，因而出现工作时编码器与检测齿轮不能同步，使主轴的定向位置不准，造成了换刀错位故障。

例 8-80

故障现象：一台日本三菱 MD 4800 C 加工中心机床 Z 轴在自动加工模式下进行加工时，刀库执行换刀程序，当换至第 6 把刀位时刀库左右摆动，找不到刀位，停止加工并报警。CRT 报警显示为 PLC 控制侧电路有故障。调查操纵者得知：几天前偶尔出现过类似故障，但故障较轻，解除报警后，返回原点还能照常加工。什么时间故障再现，没有规律。

维修过程及分析：根据报警信息所指引检修方向与故障范围，应先从电气故障入手。

1）验证故障属性。用手动模式指令将刀库换刀，从第一把刀换至第 6 把刀位时故障马上再现，刀库左右摆动找不到刀位。

2）调阅相关 CNC 内置 PLC 程序与系统参数匀无问题。

3）检测强电控制网路行程开关与弱电 CNC 接口均无问题，故障如初不见好转。经冷静分析检修前后思路，一般检修数控机床采用先修电气，后修机械液压及其他。可能受此思路的局限和拆卸机械很费事的惯例影响，走了检修弯路。

4）拆卸相关机械传动部件，发现（REV TOOL CUP MOTOR）换刀电机转子轴上齿轮有轻微松动，经拆开检查是方形键已磨损成椭圆（俗称滚键）. 致使刀库左右摆动找不到刀位，经更换同型号键，仔细调整相关齿轮后，试车用手动模式刀库换刀和自动模式加工均正常，故障排除。

8.4.9 数控加工类故障分析与维修实例

例 8-81

故障现象：某加工中心运行九个月后，发生 Z 轴方向加工尺寸不稳定，尺寸超差且无任何规律，显示屏及伺服驱动器没有任何报警或异常。

维修过程及分析：该加工中心是采用的国外进口数控系统，丝杠采用的是直联的方式，根据故障分析，原因可能是因为联轴器联接螺钉松动，导致联轴器与滚珠丝杠或伺服电机间滑动，经过对 Z 轴仔细检查发现联轴器 6 只紧固螺钉都出现了松动，紧固螺钉后，故障排除。

例 8-82

故障现象：某加工中心在加工整圆时，发生 X 轴方向加工尺寸不对，尺寸超差，显示屏及伺服驱动器没有任何报警或异常。

维修过程及分析：该加工中心是采用的国内数控系统，丝杠采用的是直联方式，根据故障分析，原因可能是因为是机床的机械未调整好而造成轴的定位精度不好，或者是机床的丝杠间隙补偿不当，从而导致每当机床在过象限时，就产生圆度误差。对该机床进行重新校平调整，检查该机床的参数，发现该机床的轴的间隙补偿为零，用百分表测量 X 轴的反向间隙，实际测量值超过0.003mm，对该机床的 X 轴进行了调整，并利用系统的软件补偿功能，消除了 X 轴的间隙，再次加工整圆进行检验，故障消除。

例8－83

故障现象：THY5640立式加工中心，在工作中发现主轴转速在500r/min以下时主轴及变速箱等处有异常声音，观察电机的功率表发现电机的输出功率不稳定，指针摆动很大。但使用1201r/min以上时异常声音又消失。开机后，在无旋转指令情况下，电机的功率表会自行摆动，同时电机漂移自行转动，正常运转后制动时间过长，机床无报警。

维修过程及分析：根据察看到的现象，引起该故障的原因可能有主轴控制器失控，机械变速器或电机上的原因也不能排除。由于拆卸机械部分检查的工作量较大，因此先对电气部分的主轴控制器进行检查，控制器为西门子6SC－6502。首先检查控制器中预设的参数，再检查控制板，都无异常，经查看电路板较脏，按要求对电路板进行清洗，但装上后开机故障照旧。因此控制器内的故障原因暂时可排除。为确定故障在电机还是在机械传动部分，必须将电机和机械脱离，脱离后开机试车发现电机转速指令接近450r/min时开始出现不间断的异常声音，但给1201r/min指令时异常声音又消失。为此我们对主轴部分进行了分析，原来低速时给定的450r/min指令和高速时的4500r/min指令对电机是一样在最高转速，只是低速时通过齿轮进行了减速，所以基本上可以确定故障在电机部分。经分析，异常声音可能是轴承不良引起。将电机拆卸进行检查，发现轴承确已坏，在高速时轴承被卡造成负载增大使功率表摆动不定，出现偏转。而在停止后电机漂移和制动过慢，经检查是编码器的光盘划破，更换轴承和编码器后所有故障全部排除。该故障主要是主轴旋转时有异常声音，因此在排除时应查清声源，再进行检查。有异常声音常见为机械上相擦，卡阻和轴承损坏。

例8－84

故障现象：某加工中心主轴在运转时抖动，主轴箱噪声增大，影响加工质量。

维修过程及分析：经检查主轴箱和直流主轴电动机正常，把检查转到主轴电机的控制系统。测得的速度指令信号正常，而速度反馈信号出现不应有的脉冲信号，问题出在速度检测元件上，经检查，测速发电机炭刷完好，但换向器因炭粉堵塞，而造成一绕组断路，使测得的反馈信号出现规律性的脉冲，导致速度调节系统调节不平稳，使驱动系统输出的电流忽大忽小，从而造成电动机轴的抖动。

用酒精清洗换向器，彻底清除炭粉，故障排除。

例 8 -85

故障现象：某加工中心在加工整圆时，发现加工出来的圆度误差超差，成椭圆状，尺寸超差，显示屏及伺服驱动器没有任何报警或异常。

维修过程及分析：该加工中心是采用的国外进口数控系统，丝杠采用的是同步带连接的方式，根据故障分析，原因可能是因为是由于机床的机械未调整好而造成轴的定位精度不好，或者各轴的位置偏差过大造成，如果机械传动副之间的间隙过大或者间隙补偿不合适，也可能引起该故障。对该机床进行重新校平调整，重新检测该机床的精度，符合要求，检查机械传动副之间的间隙，也符合机床精度要求，用相同的速度手动运动 *X/Y* 轴，利用系统的检测功能，观察每个轴在运动时不同的状态，发现在相同的速度，相同的负载的情况下，*X/Y* 两轴在运动时 CRT 所显示的跟踪误差的大小不同，且差值较大，可以判断出原因出在了每个轴的动态特性不一致，可以通过调整各轴的增益和积分时间常数来改善各轴的运动性能。使每个轴的运动特性比较接近，经过调试后，故障排除。

例 8 -86

故障现象：配 FANUC—7CM 数控系统的加工中心加工中，出现零件尺寸相差甚大，系统又无报警。

维修过程及分析：使用功能程序测试法，将功能测试带输入系统，并空运行。测试过程如图 8 -6 所示。当运行到含有 G01、G02、G03、G18、G19、G41、G42 等指令的四角带圆弧的长方形典型图形程序时，发现机床运行轨迹与所要求的图形尺寸不符，从而确认机床刀补功能不良。该系统的刀补软件存放在 EPROM 芯片中，调换该集成电路后机床加工恢复正常。

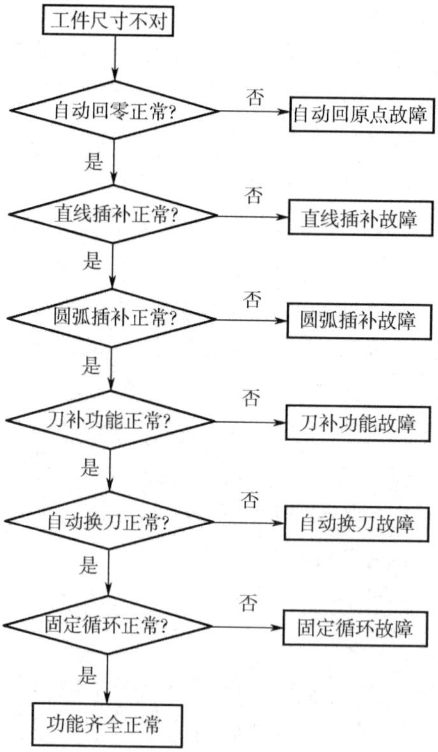

图 8 -6　程序测试过程

1—所加工零件尺寸不对、2—自动回零功能正常否、3—直线插补功能正常否、4—圆弧插补功能正常否、5—刀补功能正常否、6—自动换刀功能正常否、7—固定循环功能正常否、8—功能齐全正常、9—自动回原点故障、10—直线插补故障、11—圆弧插补故障、12—刀补功能故障、13—自动换刀故障、14—固定循环故障。

检修故障时要灵活分析，不能完全依赖数控系统的自诊断功能与资料，数控系统的自诊断功能有它本身局限性，资料有时也存在翻译的错误，检修故障主要凭借日常检修经验积累，而顺利排除故障。

思考题

8－1 数控机床常见故障有哪些？

8－2 机床回原点后原点漂移或参考点发生整螺距偏移的故障原因是什么？如何排除故障？

8－3 如果在机床加工工件过程中，出现噪声过大，主要是什么故障？如何维修？

8－4 某加工中心在加工整圆时，发现加工出来的圆，圆度误差超差，成椭圆状，尺寸超差，显示屏及伺服驱动器没有任何报警或异常。试分析一下故障原因，并说明排除方法。

8－5 SIEMENS 802C 出现 14013 号报警，试分析故障原因并说明排除方法。

8－6 一台配套 FANUC l0M 系统的加工中心，CRT 画面的字符显示时有时无。试分析一下故障原因，并说明排除方法。

技能训练

维修一台有故障的机床，分析其故障的类型和故障原因，并维修故障，详细记录分析过程及维修过程。

第 9 章　常用故障检测仪器

在数控机床的故障检测过程中，借助一些必要的仪器是必要的，仪器能从定量分析角度直接反映故障点状况，起到决定作用。

本章将着重介绍 BW4040 系列电路维修测试仪、<汇能>TH 系列电路在线维修测试仪和其他的一些测试仪的功能及使用方法。

9.1　BW4040 系列电路维修测试仪

9.1.1　BW4040 系列电路维修测试仪简介

BW4040 系列电路维修测试仪是美国专利、由新加坡 PROTEQ 技术有限公司生产的精密、高效、在线自动测试仪器，是具有典型代表性的电子线路板故障测试仪器。BW4040 测试仪也是现场检测方便、价格较低、易于普及的故障诊断仪器，它可将故障源定位在元、器件级，并且由于功能测试与动态阻抗测试的结合使用，所以可节省检修印制电路及有关设备所花的时间和费用，并大大减少停机时间。BW4040 产品是 PROTEQ 公司 BW 系列产品中，具有典型代表性的电子线路板、故障测试仪器。

1980 年代末，“创能”BW4040 在线电路维修测试仪（以下简称电路测试仪）进入国内。其名称中的“在线”是指：测试电路板上的器件时，器件无需从电路板上焊下。其型号中的“4040”是指：该电路测试仪具有 40 路数字测试通道，40 路 VI 曲线测试通道。电路测试仪将器件测试技术与计算机技术相结合，具有 +5V 供电的通用型数字器件测试库，不但可方便地测试数字器件，甚至还能充当数字电路的教学仪器。同时，运用电路测试仪中的 VI 曲线测试功能分析和比较各类器件的端口阻抗特性，也可直观发现器件故障。

BW 系列中有 BW2040EX 和 BW4080VX 等多种产品，该系列仪器各方面的设计均以快速找出故障为目的，以便于设备现场维修。

9.1.2　BW4040 系列电路维修测试仪主要测试技术

BW4040 采用了 4 项互相补充的测试技术以便迅速查出故障点。这些技术包括：在线功能测试（ICFT），大规模集成电路（LSI）分析，UI 曲线分析和电路追踪。

（1）在线功能测试（ICFT）

ICFT 是为分析中、小规模芯片的逻辑功能所进行的加电测试。通过一只逻辑取样夹与被测芯片（DUT）接触，这种夹子具有自动定位特性，不论管脚的方向如何，它都能快速地与每一个 DUT 接触。该仪器不但包含广泛的 TTL 和 CMOS 等的芯片库，并且还可以使用与 BW4040 系统一起提供的简单的程序语言，为用户的芯片扩展原来的库或建立单独的库（图 9－1）。

[T]est	Device
[L]earn	Device(LSI)
Te[S]t	Board
Le[A]rn	Board
LSI De[V]ice Configuration	
Identi[F]y BOTL Device	
BOTL D[E]vice Library	
Board[U]tilities	

图 9－1　ICFT（在线功能测试）主菜单

测试开始，用名字标识芯片，并定义 CVV 和地脚。功能测试是通过仪器可提供所有可能的输入条件的逻辑电平以驱动被测芯片来完成的；接着将测出的输出与用布尔方程（真值表）计算的结果进行比较，以决定芯片的性能是否令人满意。测试结果是按通过失效信息显示出来的。如用户需要，也可选择逻辑分析器的逻辑电平波形信息显示，来分析测试结果。

在“快速测试”模式中可以用 ICFT 来筛选 PCB（印制电路板）上的芯片，或快速找出故障点（图 9－2）。“诊断”模式可以使用有电平波形信号显示屏幕的附加测试和诊断向量测试，来进一步判断故障点。通过“连接测试”学习模式可进行整块 PCB 的测试：即学习一块好的 PCB 板，将它的特征存到硬盘中，然后可用这些特征来与未知（或坏）的 PCB 进行相应比较，从而找出故障点和有问题的芯片。

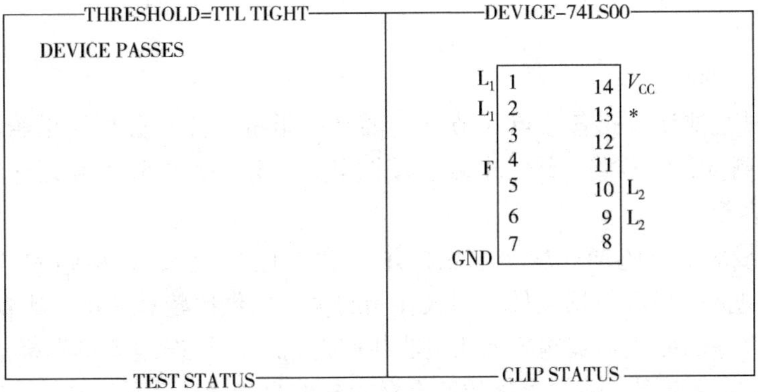

L_1—IC脚1与脚2相连；　L_2—IC脚9与脚10相连；

F—脚4悬空或与三态IC相连；

*—脚13对地阻抗在2~22Ω之间，可能IC内部损坏或外圈电路有问题；

GND—地线；V_{CC}—5V

图 9－2　快速测试模式屏幕显示

（2）LSI 分析

测试的开始部分类似于“ICFT”，即给出芯片的名称、定义 V_{CC}和地（GND）引脚。因为它每一次测试是由许多子测试组成，所以定义了几组脚数据后，紧跟着是一系列驱动命令。由于一片 LSI 芯片中的连接不能有几组相同逻辑重新排列，所以不需要给出引脚之间的关系（即相关脚），而只以“脚群”来区分。LSI 分析的目的在于它可产生测试被测芯片个别特性的大量子测试。尽管没有一种 LSI 被单独驱动的子测试的驱动信号，可以超过 1024 个时种（TICK），但一块 LSI 仍可以看作是按设计需要的许多单独芯片的组合。

在线测试一片 LSI 芯片时．要求该芯片通过电路的全部测试是不合理的。这是由于 LSI 芯片的灵活性造成的，设计电路结构时可以只使用它的某些特性，不使用的特性允许测试时不通过。

首先，在“离线”状态下学习一片好芯片（即参考芯片），然后将有关这个芯片的文件（. OUT）作为进一步测试的基本参考。同时当“在线学习”同一芯片时，看它究竟能通过多少子测试，不通过的子测试又如何经修改才通过，并记录哪些脚失效。

接下来可对有疑问的芯片进行“在线”和“离线”两种测试。“离线”时，一个芯片预计能 100% 通过。“在线”测试，可以借助前面在线学习的数据判断芯片是好是坏。波形显示会给出故障的类型，供用户分析。

对于有经验的维修人员来说，LSI 分析是一套强有力的工具。虽然它不能像“ICFT”报告那样，自己给出通过不通过诊断，但它能对问题的所在给出有力的提示。波形屏幕使得用户可通过按键在脚名（用途）与脚号之间转换，以便于调试。

（3）UI 曲线分析

本测试是测试电路各接点（节点）的动态阻抗，并对分析结果给出曲线来。UI 曲线可测试数字电路、线性电路、模拟电路、分立元件和无源元件（即电阻、电感和电容等）。

UI 曲线对节点施加一交变电压，并测量产生的电流；将得到的（即学习到的）电压电流关系以数据文件的形式存储起来，以供比较和分析。比较是在整条已学习而存储的曲线和被测板上相应曲线间进行的。从误差菜单选择范围有 0 ~ 5VDC 五个误差级别；数据收集的所有极限条件都能通过菜单选择。

UI 曲线也包括一个学习模式：把学习 PCB 上的所有节点特征存储起来后，就可以将该储存特性与有问题的 PCB 上各节点进行比较。通过 UI 曲线的比较，能识别有故障的元件、错误的值、误差中的级差及许多用普通示波器无法区分的细微差别。

（4）电路跟踪测试

这项测试为技术人员测试电路板上的 IC 连线提供了一个便利工具。“电路追踪”可测试电路的自连接，及板上不同IC的直接连接。

使用这项测试，可以找出PCB连线错误，错误的定位，或是板上IC的错误的脚方向。

9.1.3　BW4040系列电路维修测试仪主要测试功能

BW4040系列电路维修测试仪在线测试功能（ICFT）是一种加电测试，它通过预定义的测试方式驱动IC的输入端，对TTL、CMOS、MEMORY、DRIVER（75系列）这类的数字逻辑芯片进行测试。即先用BW4040操作测试语言（BOTL）编写芯片库（而对于LSI芯片则用大规模集成电路“LSI”语言），然后用分析输出的测试方法来决定其性能的好坏。

（1）BOTL判断

BOTL判断是要对输出脚进行比较判断，以便根据芯片库中，由芯片BOTL测试程序定义的函数方程（真值表）来确定性能的好坏。BW4040操作测试语言（BOTL）是一种高级芯片描述语言，它定义了TTL和CMOS家族中数字逻辑芯片的测试，提供了5个主要的BOTL库供选择：TTL、CMOS、MEMORY、DRIVER和GENERIC。GENERIC库主要用于板测试模式中。用户可以用BOTL PASER（BOTLPASS. EXE）来为自己的芯片建立BOTL芯片程序和编译库。

芯片开始是在紧门槛下测试的，如果芯片不能满足紧门槛电平，就需要在松门槛下测试。紧门槛是TTL和CMOS厂商规定的技术规格。松门槛是作为超出芯片用于所定义的参数之外的那些条件面对电路操作的验证，但它不严格符合制造厂商的技术规格。

（2）LSI判断

在LSI判断中，芯片的特殊特性/功能，可在LSI测试程序中得到完全的测试。整个测试中使用缺省的紧门槛，除非用户通过启动某一特定的键而选择另一值。

LSI分析的原理和BOTL分析的原理有很大差别。测试开始部分相似之处在于给芯片命名，定义VCC和GND脚。不同之处在于其一项测试是由大量子测试组成的，当n组脚数据定义之后才是驱动命令。因为假设LSI芯片是逻辑的固定的而不能重复连接，但脚的用途可以按设计需要设定，所以不必给出脚的关系（即“相关脚”），只要设定脚群（GROUP）即可。

LSI不同于BOTL库的地方还在于没有和输入波形一起定义的判断，而是在离线时从好的（即参考）芯片学习正确的数据而响应（芯片学习模式）判断。

驱动波形的每一次响应可以定义为高、低、三态（悬浮）及读。定义为“读”的脚不会被驱动，但结果将从参考芯片中学习过来。程序设计者的目标是要使之产生大量能够测试被芯片单个（独有）特性的子测试。LSI分析系统，能产生按要求数量的单个驱动，尽管没有任何一个驱动信号组合是超过 1024 个时钟（TICK）响应的。

9.1.4 对微机系统要求

BW4040 的使用必须与一台 PC 主机相连接（XT 或 AT 或兼容机均可）。该微机应具备以下技术规格：①至少 1MB 内存（RAM）；②使用 3.0 或 3.0 以上版本的 PC—DOS 或 MS—DOS；③一只彩色图形适配器，最好是 VGA 或 EGA；④一个硬盘，至少有 12MB 存储空间。注意，需要图形卡来绘制 UI 曲线图，所以如果使用单色显示适配卡（MDA），则只能显示“ICFT”和“LSI”测试模式。BW4040 通过适当的接口装置连接到微机上。

9.1.5 使用要求

使用带有全部菜单（或窗口）揭示操作和内部有庞大数据库的 BW4040 几乎不需要做什么培训。在帮助非技术人员操作本仪器时，仪器本身的自动定位（AUTOLOCATE）特性将很有帮助，同时，菜单系统与横跨屏幕底部的活动提示行使本仪器的使用非常简单。使用该仪器应具备如 DOS 命令及如何在 DOS 环境下操作、电子学方面的基本知识、数字逻辑及布尔方程及 IC 内部逻辑图及 IO 寄存操作，以便对 LSI 芯片进行特性测试。

9.2 <汇能>TH 系列电路在线维修测试仪

9.2.1 简介

汇能维修测试仪也叫汇能电路维修测试仪，是一种在线（不焊离）检测电路板上各种元器件的故障，实现器件级的维修的通用的电子电路板故障检测仪器。

汇能在线测试仪是电路板维修最得力的检测工具，被广泛地应用于航天电力、军事装备、通信医疗、铁路造船、冶金石化、纺织印刷等行业的维修电路板业务中。汇能维修测试仪已成为广大维修人员修理电路板最有效的检测仪器，对于解决在电路板故障检测中遇到的各类问题，起到了传统维修工具无法替代的作用，同时也为使用单位创造了很好的经济效益。

汇能分为 HN 和 TH 系列。其中 TH 系列有 TH4040 智能 IC 在线检测仪和 TH8080 智能 IC 在线检测仪两大型号。TH4040 - II 和 TH8080 - II 是两款基础型测试仪，其产品性能稳定，技术成熟，设计人性化，与计算机 USB 口通信，可独立运行于 Windows Vista 操作系统以及 Windows XP、NT 等。被个人用户、专业维修公司和中小规模的企业普遍选择。

TH4040 – III 和 TH8080 – III 是最新产品，在 TH4040 – II 和 TH8080 – II 产品的基础上增加了电路板图像建库功能和用户自定义测试功能，产品设计性能优良，功能完善人性化，如图 9 – 3、图 9 – 4 所示。

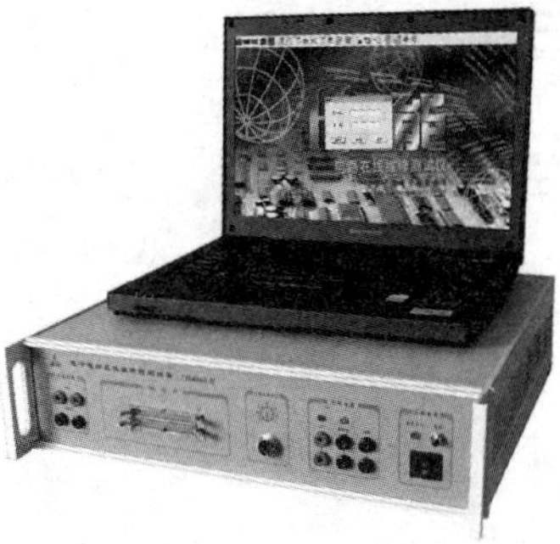

图 9 – 3 汇能 TH4040 – Ⅱ
智能 IC 在线检测仪

图 9 – 4 汇能 TH8080 – Ⅱ
智能 IC 在线检测仪

9.2.2 汇能维修测试仪的构成

汇能维修测试仪的故障检测系统主要由随测试仪提供、自配部分两部分组成。随测试仪提供的包括三个部分：

1）汇能测试仪主机；

2）随机附件（箱）：多种测试夹、测试探棒、探针、学习（演示）板、离线测试板、排电缆等；

3）专用测试软件（光盘安装在微机上运行），说明书、学习资料。

自配部分包括：

微机：笔记本、台式机均可；

其他：维修通常还需有诸如万用表、示波器、编程器、拆焊工具、工作台等。可根据情况选配。

9.2.3 使用汇能测试系统方法

1）把测试软件（光盘）安装在微机上；

2）测试仪通过“USB/并口”与计算机连接；

3）“测试电缆”一端连接测试仪的“测试口”，另一端连接“测试夹”；测试探棒一端插入测试仪面板上的相应插孔；

4）打开测试仪电源，执行测试软件，根据执行的具体测试功能的要求，将测试夹/测试探棒连到被测器件上，进行测试，如图 9 – 5 所示。

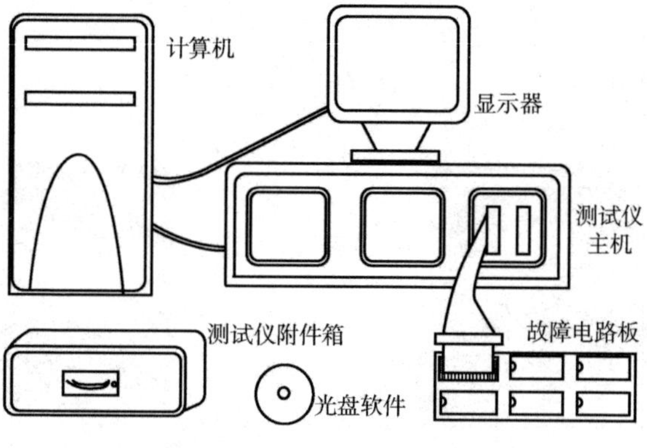

图9-5　汇能测试仪接线示意图

9.2.4　汇能维修测试仪的测试系统功能作用

（1）实现无图纸故障检测的主要方法

1）测试仪与好电路进行对照。通过比较好、坏电路的某种特征值，从两者的差异大小发现故障。这里的电路可以是一个器件，一个电路板，也可以是电路板上的局部电路。特征值可以是器件管脚（电路结点）的电位、电阻或者是板上器件的热分布。

检测不同的特征值需要不同的测试技术。比如用万用表检修无图纸的电路板，主要通过比较好、坏电路相应器件管脚（电路结点）的电阻值，根据差别大小发现故障。著名的ASA（VI）曲线测试技术比较的是管脚（电路结点）在指定电压区间的电阻曲线。

2）将电路仪看成元器件的集合。使用过程中电路板的损坏，绝大多数由于板上有元器件损坏。由于元器件的功能是确定的，不随电路板改变，所以，只要能“在线”检测电路板上各元器件的好坏，就能实现无图纸检修。

这里的“在线”测试，指对焊接在电路板上的元器件（即“在线路里”）进行测试。英语叫“In-circuit Test”。“在线”测试的困难，在于如何消除外围器件对测试的影响。相关技术叫做“隔离”技术。不同类型的器件需要不同的隔离技术。比如，著名的“后驱动”（Backdriving）技术，就是用来隔离数字器件的相互连接对测试的影响。有了隔离技术，还需要知道器件的具体功能才能测试。器件功能由型号规定。各种型号的器件分类放在一起，称为器件库。器件库包括在测试软件中，安装在微机上，供测试时调用。

（2）汇能维修测试仪的测试功能分类

1）对照测试。汇能维修测试仪的ASA曲线分析测试

功能特点：不受器件类型、封装、复杂性的限制，任何器件、或器件组成的

电路、电路板都能测试；通常需要用户先学习一个好板作为对照标准，否则需要使用者富有测试仪使用经验。

2）元器件在线、离线功能、以及性能测试。汇能维修测试仪可测试的元器件类型如下：

①分立元件；

②数字逻辑器件；

③运算放大器；

④光藕；

⑤存储器；

⑥晶体管。

功能特点：只要器件库里有，测试夹用得上，简单输入器件型号即可进行测试。器件库中没有的器件，只要属于可测类型，允许扩入库中。

3）自定义测试

①模拟电路故障追踪；

②混合电路用户自定义测试。

功能特点：只要了解被测器件、电路的工作原理，知道如何测试，就能用此类测试方便的定义测试信号，进行测试。

4）器件连接关系对照检测

电路板网络测试。

功能特点：与其他测试功能不同，它用于检查电路板上的开、短路故障。该功能通过与正确网络对比的方法进行检测。正确网络可从好板上学，或直接读取protel 网络文件。

5）组合测试

电路板图像建库测试。

功能特点：对经常检修的电路板，提供更加人性化的测试界面，并且使高级技术人员的维修经验能为其他人直接使用。

6）辅助测试功能

①后台测试记录。

功能特点：一旦启用，自动纪录工作期间所作的测试操作。用于管理或工作档案。

②可测试器件检索。

功能特点：快速确定某型号器件是否包括在测试系统中。

③维修笔记。

功能特点：方便用户书写、记录有关电路板检修事宜。

④脚踏测控开关。

功能特点：方便操作测试仪。

9.2.5 汇能维修测试仪适用场合

汇能维修测试仪是一个多面手。它主要用于无图纸的故障检测，也能为有图纸的检测提供有力支持；既面向维修，也适用于小批生产等。这些特点体现在汇能测试仪的功能组成中。概述如下：

第一类功能，主要用于无图纸的电路板故障检测。

第二类功能中的性能测试，主要解决小量购买器件时，水货、翻新件、拆机件经常会有的功能好、性能下降，上机不能用的问题。可用于维修及小批量电子产品生产。

第三类，知道如何测试一个器件或电路（板），生成测试信号在以往是一个十分麻烦的问题。一个简单测试往往也要专做一套东西。这类问题多见于小批生产。这类功能专为解决此类问题。

第四类，解决由于电路板上的开、短路导致的故障。这类故障主要发生在小批生产中。另外，该功能可大大方便从板上抄电路图。

第五类，主要是缓解缺乏高级维修人员的压力，同时提供更好的工作环境。

第六类，为操作者提供更方便的工作环境，为管理者提供管理依据等。

9.2.6 汇能 TH4040 – Ⅱ和 TH8080 – Ⅱ测试仪简介

（1）产品特点

1）双处理器技术，集成 16 位的下位机，拥有独立的 CPU 系统，不受计算机 Windows 分时特性的影响，独立运行。

2）标准的 USB2.0 通信接口，与计算机通信安全、快速、便捷，支持热插拔；有并口机型可供选择。

3）安全稳定运行于最新的 Windows Viste/XP/NT 系统内，测试仪软、硬件与计算机技术同步发展延伸。

4）双探棒/双板直接对比测试，适用于相同电路板诊断测试。

（2）产品技术

1）后驱动（Backdoor）技术：引进美国后驱动隔离技术，用来实现数字器件之间在线（In – circuit）的隔离。

2）自适应测试技术：自动识别被测试电路的自身连接情况并自动修改相应的测试代码，确立测试条件，保证测试的准确性。

3）数字器件的阈值电平可调：在工业标准值下可以通过测试，逐步提高门槛到极限值，可发现器件参数型故障（软故障）。

4）ASA（Analog Signature Analysis）模拟特征分析技术：引入 ASA 技术用来解决端口模拟特征曲线故障诊断分析测试。

5）三端器件（三极管、稳压管、可控硅、场效应管等）的测试：引入八种触发脉冲与扫描信号同步测试三端器件。

6）电容 C、电阻 R、电感 L 定性定量的测试：在一定的扫描电压、电流、频率下可测试电容量（阻抗、电感量）及漏电阻值。

7）对测试数据图形化显示、开启计算机声音提示功能：当测试在允许的误差范围内，系统将声音提示以降低工作强度。

8）自动识别灵敏度调整（自动选挡功能）：自动识别调整测试输入阻抗，匹配最佳的测试参数，以降低操作难度。

（3）测试功能

主要测试功能有：

1）数字逻辑器件在线（离线）功能测试；

2）数字逻辑器件在线（离线）型号识别；

3）数字逻辑器件在线（离线）循环老化测试；

4）存储器 PROM、RAM 在线（离线）测试；

5）数字逻辑器件在线 状态比较测试；

6）数字集成电路 LSI 在线（离线）分析测试；

7）ASA 端口模拟特征曲线测试；

8）分立元件、三端器件测试；

9）双板/双测试夹/双探棒直接对比测试；

10）全面网络提取测试。

辅助功能有：

1）系统自检与设置；

2）测试器件检索；

3）元器件速查手册；

4）数字逻辑器件扩充库平台；

5）维修日记；

6）后台自动生成记录。

TH4040 – II 和 TH8080 – II 在线维修测试仪的区别在于参数指标上。TH4040 – II 在线维修测试仪数字通道是 40 + 8 路（其中 8 路数字通道是总线隔离通道，是用来隔离数字电路里总线竞争情况的专用通道）；模拟通道是 40 路（40 路模拟单通道属性，可支持双探棒直接对比测试，网络提取可同时提取 2 个 20 脚的器件）。TH8080 – II 在线维修测试仪数字通道是 80 + 8 路（其中 8 路数字通道是总线隔离通道，是用来隔离数字电路里总线竞争情况的专用通道）；模拟通道是 80 路（双 40 路模拟通道属性，可支持双探棒直接对比测试，网络提取可同时提取 4 个 20 脚的器件）。

TH4040 – II 和 TH8080 – II 在线维修测试仪是一种通用的电路板故障检测设备，能够有效地帮助我们在线检测各种类型的电路板故障；并将故障定位到集成电路、元件、端口或电路结点上；系统集成了通用器件的标准数据库，直接输入器件型号即可进行器件功能以及性能测试。借助了电路在线维修测试仪，可以大大改善工作效率，提高故障检出率，让维修工作真正做到更高效、更快捷、更准确。

9.3 其他几种测试仪

在数控机床的故障检测过程中，借助一些必要的仪器是必要的。仪器能从定量分析角度直接反映故障点状况，起到决定作用。

9.3.1 红外测温仪

红外测温是利用红外辐射原理，将对物体表面温度的测量转换成对其辐射功率的测量，采用红外探测器和相应的光学系统接收被测物不可见的红外辐射能量，并将其变成便于检测的其他能量形式予以显示和记录。

按红外辐射的不同响应形式，分为光电探测器和热敏探测器两类。红外测温仪用于检测数控机床容易发热的部件，如功率模块、导线接点、主轴轴承等。主要制造厂商有中国昆明物理研究所的 HCW 系列，中国西北光学仪器厂的 HCW－1、HCW－2，深圳江洋光公司的 IR 系列，美国 LAND 公司的 CYCLOPS、SOLD 型。

利用红外原理测温的仪器还有红外热电视、光机扫描热像仪以及焦平面热像仪等。红外诊断的判定主要有温度判断法、同类比较法、档案分析法、相对温差法以及热像异常法。

9.3.2 激光干涉仪

激光干涉仪可对机床、三坐标测量机及各种定位装置进行高精度的（位置和几何）精度校正，可完成各项参数的测量，如线形位置精度、重复定位精度、角度、直线度、垂直度、平行度及平面度等。其次，它还具有一些选择功能，如自动螺距误差补偿（适用大多数控系统）、机床动态特性测量与评估、回转坐标分度精度标定、触发脉冲输入输出功能等。

9.3.3 硬度计

用以测量数控机床导轨硬度。金属硬度测量最早由雷奥姆尔提出硬度定义：表示材料抵抗硬物体压入其表面的能力。它是金属材料的重要性能指标之一。一般硬度越高，耐磨性越好。

9.3.4 测振仪器

测振仪是振动检测中最常用、最基本的仪器，它将测振传感器输出的微弱信号放大、变换、积分、检波后，在仪器仪表或显示屏上直接显示被测设备的振动值大小。为了适应现场测试的要求，测振仪一般都做成便携式与笔式测振仪。

测振仪用来测量数控机床主轴的运行情况、电动机的运行情况，甚至整机的运行情况，可根据所需测定的参数、振动频率和动态范围，传感器的安装条件，机床的轴承型式（滚动轴承或滑动轴承）等因素，分别选用不同类型的传感器。常用的传感器有涡流式位移传感器、磁电式速度传感器和压电加速度传感器。

目前常用的测振仪有美国本特利公司的 TK－81、德国申克公司的 VIBROMETER－20、日本 RI－ON 公司的 VM－63 以及一些国产的仪器。

测振判断的标准，一般情况下在现场最便于使用的是绝对判断标准，它是针对各种典型对象制定的，例如国际通用标准 ISO2372 和 ISO3945。

相对判断标准适用于同台设备。当振动值的变化达到 4dB 时，即可认为设备状态已经发生变化。所以，对于低频振动，通常实测值达到原始值的 1.5～2 倍时为注意区，约 4 倍时为异常区；对于高频振动，将原始值的 3 倍定为注意区，约 6 倍时为异常区。实践表明，评价机器状态比较准确可靠的办法是用相对标准。

9.3.5　TAD9024A 型 IC 在线测试仪

TAD9024A 型 IC 在线测试仪，是专门为电子设计、维修和教学实验人员设计的一种性能全面、价格低廉、使用和携带方便的普及型及 IC 测试仪器。它具有离线和在线测试数字 IC（集成电路）的功能和离线测试模拟 IC 的功能。

（1）技术特征

TAD9024A 是一种独特的非自动式 IC 测试仪器，它具有测试孔、显示灯、电平输入开关和 IC 脚一一对应的面板布局，结合 IC 卡片的图形引导，可以使技术人员能直观而快捷地向被测 IC 提供所需的测试条件。本仪器可以测试几乎所有的中、小规模 TTL、CMOSIC，只要其输入条件可建立，真值表可观察。即使对 PAL、GAL、RAM 和 ROM 等，也可进行或任选部分单元地测试。利用仪器上的可调模拟电压信号，还可测试常用的线性 IC，如运放器、比较器和时基发生器（555）等。在线测试数字 IC 时，本仪器对限流和欠压的安全方式，向有关的 IC 输入脚注入强制变化的信号。对于 OC（开集电极）输出的 IC，本仪器以注入可调支饱和电流和脉动信号的方法，使 OC 门的在线测试问题大为简化。该仪器具有多达 24 路的双值三状态电平检测电路，既能方便地观察 IC 各脚的逻辑状态和分析它们之间的逻辑关系，又能快速而准确地查出开路、短路和电平为坏的 IC 脚。对于在线测试时难免出现的 IC 夹接触不良的点，也能及时发现和排除。仪器面板上还设有两位七段式数码显示器，也可以被压缩成便于阅读的三位数。本仪器可在宽范围的电源电压下工作，并具有全面的过载保护性能，不易因误操作而损坏。TAD9024A 具有便携式的结构，且能以电池为电源，适于在实验室、工地和车船等多种场所中使用。

(2) 结构及工作原理

一般的方法，是将被测 IC 的电源脚与测试仪器的电源输出连接，将 IC 的输入脚与仪器的可控制变化的电平输出连接，将 IC 的输出脚与仪器的检测电路连接，然后对由 IC 的输入与输出对应变化所形成的真值表，人工地或由仪器自动地与正确的数据相比较，即可得出好或坏的测试结果。仪器采用了一种三位电平输入开关、显示灯、测试孔与 IC 脚一一对应的面板布局，并能够结合使用 IC 卡片，从而使 IC 测试的手工建立极为简便：对 IC 信号脚，一般不需连线，只要将与信号脚对应的电平输入开关置于上、下或中位，即对该信号脚输入高电平、输入低电平或不输入信号；而不输入信号的一般是输出脚和电源脚，对输出脚，只进行测试，而不需连线；对电源脚，只需最简单的连线。每个 IC 脚上都接有一个高阻抗的电平检测电路，可直接观察任一脚的逻辑状态。由于检测电路的显示灯也是一一对准 IC 脚的，因此根据真值表，变化大多数中、小规模 IC 的输入信号，并观察输出变化的正确与否，都是很容易的。在线测试数字 IC 时，与离线测试的主要区别是被测 IC 的输入脚与其他 IC 的输出脚相连。仪器的设计考虑了这些事实：①CMOSIC 在额定电源范围的下限值上（2～3V）工作时，输出脚可连续对 VDD 或 VSS 短路；②TTLIC 在电源欠压（3～4V）的情况下，多项性能严重下降，但逻辑功能仍能维持存在，而此时 IC 输出端的内阻变大，如通过限流阻较长时间地与 VCC 或 GND 连接，迫使输出状态较长时地变反，仍是安全的；③绝大多数的数字 IC 故障是功能上的，且一致地表现在整个额定电源区间及允许的欠压范围内。本仪器正是通过对应 IC 脚的电平输入开关和阻值恰当的限流电阻，结合使用较低电压的电路板电源，向电路中的 IC 脚注人安全的强制变化的逻辑信号，然后以阀值准确而可选的电平检测电路，测试 IC 的输出变化。就这样，本仪器将 IC 的在线测试变得几乎与离线时的一样简单。

9.3.6 CB2000 短路追踪仪

CREATECH CB 系列的 CB2000 型短路追踪仪是一种专门追寻短路故障的精密测试仪，具有测试及量度等性能，可准确地找出电子线路板上短路的故障源。由于线路板上的轨道阻抗，一般只有数毫欧姆或数百毫欧姆，所以寻找短路点便需要一种具有此种精密度的仪器才能进行维修。

(1) 技术特征

CB2000 的精度可达 0.1mΩ，而量度电压更可低至 1μΩ，所以它可快速找出以下短路故障：

1）非完全短路故障；

2）多层线路板短路；

3）电容器内部短路；

4）焊锡短路；

5）总线短路；

6）电源短路。

CB2000 为配合不同的情况，具备三种测试模式：

1）微电子测量；

2）微电压测量；

3）电流流向追踪。

（2）主要规格

1）电阻挡：①电阻挡选择：200mΩ，2Ω，20Ω，200Ω（±5%）；②探针电压：2000mV，-4.8V（无负荷时）；

2）电压挡：①电压挡选择：2mV，20mV，200mV，2V，20V（±5%）；②输入阻抗：100kΩ；

3）电流追踪：①驱动电压：0~550mV（电平0.6V）；0~4V（电平5V）②电流限制：50mA；

4）体积：250mm×265mm×100mm；

5）质量：3kg。

（3）主要性能

1）微电阻测量。可测量低至0.1mΩ 的阻抗。阻抗越低，声频频率越高。在2条发生短路的轨道上，短路点之间将会呈现最低阻抗。

2）微电压测量。可测量低至1μV 的直流电压。使用时，由追踪仪输出一低直流电压（不超过0.55V）于故障线路上，再测量各点之电压值，继而找出超负荷的 VCC 线，低阻抗或一般短路等故障。

3）电流流向追踪。由追踪仪输出一可调校方形电压于故障线路上，透过磁棒追踪电流方向，电流越强，声音频率越高。一般电容器内部短路或总线短路皆可用这种方法迅速找出短路点。

4）置位功能。如非完全短路情况发生，利用普通量度法是很难准确地找出短路点的。这时若使用置位功能，将某一阻抗作为基值，其他阻抗可量度为该基值的偏离，细微的阻抗便可辨别出来。

9.3.7　BORISON BA 系列便携式逻辑分析仪

BA-1610 是一部高品质、多用途的便携式逻辑分析仪。该仪器由于体积很小（250mm×230mm×50mm）重量轻（2.2kg），所以携带方便。该仪器可使用内装蓄电池操作而无需外接电源，适合于现场维修。该仪器另一特点是具有一个特大的 240 X 128 点的 LCD 屏幕，清晰易读，更有照明设计，同时可对 16 条通道作 100MHz 取样及显示，亦可作为一部 25MHz 计频仪使用。BA－1605T 和 BA－1610 相同，但最高取样时钟为 50MHz，作为普通速度的系统上使用。

（1）主要功能

1）内置蓄电池，可代 2h 操作。

2）LCD 特大显示屏幕为 240×128 点。

3）同时对 16 条通道作 100MHz 取样。

4）同时显示 8 条或 16 条通道数据，可放大或缩小。

5）每条通道为 32K 记忆容量。

6）可侦察短至 4ns 毛刺。

7）边缘、字节、毛刺及外接触发，可作“AND”、“OR”及二级顺序组合触发。

8）25MHz 频率计算器功能。

9）可接打印机。

10）可接驳微机作遥控。

11）可将取样数据存储或档案，存于 BA－1610 中，而档案数据可与取样数据作即时比较。

（2）主要技术规格（BA－1610 型）

1）数据显示译码：HEX，ASXⅡ。

2）容量：64k Bytes。

3）外接界面：标准打印井口，连续打印取样；RS－232C 接口（DIN－8 脚）；探针口共 16 支探针。

4）有 CCFT 照明。

5）电源 220～9V 转换器，内置蓄电池。

6）操作环境：0～40℃（温度）/18%～85%（湿度）。

9.3.8 集成电路在线测试仪

这是一种使用计算机技术的新型集成电路在线测试仪器，它的主要特点是能够对焊接在电路板上的集成电路进行功能、状态和外特性测试，确认其功能是否失效。它所针对的是每个器件的型号以及该型号器件应具备全部逻辑功能，而不管这个器件应用在何种电路中。因此，它可以检查各种电路板，而且不需要图纸资料或了解其工作原理，为缺乏图纸而使维修工作无从下手的数控机床维修人员提供一种有效的手段，目前，在国内应用日益广泛。

思考题

9－1 叙述 BW4040 系列电路维修测试仪主要测试技术。

9－2 BW4040系列电路维修测试仪主要测试功能有哪些？

9－3 安装BW4040系列电路维修测试仪时，对微机系统有哪些要求？

9－4 叙述汇能维修测试仪的构成。

9－5 TH4040－Ⅱ和TH8080－Ⅱ测试仪的特点以及测试技术都有哪些？

技能训练

使用TH4040－Ⅱ或者TH8080－Ⅱ测试仪测试一个有故障的电路板，找出故障并排除。

参考文献

［1］胡家富. 数控机床装调维修工快速掌握精要问答［M］. 上海：上海科学技术出版社，2010.

［2］郭士义. 数控机床故障诊断与维修［M］. 北京：机械工业出版社，2010.

［3］刘希金. 数控机床故障检测与维修问答［M］. 北京：机械工业出版社，2007.

［4］蒋洪平. 数控设备故障检测与维修［M］. 北京：北京理工大学出版社，2007.

［5］曾绍平. 数控机床诊断与维修［M］. 北京：北京理工大学出版社，2011.

［6］蔡厚道，罗春华. 数控机床维修与调试［M］. 北京：北京理工大学出版社. 2010.

［7］牛志斌. 数控机床维修1000个怎么办［M］. 北京：中国电力出版社. 2013.

［8］胡家富. FANUC系列数控机床维修案例［M］. 上海：上海科学技术出版社. 2013.

［9］牛志斌. 数控机床维修工工作手册［M］. 北京：化学工业出版社. 2013.

［10］胡家富. 经济型系列数控机床维修案例［M］. 上海：上海科学技术出版社. 2015.

［11］于吉鲲. 数控机床维修技术［M］. 北京：国防工业出版社. 2012.

［12］曹智军，肖龙. 数控机床与维修［M］. 北京：机械工业出版社. 2011.

［13］侯先勤，杨海琴，张继先. 数控机床维修与维护［M］. 北京：清华大学出版社. 2010.

［14］贺应和. 数控机床维修技能实训［M］. 合肥：合肥工业大学出版社. 2014.

［15］曹健. 数控机床维修与实训［M］. 北京：国防工业出版社. 2008.

［16］张建雷. 数控机床维修技术［M］. 北京：中国水利水电出版社. 2016.